普通高等教育"新工科"系列精品教材

石油和化工行业"十四五"规划教材（普通高等教育）

化工制图CAD实训

AutoCAD Plant 3D 实例教程

杨　勇　王东亮　主编

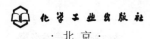

化学工业出版社

·北京·

内容简介

《化工制图CAD实训——AutoCAD Plant 3D 实例教程》结合了工业生产和化工设计实际，根据工程图纸的特点和规范要求，系统介绍了 AutoCAD Plant 3D 2022 软件在化工图纸的设计和管理工作中的应用方法和操作技巧，包括项目（图纸）管理、AutoCAD基本功能、P&ID 及 Plant 3D 模块的相关绘图功能，以及各种化工图样的绘制、编辑修改、管理与输出方法。全书包括基础预备篇、AutoCAD 模块篇、P&ID 模块篇、Plant 3D 模块篇和综合篇5部分，主要内容涵盖化工制图的若干标准和规范、CAD 制图的基本知识和技能、P&ID 工作流和功能介绍、Plant 3D 工作流和功能介绍、等轴测图（ISO 图）和正交图形等工作流介绍，以及各模块在化学工程图纸绘制中的应用实例。通过本书的学习及相关案例的训练，可以了解化工工艺图、化工设备图、化工布置图的基本内容和特点，并可以快速掌握 AutoCAD、P&ID 及 Plant 3D 模块进行工程图纸绘制与编辑的技巧。同时，还可熟悉项目文件管理、图纸数据管理、创建报告、输出打印的方法，方便化工图样设计和后续使用。

本教程适用于高等教育化工类专业师生，也可供石油与化工等领域从事过程开发与设计的工程技术人员参考使用。

图书在版编目（CIP）数据

化工制图CAD实训：AutoCAD Plant 3D实例教程/
杨勇，王东亮主编. —北京：化学工业出版社，2022.7（2024.1重印）
普通高等教育"新工科"系列精品教材
ISBN 978-7-122-41155-6

Ⅰ．①化… Ⅱ．①杨… ②王… Ⅲ．①化工机械-机
械制图-AutoCAD软件-高等学校-教材 Ⅳ.
①TQ050.2-39

中国版本图书馆 CIP 数据核字（2022）第 057713 号

责任编辑：徐雅妮　吕　尤　　　　　　　　　装帧设计：刘丽华
责任校对：杜杏然

出版发行：化学工业出版社（北京市东城区青年湖南街13号　邮政编码100011）
印　　装：大厂聚鑫印刷有限责任公司
787mm×1092mm　1/16　印张17¼　字数418千字　2024年1月北京第1版第2次印刷

购书咨询：010-64518888　　　　　　　售后服务：010-64518899
网　　址：http://www.cip.com.cn
凡购买本书，如有缺损质量问题，本社销售中心负责调换。

定　　价：59.00元

前　言

化工设计各阶段的设计成果都是通过图纸表达出来的。化工图纸作为工程语言之一，主要包括化工工艺图、化工设备图和化工布置图，是化工领域工程技术上用于表达设计思想和进行技术交流的主要手段。随着计算机辅助设计（CAD）技术的迅猛发展和工程实际需求的不断上升，计算机绘图技术已经被广泛应用于石油、化工等领域。因此，借助CAD技术进行化工制图与设计已经成为工程设计的重要内容，相应的化工制图CAD训练也成为高等院校化工及相关专业必开的一门专业基础课。

AutoCAD Plant 3D 是 Autodesk（欧特克）公司开发的一款三维工厂布局设计软件，被广泛应用于工业中管道及仪表流程图（P&ID）和三维工厂（Plant 3D）的设计和编辑。该软件以 AutoCAD 平台为基础，基于工程项目管理的工作流思想，进行项目相关的图纸和数据库的创建、设计与管理，为设计人员和工程师采用现代CAD进行工厂设计并编制文档提供技术支持。AutoCAD Plant 3D 软件由 AutoCAD、P&ID 和 Plant 3D 三个模块组成，其中 AutoCAD 包括二维基础和三维基础绘图功能，具有通常 AutoCAD 软件的功能和特点；P&ID 模块主要服务于工艺流程图的设计与绘制，特别是管道及仪表流程图；而 Plant 3D 模块主要用于工厂三维设计，包括设备、管道及附件的空间布置与设计，同时可以进行三维工厂模型和等轴测图（ISO图）、正交图形之间的相互转化。基础数据通过数据管理器和等级库在三维模型、P&ID、等轴测图及正交视图之间直接进行交换，确保了信息的一致性和时效性。AutoCAD Plant 3D 软件提供教育版授权，目前可以免费注册使用，教学成本低，非常适合高等教育。

本教程编撰过程中先以 AutoCAD Plant 3D 2020 作为绘图软件，随后以 AutoCAD Plant 3D 2022 软件进行示例视频录制和部分内容更新。以实际化工设计相关的图样为案例，紧密结合化工图样的特点与规范要求，详细介绍 AutoCAD Plant 3D 软件在化工图样设计及项目管理中的应用与技巧，包括 AutoCAD 基本功能、P&ID 及 Plant 3D 等模块的相关绘图功能，以及这些功能在各类化工图样绘制与编辑中的工作流中的应用。在内容的安排上，注重工程图纸的国家标准、化工行业规范、化工制图理论在CAD绘图中有机融合与贯通；同时侧重典型化工图样案例的绘图步骤和说明，以化工设计的实际操作过程为参照，逐步介绍化工工艺图、化工设备图和化工布置图等工程图纸如何通过软件的各个模块进行绘制和编辑。

本教程内容由编者精心策划，是编者近年教学实践和指导大学生化工设计竞赛的经验总结，注重专业规范、制图理论与CAD实践相结合，示例丰富、实用性强。通过本书的学习，既能理解有关化工图纸的国家、行业的标准和规范，也能掌握AutoCAD Plant 3D进行化工图纸绘制的方法与技巧。因此，本教程是一本总结经验、提高技巧的参考工具书，可作为高等院校化工及相关专业的教材，也可作为化工企业职工培训用书，还可作为相关科研、设计和生产单位工程技术人员的参考书。

本教程由杨勇、王东亮主编，朱照琪、季东、李红伟、宫源、张建强等参与部分章节的编写和审阅，并由焦丽慧工程师对全书进行了审阅。在此对严文志、王蕾蕾、丁周园、张玉兰、郑建辉、郑婷婷、封满洲、姚转萍、牛子贤等参与本书编写的同学表示感谢。本教程得到了"兰州理工大学化学工程与工艺红柳特色优势专业建设项目"和"教育部产学合作协同育人项目（No. 201901187021，山东京博控股集团有限公司）"的支持，在此表示衷心感谢。

在此特别感谢教材读者李榕华工程师的勘误意见以及在读者群中的倾情指导；也特别感谢化学工业出版社提供的网络交流平台，吸引许多工程师进行更专业的技术应用交流。

由于编者水平有限，书中难免有不妥之处，敬请读者批评指正。

编　者

2022年3月

编写说明

◇ 软件中的关键术语和命令尽可能采用**黑体**或**加粗**以示强调说明；

◇ 符号"➤"表示"下一步"，如"项目"面板➤"项目管理器"；

◇ 实例演示过程具有详细的文字步骤说明；示例图片为重要步骤示意；

◇ **单击**：表示执行单击鼠标左键的操作；

◇ **右击**：表示执行单击鼠标右键的操作；

◇ 教程图例中的**单位**：长度mm，角度°，标高EL的单位是m；

◇ 教程中绝大部分的"英文命令"为大写，以示提醒，输入相应的小写字母结果相同；

◇ 教程编撰先基于AutoCAD Plant 3D 2020教育版软件，随后以AutoCAD Plant 3D 2022软件进行视频录制和内容校核。

教材特色

◇ **学习目标**：每一篇的首页都总结了该篇所涵盖的主要内容；

◇ **教程的方法**：在整个教程中都采用了导师制的观点和"边做边学"的主题；

◇ **图文并茂**：本教程包含大量插图，特别对软件操作步骤的示例图片进行了集中处理；

◇ **案例练习**：模块及功能训练都有相应的实例练习或者示例过程；

◇ **步骤和符号**：本教程中明确表达了软件的各功能操作步骤，并配备相应的文字说明、图形符号。

目　录

基础预备篇

AutoCAD模块篇

综合篇

基础预备篇

化工设计各阶段成品都是通过"工程语言"——图纸、表格和说明书表达出来，其中图纸主要包括了化工工艺图、化工设备图和化工布置图，并且不同设计阶段各种图样要求的深度不一样，表达方式也略有不同；从设计初期的草图制作到各阶段设计的不断深入，都有相应的设计规定和图纸规范需要遵循。

AutoCAD Plant 3D作为一款集AutoCAD、P&ID和Plant 3D为一体的三维工厂设计专业绘图软件，基于AutoCAD开发平台，包含PIP、ISO、ISA、DIN和JIS-ISO等P&ID相关标准，以及公制、英制单位的管道等级库，可以快速创建P&ID并进行三维工厂模型设计，也可以基于三维模型创建正投影视图、立面视图和剖视图等正交图形和管道轴测图（ISO图）。这些图形文件及相关数据都可以作为"项目"的一部分，通过"项目管理器"进行管理、设计、编辑修改和输入输出等。

 实训目标

✧ 了解、熟悉化工图样的基本内容。
✧ 掌握常用的化工工程图纸国家标准和行业规范。
✧ 了解各类化工图样的基本要求及绘图步骤。
✧ 了解计算机辅助设计制图和三维工厂设计软件。
✧ 了解AutoCAD Plant 3D的基本模块及推荐的应用对象。
✧ 掌握项目规划与项目管理。
✧ 能够在项目环境中工作，并了解不同模块的工作流。

绪 论

1.1 化工设计与化工图纸

化工是"化学工程""化学工艺""化学工业"等的简称，是运用化学方法改变或合成相关产品的生产技术及过程。而化工设计是把一项化工工程从设想变成现实的一个环节，为项目决策提供依据，为项目建设提供实施的蓝图，对工程建设起着主导和决定性作用，是工程建设的灵魂。化工设计是科研成果转化为现实生产力的桥梁和纽带，在科学研究及其成果应用的小试到中试以及工业化过程中，都需要与设计的有机结合。依据《化工工厂初步设计文件内容深度规定》(HG/T 20688—2000)，化工设计的主要内容和步骤如图1.1所示。实际过程中，左边框所代表的设计工作往往是交错进行的，而右边框所代表的各阶段设计成品都是通过"工程语言"——图纸、表格和说明书表达出来。这些化工图纸主要包括了化工工艺图、化工设备图和化工布置图，并且按照设计阶段的不同，各种图纸要求的深度不一样，表达方式也略有不同；从设计初期的草图制作到各阶段设计的不断深入，都有相应的设计规定和图纸规范需要遵循。

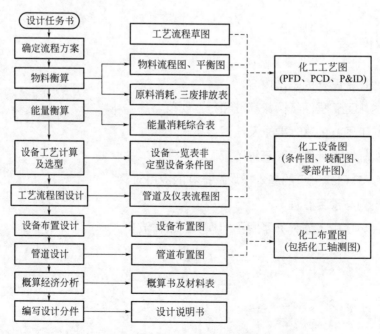

图1.1 化工设计的主要流程和相应的化工图纸

1.2 化工图纸的分类和制图标准

化工图纸作为工程图纸的一大类是工程界技术交流、现代工业设计和生产的重要技术资料，具有严格的规范性。掌握制图的基本知识与规范是正确设计、绘制和识读化工图纸的基础。国家标准《技术制图》系列［如《技术制图　标题栏》（GB/T 10609.1—2008）等］和《机械制图》系列［如《机械制图图样画法图线》（GB/T 4457.4—2002）等］是绘制和阅读工程图纸的准则和依据；同时，化工图纸还需要符合化工行业的相关标准和规范规定。

1.2.1 化工制图常用的国家标准和行业规范

化工制图关于图纸幅面、格式、比例、字体和图线等规定应遵循国家标准如表1.1所示。

（1）图纸幅面和格式

图纸幅面是指图纸宽度和长度组成的图面大小，简称图幅。图纸以短边作为垂直边称为横式，以短边作为水平边称为立式，一般A0～A3图纸适宜横式使用，必要时也可立式使用。在图纸上必须使用粗实线绘制图框，其格式分为留有装订边和无预留装订边两种，但同一项目的图纸只能采用一种格式。幅面大小的选择根据视图的数量、尺寸配置、明细表大小、技术要求等内容而定，保证布图均匀美观、比例适中。需要注意的是：化工图纸通常有建议的图幅大小，比如化工装配图优先采用A1幅面。横式图纸幅面和图框尺寸如表1.2所示。

表1.1　国家标准中关于制图的基本规定

序号	内容	国家标准	备注（在化工制图中的应用）
1	图幅及图框	GB/T 14689—2008	零部件图可用组合图幅； A3不单独竖放；A4不单独横放
2	标题栏与明细栏	GB/T 10609—2008	设备类：HG/T 20668—2000； 工艺类：HG/T 20519—2009
3	比例	GB/T 14690—1993	见表1.3
4	字体	GB/T 14691—1993 GB/T 14665—2012	字体尺寸：3.5/5
5	图线	GB/T 14665—2012 GB/T 4457—2002	
6	尺寸标注	GB/T 4458.4—2003 GB/T 16675.2—2012	添加标高

（2）标题栏

每张图纸上必须绘制标题栏。标题栏的内容、格式按照技术制图国家标准GB/T 10609—2008的规定执行，位于图纸的右下角，大约180mm×56mm。在实际执行中，各工厂企业、设计单位有些也直接采用企业内部规定格式的标题栏，如化工设备装配图会采用

HG/T 20668—2000 中规定的格式内容（如图 1.2）；而化工工艺图则较多采用 HG/T 20519—2009 中示例的标题栏，如图 1.3 所示。目前，在大学生化工设计竞赛中，图纸大都统一采用类似 HG/T 20519—2009 中示例的工艺类标题栏。

表1.2 图纸基本幅面及图框（GB/T 14689—2008）

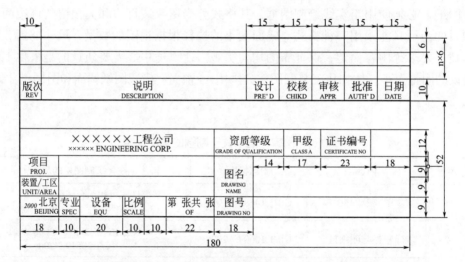

幅面代号	$B \times L$	装订边距		无装订
		a	c	e
A0	841×1189	25	10	20
A1	594×841			
A2	420×594			
A3	297×420		5	10
A4	210×297			

图1.2 化工装配图的标题栏和相应的签署栏（HG/T 20668—2000）

图1.3 化工工艺图的标题栏

（3）绘图比例

比例是指图样中图形与实物相应的尺寸之比。绘图时应从表1.3中的比例选择，其中 n 为正整数。由于化工图样的大型化和复杂化，化工图样也有"允许选择比例系列"，选用原则是有利于图形的清晰表达和图幅的有效利用。必须注意，不论采用何种比例绘制，后续标注尺寸时，均按实际尺寸大小标注。

表1.3 绘图比例尺寸（GB/T 14690—1993）

种类	优先选择比例系列			允许选择比例系列				
原值比例	1:1							
放大比例	5:1 $5 \times 10^n:1$	2:1 $2 \times 10^n:1$	$1 \times 10^n:1$	4:1 $4 \times 10^n:1$	2.5:1 $2.5 \times 10^n:1$			
缩小比例	1:2 $1:2 \times 10^n$	1:5 $1:5 \times 10^n$	1:10 $1:1 \times 10^n$	1:1.5 $1:1.5 \times 10^n$	1:2.5 $1:2.5 \times 10^n$	1:3 $1:3 \times 10^n$	1:4 $1:4 \times 10^n$	1:6 $1:6 \times 10^n$

（4）字体

化工图样中的汉字、数字和字母必须做到：排列整齐、清楚正确，尺寸大小协调一致。其中汉字要以国家正式公布的简化字为准，宜采用长仿宋体或者正楷体。字体高度在HG/T 20519—2009中推荐5mm，表格的文字可以采用3mm，图名可以采用7mm。

（5）图线

国家标准规定了许多基本线型。常用线型名称及特性如表1.4所示。

表1.4 常用的图线类型及应用举例

图线名称	图线型式	图线宽度	一般应用举例
粗实线	▬▬▬▬	d	可见轮廓线
细实线	———	$d/2$	尺寸线、剖面线、引出线等
细虚线	- - - - -	$d/2$	不可见轮廓线
细点画线	—·—·—	$d/2$	轴线、对称中心线
粗双点划线	▬▬▬▬	d	限定范围标示线
波浪线	∿∿∿	$d/2$	断裂线、视图和剖视图分界线

其中图线线宽 d 可以从0.25mm、0.35mm、0.5mm、0.7mm、1.0mm、1.4mm、2.0mm线宽系列中选择，而特定化工图样根据表达需要，通常也会对图线有专门规定，如表1.5所示，HG/T 20519—2009《化工工艺施工图内容和深度统一规定》中对图线用法及宽度的规定。

表1.5 化工制图中常用的图线用法及宽度（HG/T 20519—2009中的表6.1.3）

类别		图线宽度/mm			备注
		粗线 0.6～0.9	中粗线 0.3～0.5	细线 0.15～0.25	
工艺管道及仪表流程图		主物料管道	其他物料管道	其他	设备、机器轮廓线 0.25mm
辅助管道及仪表流程图 公用系统管道及仪表图		辅助管道总管 公用系统管道	支管	其他	
设备布置图		设备轮廓	设备支架、设备基础	其他	动设备（机泵等）如只绘出设备基础，图线宽度 0.6～0.9mm
管口方位图		管口	设备轮廓、设备支架、设备基础		
管道布置图	单线	管道		法兰、阀门 及其他	
	双线		管道		
管道轴测图		管道	法兰、阀门、承轴焊、螺纹连接的管件的表示线	其他	
设备支架图 管道支架图		设备支架及管架	虚线部分	其他	
管件图		管件	虚线部分	其他	

注：凡界区线、区域分界线、图形连续分界线的图线采用双点划线，宽度均为0.5mm。

（6）尺寸标注

尺寸标注包括尺寸界线、尺寸线和尺寸数字。详细的包括线性、圆弧、角度等标注，以及化工布置图中的标高等。如图1.4所示的尺寸标注组成及标注类型。

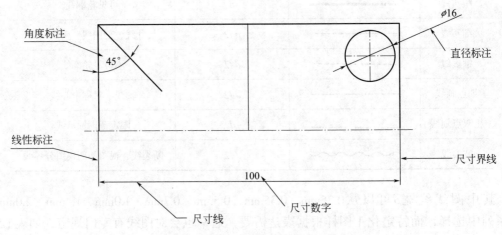

图1.4 尺寸标注组成及标注类型

1.2.2 化工工艺图的内容和深度规范

化工工艺图是采用图例、符号及代号等把化工生产工艺流程和所需要的全部设备、机器、管道、阀门、管件和仪表等表达出来的图样。主要参考规范是《化工工艺施工图内容和深度统一规定》（HG/T 20519—2009）。根据设计所处的阶段，化工工艺图主要包括：方案流程图、物料流程图（PFD）和管道及仪表流程图（P&ID），其要点列在表1.6中。详细可参照如图1.5和图1.6所示的PFD图和P&ID图，了解、掌握各化工工艺图图纸的特点。

表1.6 化工工艺图的分类与要点简介

工艺图类别	方案流程图	物料流程图（PFD）	管道及仪表流程图（P&ID）
图幅	无统一规定	须画出图框和标题栏	A1/A2
标题栏	可省略	按规定选择	按规定选择
比例	不按比例绘制		
主要内容	设备、工艺流程线需要参照相应的图形符号；设备位号标注（HG 20519—2009）		
工艺流程线及阀门、管件	简单标注	流股编号，物料信息表	流程控制方案图PCD，或P&ID的管道位号标注
仪表、控制点	可以简化或省略		参照仪表图形符号和位号（HG/T 20505—2014）

注：设备、管线、阀门及管件都需要参照相关图例。

化工工艺图绘制的需求和基本步骤：
① 选择并确定生产流程，确定技术经济指标，制作方案流程图；
② 生产工艺物料、热量衡算；设备选型计算，设备一览表；
③ 根据工艺计算和设备计算结果，完成工艺物料流程图（PFD）；
④ 设计自动控制和仪表方案，完成流程控制方案图（PCD）；
⑤ 管道设计和计算；
⑥ 仪表选型和计算；
⑦ 其他相关工艺设计如电气等。

上述步骤都完成后就可以设计P&ID了。需要注意的是，**管道及仪表流程图（P&ID）**是在工程设计阶段绘制的一种内容较为详细的施工流程图。其在设计过程中是分步、分阶段完成的，比如流程控制方案图（PCD）就是在物料流程图之后，进行第一阶段的P&ID，随后再经由管道、仪表、电气、土建类等专业设计人员协作完善，成为最终版的P&ID施工图。P&ID作为施工安装和生产操作的依据，是在PFD和PCD基础上逐步完善获得的。完整的P&ID可以分两个阶段：基础设计和详细工程设计。

此外，为更好地阅读工艺流程图及布置图，**一般将设计中所采用的部分规定、图例符号、字母代号等绘制成首页图**。首页图图幅一般为A1，特殊情况可以常采用A0图幅，如下图1.7所示的首页图。

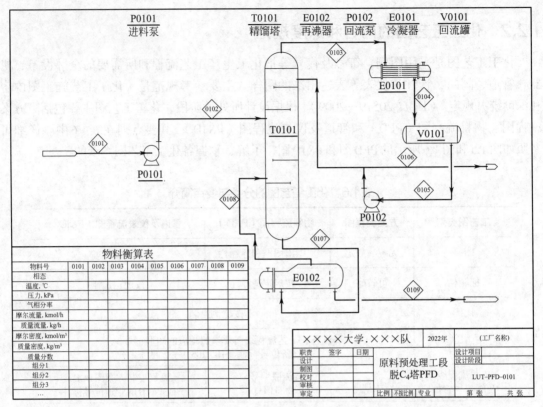

图1.5　物料流程图（PFD）示例

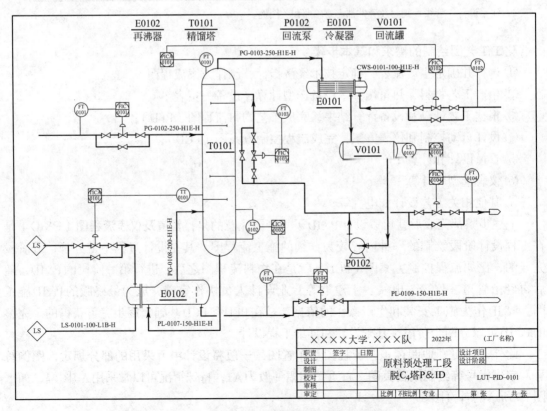

图1.6　管道及仪表流程图（P&ID）示例

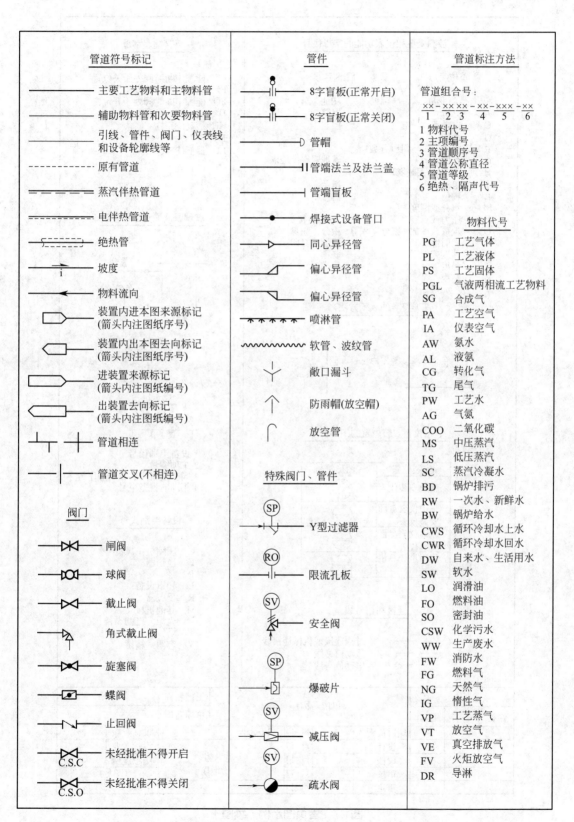

图1.7 首页图示例（参考HG/T 20519—2009 图2.0.1）

被测变量和仪表功能的字母代号

	首位字母		后继字母
字母	被测变量	修饰词	功能
A	分析		报警
C	电导率		控制
D	密度	差	
F	流量	比(分数)	
G	长度		就地观察；玻璃
H	手动(人工触发)		
I	电流		指示
L	物位		信号
M	水分或湿度		
P	压力或真空		试验点(接头)
Q	数量或件数	积分、积算	积分、积算
R	放射性		记录或打印
S	速度或频率	安全	联锁
T	温度		传递
W	称重		

英文缩写字母

FC 能源中断时阀处于关位置
FL 能源中断时阀处于保持原位
FO 能源中断时阀处于开位置
H 高
HH 最高(较高)
L 低
LL 最低(较低)

玻璃管液面计表示方法

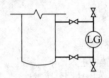

图形符号的表示方法

测量点

表示仪表安装位置的图形符号

安装位置	图形符号
就地安装仪表	◯
集中仪表盘面安装仪表	⊖
就地仪表盘面安装仪表	⊜
集中进计算机系统	⬭

设备位号

$$\dfrac{×}{1}\ \dfrac{××}{2}\ \dfrac{××}{3}\ \dfrac{×}{4}$$

1 设备类别代号
2 主项编号
3 同类设备中的设备顺序号
4 相同的设备尾号

设备类别代号

C 压缩机、风机
E 换热器
P 泵
L 起重设备
R 反应器
M 其他机械
S 火炬、过滤设备
T 塔
V 容器、槽罐

连接和信号线

—————— 过程连接或机械连接线
—x—x—x— 气动信号线
- - - - - - - - 电动信号线

会签栏			（单位名称）				工程名称	
专业	签名	日期					单项名称	
			项目负责人	月 日	20××年		设计阶段	
			设计	月 日		首页图 (例图)	设计专业	
			校核	月 日			图纸比例	
			审核	月 日			（图号）	
			审定	月 日	工程设计证书：×级××××××××号		第 张 共 张	版次：

图1.7　首页图示例（续图）

1.2.3 化工设备图的内容和深度规范

化工设备图是表达设备的结构、形状、大小、性能及制造、安装、检验等技术要求的工程图纸。除了国家标准的有关规定，主要参考规范《化工设备设计文件编制规定》（HG/T 20668—2000）。

（1）化工设备图的种类

供设备制造、安装、生产使用的化工设备图称为设备施工图。一套完整的设备施工图由图纸和技术文件构成。图纸包括装配图、部件图、零件图、零部件图、表格图、标准图（或通用图）、梯子平台图、预焊件图、特殊工具图和管口方位图等；技术文件由技术要求、计算书、说明书和图纸目录构成。

1）化工设备条件图 也称为设备设计条件单，是化工设备设计的主要依据，根据设备的结构和功能特点，将其分为四类典型设备：储罐、换热器、反应器、塔器等。不同设备的设计条件和设计要求各不相同。如图1.8所示，以固定床反应器的"设计条件单"示例，其主要包括设备简图、技术特性指标和管口表。其中设备简图要表示工艺设计所要求的设备结构型式、尺寸、管口及其初步方位。

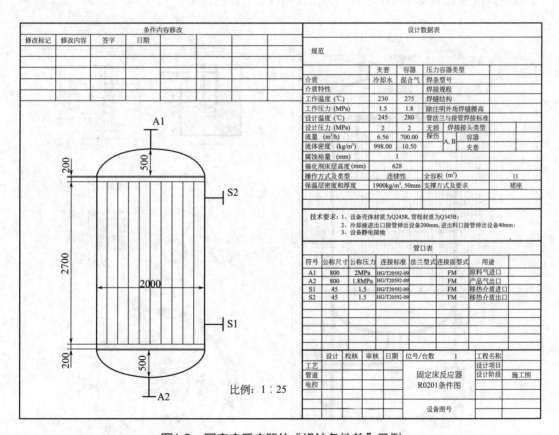

图1.8 固定床反应器的"设计条件单"示例

2）化工机器图 化工机器主要是指压缩机、离心机、鼓风机、泵和搅拌装置等机器设备；而化工机器图除部分在防腐等方面有特殊要求外，属于一般通用机械的常规表达范畴。

　　3）**装配图**　表示设备的全貌、组成和特性的图纸，它表达设备各主要部分的结构特征、装配和连接关系、特征尺寸、外形尺寸、安装尺寸及对外连接尺寸、技术要求等。如图1.9的化工装配图示例。

　　4）**零、部件图**　由零件图、部件图组成的图纸。部件图是表示可拆或不可拆部件的结构、尺寸，以及所属零部件之间的关系、技术特性和技术要求等资料的图纸。零件图是表示零件的形状、尺寸，以及机械加工、热处理和检验等资料的图纸。主要用来表达在装配图中没有表达清楚的非标零件。

　　5）**表格图**　用表格表示多个形状相同，尺寸不同的零件的图纸。

　　6）**标准图（或通用图）**　指国家有关部门和各设计单位编制的化工设备上常用零部件的标准图或通用图。

　　7）**梯子平台图**　表示支承于设备外壁上的梯子、平台结构的图纸。

　　8）**预焊件图**　表示设备外壁上保温材料、梯子、平台、管线支架等安装前在设备外壁上需预先焊接的零部件的图纸。

　　9）**特殊工具图**　表示设备安装、试压和维修时使用的特殊工具的图纸。

　　10）**管口方位图**　表示设备上管口、支座、吊耳、人孔吊柱、板式塔降液板、换热器折流板缺口位置，地脚螺栓接地板、梯子及铭牌等方位的图纸。

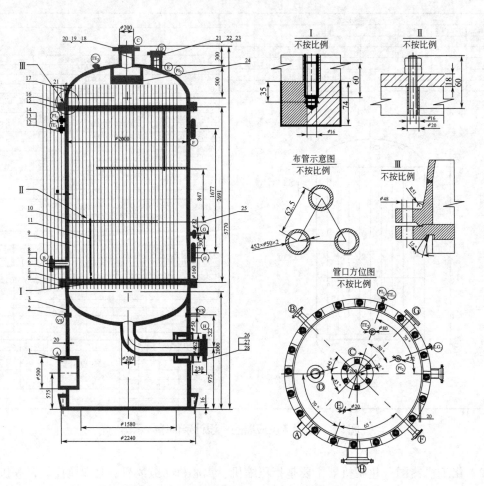

图1.9　化工装配图示例：固定床反应器

（2）化工设备国家标准和通用零部件简介

针对化工设备的设计、制造、检验等已经建立了一系列的标准，同时化工设备中许多通用的零部件都已经标准化、系列化，如表1.7所示。

表1.7 化工设备国家标准和通用零部件

典型设备	标准	通用零部件	标准
压力容器	GB 150—2011	筒体	GB/T 9019—2015
	TSG 21—2016	封头	GB/T 25198—2010，JB/T 4746—2002
钢制压力容器	JB 4732—2005	手孔与人孔	HG/T 21514～21535—2014
塔式容器	NB/T 47041—2014		HG/T 21594～21604—2014
卧式容器	NB/T 47042—2014	管法兰	HG/T 20592～20635—2009
热交换器	GB/T 151—2014	压力容器法兰	NB/T 47020～47027—2012
反应器	HG/T 3796.1—2005	支座	JB/T 4712—2007，NB/T 47065—2018
HG/T 20584—2011《钢制化工容器制造技术要求》 NB/T 47015—2011《压力容器焊接规程》 NB/T 47013—2015《承压设备无损检测》 GB/T 985.1—2008《气焊、焊条电弧焊、气体保护焊和高能束焊的推荐坡口》 GB/T 985.2—2008《埋弧焊的推荐坡口》 GB/T 324—2008《焊缝符号表示法》……		补强圈	JB/T 4736—2002
		视镜	NB/T 47017—2011
		常用零部件	
		搅拌器	HG/T 3796—2015
		波型膨胀节	GB/T 16749—2018
		填料箱、浮阀、泡罩……	

（3）化工设备的表达方式

化工设备是由化工设备通用零部件和典型设备常用零部件按照要求连接装配到一起的。化工设备装配图则是清晰表达设备的结构形式和各零部件的连接装配关系，标注出设备的规格性能尺寸、装配尺寸、安装尺寸、总体尺寸和其他重要参数，并给出零部件的明细。基于化工设备结构特点，有如下许多视图表达方式。

1）**多个视图灵活配置** 通常采用两个视图表达：立式设备一般选用主、俯视图；卧式设备一般为主、左（右）视图。

2）**多次旋转表达** 设备回转壳体周围布置的管口和零部件，在主视图上采用多次旋转的画法，以表达清楚其形状和沿轴线方向的位置；而其实际的周向分布通过俯视图（或左视图）或者管口方位图来表达。

3）**局部放大图** 将细小结构或较小零部件，用大于原图形的比例绘制，并注明比例。

4）**断开或分层表达** 高（长）径比较大的设备，其内部构件沿轴线方向相似或按规律变化，可采用断开画法（双点划线），但仍要标注实际高度（长度）尺寸。可结合整体图来完整、清晰表达设备。

5）**管口方位表达** 管口及管件的周向分布可以采用管口方位图来表达，用粗实线示意画出管口，以中心线表明管口位置（角度），同一管口要在主视图和管口方位图中标注相同的字母。

6）**简化画法** 通用零部件和常见的结构、零件经常采用简化画法，以提高绘图效率。比如：接管及法兰、螺纹紧固件、多孔结构、填充物、塔盘等。

7）**焊接结构需要参照规定画法进行表达** 如焊缝的基本符号（GB/T 324—2008），焊接工艺（GB/T 5185—2005）。

（4）化工设备图的作图步骤

1）**选定视图表达方案** 根据设备的结构特点选择主视图、视图数量和表达方法。

2）**确定视图的比例，进行视图布局** 包括预留标题栏、图表位置等，也可以先按1:1绘图，再根据图幅选定比例进行布图。

3）**绘制视图** 根据化工设备特点、选择合适的绘图表达方式，按照"先主后辅，先外件后内件，先定位后定形，先主体后零部件"的顺序进行，最后绘制必要的局部放大图。

4）**标注尺寸** 标注定位尺寸、定形尺寸；相关的装配、安装尺寸。

5）**编写序号并填写各种表格** 对零部件和管口进行编号，完成引线标注，并根据"设计条件单"的要求和设计计算结果，填写明细栏、管口表、技术特性表、技术要求等。

6）**检查**图样和表格，并**完善**标题栏等相关内容。

1.2.4 化工布置图的内容和深度规范

化工布置图主要用于完成工艺设计之后进行的车间布置，包括设备布置图和管道布置图。主要参考规范：HG/T 20519—2009《化工工艺施工图内容和深度统一规定》和HG/T 20549—1998《化工装置管道布置设计规定》。

1）**设备布置图** 是用来表示设备与建筑物、设备与设备之间的相对位置，并指导设备安装的图样；其展现的是工艺设计所确定的全部设备合理布置在厂房建筑内外的位置。因此，设备布置图的绘制需要了解房屋建筑的表达方法，再综合考虑地质条件、道路交通、主导风向、公用设施等环境条件；既要满足生产工艺和安全方面的要求，也要符合经济、环保原则，还要便于安装维修。图1.10为化工设备布置图示例。

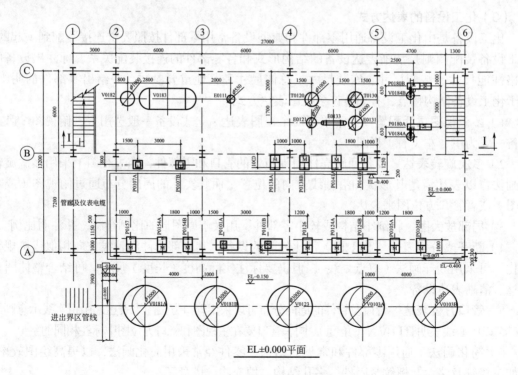

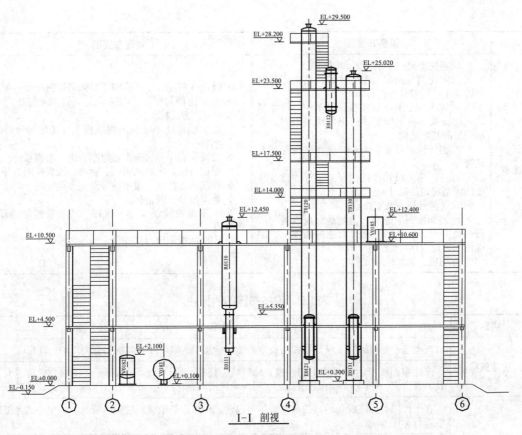

图1.10 化工设备布置图示例（HG/T 20519—2009 图3.0.9）

扫码见化工管
道布置图示例

2）**管道布置图** 是用来表示设备、建筑物的简单轮廓，管道、管件、阀门、仪表控制点等布置情况的图纸。同样需要综合考虑生产工艺、安全、环保等方面的要求，也要符合经济原则便于安装维修（示例图样参考 HG/T 20519—2009 图2.3.12）。

将设备布置图和管道布置图进行比较就会发现两类化工布置图的共同点和差异，如表1.8所示，其中设备布置图的相关标注列于表1.9中。

表1.8 化工布置图的内容与规定

类别	设备布置图	管道布置图
内容	◇ 设备布置的一组平面图和立面剖视图 ◇ 建筑轴线编号，设备位号及名称，与设备相关的尺寸标注 ◇ 安装方位标 ◇ 标题栏（比例）、设备一览表等明细栏	◇ 一般只绘平面图，局部表达不清时可绘制剖视图或轴测图 ◇ 细线表示的设备布置图图纸 ◇ 粗线标识的管道、管件、阀门、仪表符号 ◇ 管道、管件、阀门、仪表的平面/立面尺寸标注，管线位号等
一般规定	◇ 分区及分区索引表 ◇ 一般采用A1图幅，1：100比例 ◇ 标高以"米"为单位，其余以"毫米"为单位，只标注数字 ◇ 图名一般分两行："×××设备布置图"，"EL±××.×××平面"或"×-×剖视图"	◇ 以工段或工序划分区段 ◇ 尽量采用A1图幅，常用比例1：50 ◇ 基准地面的标高表示为EL±0.000，管子公称直径一律用毫米表示 ◇ 公称直径≥400mm的管道采用双线表示 ◇ 管道弯折、交叉和重叠、连接应遵循相应的图例

续表

类别	设备布置图	管道布置图
绘图步骤	◇ 确定视图配置：平面图和剖面图 ◇ 选定比例与图幅：参考建筑物结构图及定位轴线（包括安装方位标） ◇ 整体布局：细点划线绘制设备中心线，建筑定位轴线；再用细实线画出厂房平面图，表示厂房的基本结构 ◇ 粗实线绘制设备、支架、操作平台等基本轮廓 ◇ 标注厂房定位轴线间的尺寸；标注设备基础的定型和定位尺寸 ◇ 设备位号标注及支撑点标高 ◇ 绘制剖面图应完全、清楚地反应设备与厂房高度方向的关系，再充分表达的前提下，剖面图的数量应尽可能少 ◇ 标题栏、明细栏等完善	◇ 确定视图配置：平面图、局部剖视图或轴测图 ◇ 选定比例与图幅：参考设备布置图（包括定位轴线、安装方位标） ◇ 细实线按比例绘制厂房结构、设备轮廓等的平面布置图 ◇ 按流程顺序和管道布置原则，进行管道布置 ◇ 根据自控方案添加阀门、管件、仪表控制点等 ◇ 建筑结构标注、设备编号及支撑点标高 ◇ 管道位号、管道标高 ◇ 根据需要绘制局部剖视图，或者管道轴测图、管段图等 ◇ 完成图纸：填写标题栏；检查、校核

表1.9 设备布置图的标注

类别	内容
厂房建筑标注	按土建专业图纸标注建筑物和构筑物的轴线号及轴线间尺寸，并标注室内外的地坪标高
	按建筑图纸所示位置画出门、窗、墙、柱、楼梯、操作台、下水箅子、吊轨、栏杆、安装孔、管廊架、管沟（注出沟底标高）、明沟（注出沟底标高）、散水坡、围堰、道路、通道等
设备标注	在平面图上标注设备的定位尺寸，尽量以建、构筑物的轴线或管架、管廊的柱中心线为基准线进行标注
	卧式容器和换热器以设备中心线和固定端或滑动端中心线为基准线
	立式反应器、塔、槽、罐和换热器以设备中心线为基准线
	离心式泵、压缩机、鼓风机、蒸汽透平机、以中心线和出口管口中心线为基准
	往复式泵、活塞式压缩机以缸中心线和曲轴（或电动机轴）中心线为基准线
	板式换热器以中心线和某一处扣法兰端面为基准线
	直接与主要设备有密切关系的附属设备以主要设备的中心线为基准予以标注
设备标高	卧式换热器、槽、罐以中心线标高表示
	立式、板式换热器以支承点标高表示
	反应器、塔和立式槽、罐以支承点标高表示
	泵、压缩机、以主轴中心线标高或以底盘底面标高表示
	管廊、管架标注出架顶的标高

1.3 计算机辅助设计绘图与三维工厂设计软件

基于上述化工设计的过程可知，即使是同一个化工图纸也是从简到繁、不断修改、逐步完善的成果。早期的图纸绘制主要是手工的尺规绘制，借助图版、丁字尺、三角板、圆规、绘图笔和相应模板等绘图工具来完成。随着计算机辅助设计（CAD）技术的发展，计算机使得绘图准确性、绘图效率和图面美观等大为提高；也使许多功能强大、全面的工程绘图软件得到广泛应用，AutoCAD就是其中之一。

考虑到现代化工设计的需要以及工程教育和大学生化工设计竞赛的倡导，现代三维工厂设计也迫切需要推广应用。本教程就以AutoCAD Plant 3D 2022软件为例，介绍其在化工设计各类化工图纸中的应用。

1.3.1 三维工厂设计特点

三维工厂模型可认为是建筑信息模型（building information model，BIM）的一个子类，也可称为plant information model（PIM）。目前，建筑信息模型（BIM）非常流行。根据《建筑信息模型应用统一标准》（GB/T 51212—2016）的定义，BIM指在建设工程及实施全生命期内，对其物理和功能特性进行数字化表达，并依此设计、施工、运营的过程和结果的总称。工厂设计通常包括两类：流程工厂（plant）和离散工厂（factory）。流程工厂的物流主要是通过管道输送，因此包含大量管道，如化工厂、食品加工厂、石油加工厂、制药工厂等；而离散工厂通过流水线操作，设备之间相对更独立，物流运输则主要通过流水线、人力、推车等，如制衣厂、家用电器制造工厂、汽车制造厂等。当然，这两类工厂并没有严格区分，有些工厂如制药厂，工艺前部分大量使用管道，而包装则使用流水线方式。显然化工厂设计符合流程工厂设计，而AutoCAD Plant 3D就是用于流程工厂设计的软件。

三维工厂模型由多个子信息模型组成，每个子模型又由信息模型元素构成。例如一个化工厂包含了建筑模型、结构模型、管道模型、电气模型等。其中管道模型又由管道、管件、泵等组成。每个基本元素包含了物理特性数据和功能特性数据，或者说包含几何特性数据和工艺特性数据。如管道包含管道长度、直径、壁厚等几何特性数据，还包含材质、生产厂家、使用压力等工艺参数数据。其主要特点列举如下。

1）**由不同专业的多个子信息模型组成，多专业可协同操作** 包括土建、给排水、工艺、设备、电气、空调等专业，可按各个专业分别创建子信息模型，各专业间可协同操作，最后再汇总成一个完整模型。比如工艺设计部分，设备建模、公用工程、工艺管道可分别构成子模型。

2）**每个信息模型元素具有唯一性** 如1号车间编号为P—0101的泵是和该车间泵的实体设备唯一对应的，不论从哪个专业哪种模式去表达该设备数据，或是从设计、施工到运营维护都是一致的。

3）**可视化和参数化** 各个模型元素可以具体化为立体实物，也可转化为数字模型，方便沟通、交流、决策；同时可以通过改变参数而便捷地修改和创建模型。

4）**采用标准约束和规格驱动** 各个国家都有相应的建筑和施工标准。比如工厂使用的管道在中国使用GB国家标准，美国使用ASME标准，德国使用DIN标准。而规格驱动则是指在建模过程中，按一定的标准来执行相应的操作，比如管道连接时，如果管道两端的端点是法兰形式，则连接时会自动使用法兰连接。由于使用了规格驱动，大大减少了错误操作，简化了操作复杂性，提高了建模效率。

5）**数据量大，通常使用数据库管理** 由于三维信息模型包含大量数据，所以如何高效管理数据就显得非常重要，通常三维设计软件都采用数据库来保存和管理相关数据。

6）**开放性** 由于创建三维模型的软件非常多，生成的三维模型可以转化为常用文件格式或国际通用的标准模式，如IFC（industry foundation classes）格式。

7）**可输出性** 即可出图性，所有三维模型都可以输出为二维图纸，便于输出、打印。

1.3.2 三维流程工厂设计软件概况

国内外已有相当多的三维流程工厂设计软件。计算机发展迅速，软件迭代也非常快，三维设计软件也在不断升级，总体趋势是更加易用，功能更加强大。走在前沿的三维设计软件已融入云计算、物联网概念。

（1）AutoCAD Plant 3D

该软件是 Autodesk 公司基于 AutoCAD 平台开发的三维工厂设计软件，特点是易学易用。使用面向工厂设计和工程设计的行业专业化工具组合构建 P&ID，然后将它们集成到 3D 工厂设计模型中。鉴于其基于 AutoCAD 平台开发的通用性和便捷性，各功能模块如1.4.2小节所述。并且与化工设计图纸都有对应性，本教程将对该软件进行介绍和功能示例教学。

（2）AVEVA PDMS（plant design management system）和 AVEVA E3D（AVEVA Everything3D）

两软件是英国 AVEVA 公司的旗舰产品。PDMS 是国内大型企业用得比较多的一款软件。目前 PDMS 已升级换代为 AVEVA E3D，升级后可以提升30%工作效率。

（3）PDS、Smart 3D 和 CADWorx

这三款都是鹰图（Intergraph）的产品。CADWorx 是针对中小工程项目推出的包括二维设计、三维设计、三维逆向建模和三维可视化的软件系列；PDS 是早期产品，面向大型企业。Smart 3D 是鹰图 PP&M 的新一代三维工程设计解决方案，面向大型企业，采用最新的软件技术进行核心构架，是目前市面上先进、智能、开放和全面的解决方案。从 2014 版本开始，将原有针对不同工程领域独立封装的 SmartPlant 3D、SmartMarine 3D 和 SmartPlant 3D Material Handling Edition 统一封装为 Smart 3D 产品。

（4）AutoPlant 和 OpenPlant 系列

该系列是 Bentley 公司产品，基于 MicroStation 平台。AutoPlant 为早期产品，最新产品为 OpenPlant，基于开放式 ISO 15926 标准的协作化智能二维和三维工厂设计环境，优化工厂设计和运营，利用多专业三维工厂设计环境构建管道、HVAC 和电气组件模型，加速项目设计，优化工厂生命周期的各个方面。

（5）MPDS4

MPDS4 是 CAD Schroer UK Ltd 的产品，起源于剑桥 CAD 中心的三维工厂设计软件，包含 P&ID、2D/3D 工厂布局、钢结构设计、HVAC 设计、电气设计、支吊架设计等。

（6）PDSOFT 系列等国产三维布管软件

PDSOFT 是中科辅龙的产品，国产三维布管软件，2023 年 6 月推出的 PDSOFT 3D Piping V6.0 版本可以支持到 AutoCAD 2022 版本。另外还有北京高佳（代表产品 EP3D）和北京中维数通（代表产品 ZWPD3.6）等推出的国产三维工厂设计和三维配管软件。

此外，还有许多其他的三维工厂设计软件，如基于 Google SketchUp 开发的工厂设计插件；基于达索系统（Dassault Systemes S.A）公司 Solidworks 开发的 SolidPlant；德国 CAD Partner GmhH 的 Smap 3D 软件；芬兰 Elomatic 的 CADMATIC Plant Design 软件等。

1.4 化工制图和AutoCAD Plant 3D

1.4.1 化工制图的准备工作

① 明确化工图纸的类别和深度要求。

② 准备相关化工图纸的国家标准与行业规范。

③ 确定工艺条件，根据介质、温度、压力等条件计算工艺、设备参数，确定具体的尺寸、数据。

④ 标准的查取、选用。如设备选型、零部件大小和型号、布置空间参数等。

⑤ 视图的表达方式以及图幅、比例的选取。

1.4.2 AutoCAD Plant 3D模块推荐

鉴于不同化工图纸的要求略有不同，根据编者的上机教学和化工设计竞赛指导经验，结合AutoCAD Plant 3D的基本模块和功能特点，针对不同的化工图纸推荐采用AutoCAD Plant 3D软件的不同模块进行设计绘制，如表1.10所示。详细应用将在各模块实训中通过案例说明。

◇ **项目管理（文件管理）**：项目包括不同的工段、车间，每一车间又包括工艺流程、结构、设备、车间布置等不同类别的图纸；创建的任一图纸、单元、符号包含了相应的数据、注释信息等，这些都可视为项目（Project）的一部分，这是AutoCAD Plant 3D软件的设计特色。由此，**第2章**将从宏观角度对AutoCAD Plant 3D软件进行简介，并举例说明如何创建项目、进行项目规划和项目管理、以及具有"在项目环境中"工作的设计绘图理念。

◇ **AutoCAD模块**：工作空间包括"草图与注释"（二维图形空间）、"三维基础"和"三维建模"，和AutoDesk AutoCAD软件的功能基本一致。例如在"**草图与注释**"工作空间下，可以实现直线、圆、多边形等基本图元的绘制、修改和注释等功能，从而实现二维工程图纸的设计与绘制，其功能和示例将在**第3章**和**第4章**详细介绍。

◇ **P&ID模块**：工作空间包括"PIP"在内的5类不同国家的符号标准；可以简便、快捷地实现化工工艺类图纸（特别是管道及仪表流程图P&ID）的设计与绘制，其功能和示例将在**第5章**和**第6章**详细介绍。

◇ **Plant 3D模块**：工作空间是"三维管道"，可以进行三维工厂的结构模型、设备模型、管道模型等设计与绘制（在**第7章**和**第8章**详细介绍）；同时借助"**正交图形**"和"**等轴测图**"的相关功能和命令可以简便、快捷的将三维工厂模型转变为对应的正交图纸和等轴测图纸，实现化工布置图和管段图等图纸的二维转化输出，其功能和示例将在**第9章**和**第10章**详细介绍。

◇ **项目管理（数据管理）**：项目图形或符号都包括了几何结构、功能属性等数据，也需要依据相应的国家标准和行业规范，可以通过"**数据管理器**""**等级库**"等进行管理、编辑、输出，即等级库等特定规格驱动的CAD设计，是AutoCAD Plant 3D软件的另一应用特色。这些内容将在**第11章**和**第12章**进行介绍，而**第13章**将介绍AutoCAD图形文件的打印和输出。

表1.10 化工制图的AutoCAD Plant 3D模块推荐

序号	化工图纸		推荐模块	对应章节
1	项目管理	图纸文件、图元数据	项目管理器、数据管理器 等级库和元件库	第2、11、12、13章
2	通用格式规范	图框、标题栏、图标 表格、图线、文字等	各模块下执行CAD命令	第1、3章
3	化工工艺图	PFD	P&ID模块	第5、6章
		P&ID（或PCD）		
4	化工设备图	化工设备条件图	AutoCAD模块	第3、4章
		设备装配图		
		零部件图		
5	化工布置图	设备布置图	Plant 3D模块 正交视图 ISO等轴测图	第7~10章
		车间工厂布置图		
		管道布置图		

第 2 章

AutoCAD Plant 3D快速入门

2.1　AutoCAD Plant 3D 简介

AutoCAD Plant 3D 是一款基于 AutoCAD 平台开发的，集 AutoCAD、P&ID、Plant 3D 于一体的三维工厂设计软件。该软件由 Autodesk（欧特克）公司于 2007 年首次发布 P&ID，并于 2010 年推出 AutoCAD Plant 3D 第一个版本，新版本集成 AutoCAD、P&ID 和 Plant 3D 并使用 SQLite 或 SQL Server 管理数据，基于等级库驱动，参数化建模，并且支持多人协作、云协作，使用 ISO 15926 标准。

AutoCAD Plant 3D 教育版软件支持免费注册，本教程相关截图即基于已注册的教育版软件。

在 AutoCAD Plant 3D 软件中，你需要有在项目（Project）中创作一切的理念，即创建的任一图纸、单元、符号以及相应的数据库都是整个项目中的一部分；并在一个项目中进行设计、绘图、编辑修改、使用验证工具检查项目内部的任何错误等。AutoCAD Plant 3D 2022 包含以下主要功能。

1）高效且易于使用的**项目管理器**　支持项目备份、搜索。所有文件都可以从项目管理器中访问，文件分类管理一目了然。在 Plant 3D 项目管理器中文件分为三大类：源文件、正交图形文件和等轴测图形文件。其中 "Project.xml" 表示项目文件，而后缀 "*.dwg" 表示 Plant 3D 模型或 P&ID 图形。

2）**P&ID 设计**　非常容易使用的 P&ID 设计工具，内置了 PIP、ISO、ISA、DIN 和 JIS–ISO 标准符号库。工具选项板中可以查看符号表示法，并可按类型进行整理。同时也支持等级库驱动，支持自定义符号。数据可以导入导出 Excel 格式，方便批量修改、查看和打印数据。

3）**钢结构设计**　使用标准钢横截面快速布置钢结构，包括平台、楼梯、爬梯和扶手等。钢结构标准包含 AISC、CISC 和 DIN 钢结构。可从官方网站下载 GB 钢结构标准。可将结构对象输出为 Advance Steel XML（SMLX）文件。

4）**参数化设备建模**　可实现快速建模；有部分内置设备模型，如泵、换热器等。可使用参数化方法创建组合设备。支持将 AutoCAD.dwg 块、Inventor 设备模型转换成 Plant 3D 设备。可添加设备的耳座、裙座等。

5）**仪表支持**　可直接从仪表工具选项板放置仪表，如同管道元件一样放置仪表。

6）**支撑（支吊架）设计**　软件自带管道支撑等级库，可以将库中的管道支撑添加到项目中，也可以创建一个自定义管道支撑。其中支撑的方向和大小会根据管线进行设置。

7）**三维布管**　可以基于管道等级库进行三维布管；支持自动布管功能，选择出发点和结束点，软件会自动生成可能的布管路径，用户可以自行选择合适的布管路径。支持固定长度、倾斜管道布置等。

8）**正交出图** 平、立面图纸是常用的交付图纸。Plant 3D支持快速生成平面图、立面图、剖面图、轴测图等图纸。当三维模型更改时，正交图纸可相应更新。正交图可包含BOM表。

9）**ISO（管道等轴测图形）出图** 又称单线图，包含了详细的管道数据，可直接用于施工。在Plant 3D中可生成4种等轴测样式，即检查、应力、最终和管段，以满足不同需求。

10）**数据查看与报表输出** 数据管理器可以实时查看所有模型数据，并可通过数据快速查找模型。可批量导入导出Excel文件数据。数据管理器还可创建数据报表。通过报告生成器则可以创建更加复杂的数据报告，可创建包含计算数据的报告。

11）**元件库编辑器** Plant 3D 的管道及管件是基于等级库的。等级库根据元件库创建。元件库相当于一个个的标准，Plant 3D 默认配置有 DIN、ASME 标准。通过元件库编辑器则可以修改或添加需要的任何标准，如GB。

12）**数据验证** 是依据一定规则对模型进行检查，发现错误并进行更正。通过验证可大大减少项目错误。可对整个项目进行验证，也可以对单个文件验证，包括P&ID 文件验证、Plant 3D 模型验证和两者映射验证。

13）**云协作** 可上传整个项目到云端，并邀请他人协同工作。可在移动端查看项目。

2.1.1　用户界面

AutoCAD Plant 3D软件的用户界面（User Interface）与AutoCAD类似，打开特定项目文件，在"三维管道"的工作空间下，用户界面如图2.1所示。

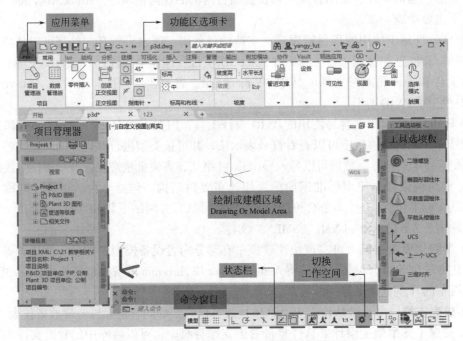

图2.1　AutoCAD Plant 3D软件的用户界面

这里需要补充说明一下：AutoCAD Plant 3D默认采用深色主题背景，以增加清晰度，类似的锐化已应用于浅色主题。本教程为便于示例截图的清晰度，将深色主题背景进行如下修改：

1）在"用户界面"的**绘图区域**➤点击右键➤选择"选项"，就会弹出"选项"对话框。或者在"**命令窗口**"中输入"Options（OP）"➤按"Enter"。

2）在"**选项**"对话框中的"**显示**"中进行如图2.2所示的设置。就会获得图2.1所示的浅色主题背景的用户界面。

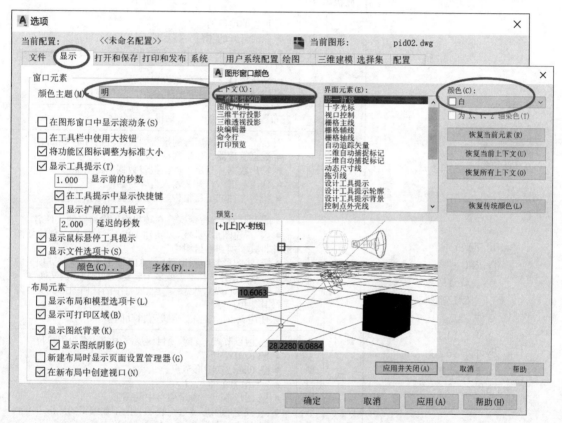

图2.2　用户界面的主题背景设置

2.1.2　项目管理器

项目管理器（Project Manager）可以创建新项目，并可打开、链接、复制和创建图形，也可以输出和输入数据、创建项目报告、将文件复制到项目文件夹以及执行其他项目任务。项目管理器还提供对"数据管理器""项目设置"对话框的访问，管理员根据公司或客户端需求使用该对话框配置绘图环境。在项目管理器中包含三个选项卡："源文件""正交图形"和"等轴测图形"，可以新建、访问和管理包括P&ID、Plant 3D、正交图形、等轴测图形等各类图形文件。表2.1展示的是项目管理器面板相关功能。更详细的创建和绘制相应的图形将在后续模块中以案例形式介绍。

项目管理器的打开方式：

1）⛖功能区：单击"默认"选项卡➤"项目"面板➤"项目管理器"。

2）⌨命令条目：PROJECTMANAGER（在"命令窗口"，即命令栏输入）。

新建项目的操作方法包括，方法1：启动界面➤新建➤项目设置向导；

方法2：项目管理器➤当前项目（下拉菜单）➤新建项目➤项目设置向导。

表2.1 项目管理器面板简介

项目管理器	面板内容		功能简介
	当前项目	项目名称	显示当前项目的名称 ● 以前打开的项目 显示最近打开的项目列表 ● 打开 显示"打开"对话框，查找并打开 *project.xml* 文件 ● 新建项目 显示项目设置向导 ● 样例项目 显示随产品提供的样例项目
		🖶	"发布"：显示"发布"对话框
		📋	"报告"：显示可运行的报告列表，包括自定义报告 ● 数据管理器 显示数据管理器 ● 输出数据 显示"输出报告数据"对话框 ● 输入数据 打开"输入自"对话框 ● 报告 在"项目报告"模式中打开数据管理器
	项目	项目工具栏	● 🔍隐藏/显示搜索框 在项目中搜索特定的文件名 ● 🗎新建图形 显示"新建 DWG"对话框，创建新图形并将其添加到项目树中 ● 🗎将图形复制到项目中 打开"选择要复制到项目的图形"对话框，选择一个或多个要复制到项目中的文件 ● 🔄刷新 DWG 状态 验证项目中的任何图形或文件是否被其他用户编辑 ● 使用 synchstylesmode 设置自动同步
		项目树节点	● 🗂项目节点 表示项目树层次中的顶级组织单位 ● 📄P&ID 图形节点 ● 📄Plant 3D 图形节点 ● 📁相关文件 节点 ● 📄图形节点 表示项目中的图形 ● 🔒锁定的图形节点 表示当前正在编辑的图形 ● 📄缺少的图形节点 表示已被移走或删除的图形 ● 📄参照的图形（外部参照）节点 表示项目引用的图形
	详细信息	📄	详细信息显示有关选定节点的信息 ● 项目详细信息 显示项目信息，包括项目位置、名称、说明、单位类型和编号 ● 图形详细信息 显示图形状态、说明、文件名称、位置、文件大小以及保存和编辑日期
		🔍	预览：当图形节点选定时，显示图形的小型预览图
		📋	工作历史：当图形选定时，显示该图形的所有工作历史条目 ● 修改日期 显示与最近一次工作历史条目编辑相关联的日期 ● 用户 显示打开图形进行编辑的用户的登录名 ● 状态 显示图形的状态 ● 注释 显示更新工作历史的用户输入的说明

2.1.3 数据管理器

　　数据管理器（DATA MANAGER）提供了对设备单元元件和管线数据的访问。当创建 P&ID 或 3D 模型时，绘图的每个元件都分配了一些属性，诸如尺寸、位号、定位、比例等数据信息。可以通过数据管理器访问这些属性，查看和更改图形或项目中多个 P&ID 对象的数据，为多个元件和线添加位号、选择图形中的元件和图线以进行缩放、将元件和线数据输出到 Excel 电子表格、逗号分隔值文件（CSV）或 PCF 文件（管道元件格式，仅限于 Plant 3D），并将修改后的数据输入回图形或项目。由此，数据管理器可以查看、导入、导出和从项目数据创建报告。图2.3给出了打开数据管理器的步骤和界面示意。

　　数据管理器的打开方式：

1）🎫 功能区：单击"默认"选项卡➤"项目"面板➤"数据管理器"。

2）⌨ 命令：DATAMANAGER（在"命令窗口"，即命令栏输入）。

图2.3　数据管理器的打开及管理界面

2.1.4 特色界面和功能

　　除了项目管理器和数据管理器，AutoCAD Plant 3D 保留了 AutoCAD 平台的许多特色功能，也具有一些新的特征，结合图2.1将其列举在表2.2中。这些界面和功能在后续示例练习中将具体演示。

表2.2　特色界面简介（详细内容请参考帮助文档）

界面	功能及特色简介	
工作空间 Wscurrent ⚙ ▾	不同工作空间只显示与当前工作空间任务相关的菜单、工具栏、选项板和功能区。 ◇ P&ID工作空间：P&ID PIP、ISO、ISA、DIN、JIS-ISO（对应于不同国家标准） ◇ 三维模型工作空间："三维管道" ◇ AutoCAD 工作空间："草图与注释""三维基础"和"三维建模" 如果要访问在当前工作空间无法访问的工具或命令，可以轻松地在工作空间之间切换。	
功能区 Ribbon	功能区面板包含的很多工具和控件与工具栏和对话框中的相同。 可以从功能区选项卡中拖动面板放置在绘图区域或另一个监视器中，也可将其放回功能区。	
工具选项板 Tool Palette	用于创建图形的标准以及自定义元件和线符号。 在创建项目时选择的标准和工作空间决定了程序启动时显示的工具选项板。	
"特性"选项板 Properties Palette	可提供对元件和线数据的快速访问。 可以更改对象数据（如管道规格、保温类型或厚度等）、访问"指定位号"对话框，在此对话框中可以更改位号信息。	访问方法： ● 双击图形中的对象； ● 选择图形中的某一项，并按CTRL+1； ● 在图形中的某一项上单击右击，再单击"特性"； ● 在命令提示符下，输入PROPERTIES。

续表

界面	功能及特色简介
等级库查看器	可以使用等级库查看器将管道或管件添加到模型。 等级库查看器使用等级库文件来控制零件尺寸、选择和布线优先级。打开等级库文件后，可以查看等级库工作表、将项目添加到三维模型以及自定义工具选项板。 可以插入尺寸已定或未定的零件。如果使用对象捕捉连接到开放端口，将使用该端口的尺寸。可以设置该程序，以便在对等级库文件进行更改时更新三维模型。
快捷特性	通过"快捷特性"可以访问一个对象或一组对象的常用特性。默认情况下"快捷特性"处于启用状态。选择一个对象时，可以查看和修改选定对象的特性列表。
快捷菜单 Shortcut Menu	也称为右键单击菜单或关联菜单，可以执行与选定元件或线相关的任务。 例如，在草图线上单击鼠标右键时，将显示一个快捷菜单，可以快速访问相关的草图线编辑任务。

在绘图或编辑过程中，可以使用夹点对二维或三维图形中的对象执行操作。选择对象时，夹点将显示在对象的战略点上。可以单击这些夹点执行操作，如下表2.3中所述。

表2.3　夹点（Grips）辅助工具说明

夹点名称	夹点符号	说明	夹点名称	夹点符号	说明
顺序夹点	✚	开始或继续布管	打断夹点	-【 】-	断开打断符号之间的草图线
标高夹点	△	上下移动管线以设置标高	翻转夹点	↓	向相反方向翻转元件
旋转夹点	◆	显示指南针并允许旋转元件	替换夹点	▽	显示一个包含类似元件的选项板，可以使用这些元件替换最初放置的元件
拉伸夹点	·-◆-·	显示在草图线段的中点；以正交方式移动线	添加管嘴夹点	⚒	将管嘴添加到现有设备或已转换的三维实体
线端点夹点	✚--	拉长或缩短草图线	编辑管嘴夹点	✎	编辑所有管嘴（标准、线和虚拟）
连接夹点	-+-	将草图线或管线连接到元件、管线或另一条草图线			

光标悬停在工具按钮上，会出现"工具提示"信息；将光标移动到元件或线的对象时，就会出现"图形提示"信息，如表2.4所示，可以辅助选择工具命令，或者检查修改图元信息。

表2.4　特色提示信息

	工具提示	图形提示	
		二维元件与线	三维元件与线
操作	光标悬停在功能区、工具栏、面板按钮或菜单项时，将显示说明性信息。	将十字光标移到元件或线段上以快速查询其数据。	

续表

工具提示	图形提示	
	二维元件与线	三维元件与线
示例	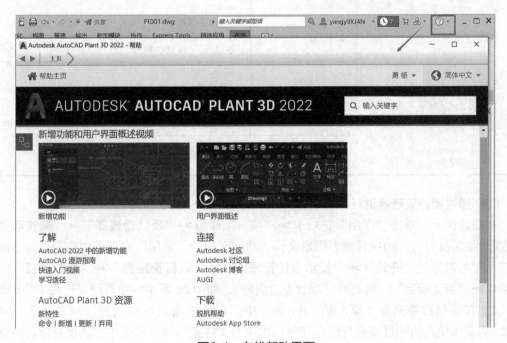 主线段 位号: 1/8"-C1-AV-1001 从: 未指定 至: 未指定	管道在线资产 图层　　　0 等级库　　CS2500 尺寸　　　4" 位号 管线号　　? 压力等级
功能和内容	为与界面元素关联的命令提供弹出式信息。开始时会显示一个基本工具提示。 　　如果允许光标悬停在界面元素上，工具提示可以展开显示命令的第二层说明性信息。 　　可以自定义工具提示的显示和内容。（"显示"选项卡➤"选项"对话框）	元件：显示存储在**元件**的"类别名称"和"位号"字段中的值。 　　线：将显示"管线类型""位号""至"和"自"数据。	显示当前指定的数据。 　　如果没有为对象指定数据，则仅显示对象名称。

2.1.5　帮助文档

可以在标题栏右边的帮助菜单中获得关于 AutoCAD Plant 3D 的在线帮助和文档，参见图 2.4。编者推荐可以通过这些在线资源，强化软件操作和专业图纸的设计应用。更详细的帮助文档也可以直接访问网页：http://help.autodesk.com/view/PLNT3D/2022/CHS/。

图2.4　在线帮助界面

而在绘图过程中，用户可通过下列操作来提高绘图效率：

◇ 要打开关于正在运行的命令信息的"帮助"，只需按"**F1键**"。

◇ 要重复上一个命令，请按Enter键或空格键。

◇ 要查看各种选项，请选择一个对象，然后单击鼠标右键，或在用户界面元素上**右击**。

◇ 要取消正在运行的命令或者如果感觉运行不畅，请按"**Esc键**"。

同时，AutoCAD软件平台也包含了许多"**快捷键**"，Plant 3D软件也包含有特定的快捷操作，读者可在学习过程自行总结，通用快捷键可以参考：https://www.autodesk.com.cn/shortcuts/autocad。

2.2　新建项目与打开项目

2.2.1　新建项目

（1）开始界面和新建项目

打开 AutoCAD Plant 3D 2022时，首先会出现"**开始界面**"（Start Tab），具体内容的说明如表2.5所示。

表2.5　开始界面Start Tab说明

"开始"标签	内容	说明
	"**+**"按钮	新建 Auto CAD 图纸文件
	"打开"	◇ 打开文件 ◇ 打开图纸集 ◇ 打开项目 ◇ 显示"项目管理器"
	新建	新建"图纸集"； "新建项目"单击将显示"项目设置向导"
	最近使用的	列出了用户最近处理的项目文件 单击该区域中显示的文件名来快速访问这些文件
	其他连接	提供与Autodesk相关的连接选项

（2）通过项目管理器进行新建项目

在功能区上，单击"常用"选项卡➤"项目"面板➤"**项目管理器**"➤"**新建项目**"。（说明：如果没有打开的项目或者图形文件，功能区中的"常用"选项卡中的命令将不能操作；此时可以通过"**开始**"➤"显示项目管理器"➤"**项目管理器**"➤"**当前项目**"的下拉菜单➤"**新建项目**"），将打开"项目设置向导"，如图2.5所示的项目设置过程（共6页）。

1）在项目设置向导（**第1页**，共6页）中，在框中输入项目信息。单击"下一步"。**注意**：如果希望当前项目具有与已存在项目相同的文件夹结构，请选中"从现有项目复制设置"复选框并指定现有项目的位置。

2）在项目设置向导（第2页，共6页）中，指定项目单位是英制还是公制。如果选择公制，则指定内容为英制时的公称直径单位。**这里选择"公制（M）"➤"毫米（L）"**。单击"下一步"。

3）在项目设置向导（第3页，共6页）中，输入P&ID图形的存储路径并选择P&ID工具选项板内容的标准。单击"下一步"。

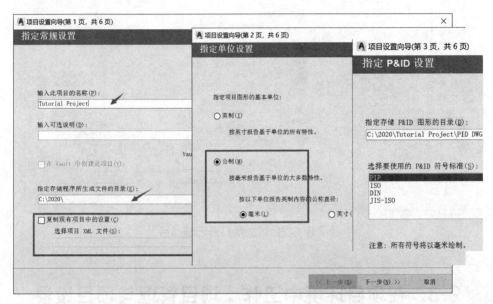

图2.5　"项目设置向导"页面设置示例

4）在项目设置向导（第4页，共6页）中，输入模型、等级库工作表和正交的路径。单击"下一步"。

5）在项目设置向导（第5页，共6页）中，选择默认的数据库，然后单击"下一步"，或者选择"SQL Server 数据库"，此时需要执行以下操作：

✦ 输入服务器名称并单击"测试连接"。如果已连接，则继续进行下一步骤。

✦ 输入数据库名称前缀或单击"生成名称"以使程序提供名称。

✦ 指定是 Windows 还是 SQL 验证。如果是后者，还需要指定用户名和密码。

6）在项目设置向导（第6页，共6页）中，单击"完成"。如果要更改默认项目设置，请选中标有"创建项目后编辑项目特性"的复选框，单击"完成"将进入"项目设置"对话框，进而进行项目环境设置（参看2.3.2项目环境设置）。

2.2.2　打开项目

已经创建的项目文件，同样可以通过开始界面或项目管理器来打开。

方式一："开始"界面：开始界面（Start Tab）➤"打开"➤"打开项目"➤浏览到项目位置，找到"*.xml"的文件，确定打开即可。

方式二：项目管理器：如图2.6所示的步骤。

1）在功能区上，单击"常用"选项卡➤"项目"面板➤"项目管理器"➤"打开项目"。或者，可以单击"项目管理器"中的下拉列表，然后单击要打开的项目的文件名。

2）通过▦在命令栏输入命令条目：OPENPROJECT。

3）在"打开"对话框中，浏览到项目的位置。

4）然后单击"**project.xml**"文件。单击"确定"。

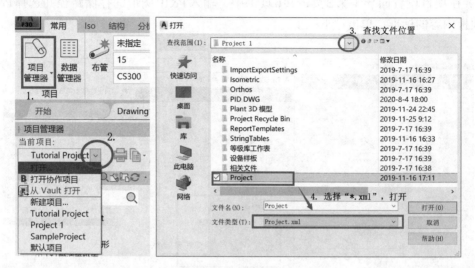

图2.6 项目管理器打开已知项目

2.3 在项目环境中工作：项目管理与项目设置

2.3.1 项目规划与项目管理

对于三维工厂设计来说，仍然要参照传统初步设计或施工图设计的流程进行，但具体实现上目前三维设计软件通常不包括计算部分。三维设计的主要任务：①工艺流程设计，（绘制P&ID）；②厂房设计和总图设计；③车间布置（结构和设备布置）；④管道设计；⑤生成可交付的图纸（平面图、立面图、系统图、ISO图等）；⑥生成BOM（bill of material）表；⑦生成渲染图、制作演示动画。

具体到 Plant 3D 中，设计流程如图2.7所示。

图2.7 Plant 3D设计流程

对于大型项目，除了进行分区规划，也可以考虑以逻辑方式将其拆分。

✦　如果它是一个很大的场地，且大部分都在一个级别（如炼油厂），则可依据场地平面
　　将其划分为多个区域。每个区域可能是处理单元，也可能是处理单元的逻辑细分。

✦　对于多层工厂，可能将每个楼层视为一个区域，然后再细分为多个物理区域。

这里以软件自带的样例项目"SampleProject"为例说明项目的规划，以及相应项目图
纸的管理。将一个炼油厂项目的场地平面分成14个区域，部分区域如图2.8所示。每个区域
可由区域负责人或项目经理管理。每个区域都有一个由设备布局设计人员、结构布局设计
人员和管道设计人员组成的设计团队。在每个区域内，必须要考虑设备、结构和管道。如
果其他设计人员关注各个规程（专业），可能需要将区域拆分为多个规程。

有些区域具有独特的特征。比如Area2是管架区域，用于连接各个独立区域，但该独立
的区域仅具有管道的布局。而Area13是维修区域，不包含任何"工厂"项（即此区域中的
模型是AEC建筑模型，而非Plant 3D模型），因此该区域中没有P&ID和Plant模型。

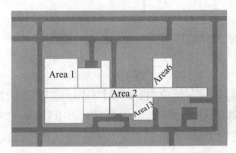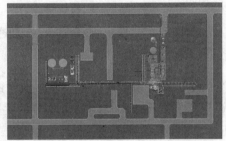

图2.8　炼油厂区域划分示例

对于P&ID，将项目拆分为若干工艺区域以及一个公用工程区域。实际上，P&ID区域将
跨多个管道区域。在原始项目中有3个P&ID区域和13个管道区域，以叠放的文件夹目录树
形式进行存储或管理。由于Area13不包含任何Plant 3D模型（所包含的是AEC建筑模型），
因此可以放置在目录树的"相关文件"子目录下，同时还创建了Navisworks文件夹，这样可
以存储关联的.nwf文件，使得能够将材质指定给模型文件，以便在设计过程中创建逼真的模
型渲染。也可以针对项目审阅任务将.nwd文件放在此处。这样一来，便可在设计工作进行
时执行项目审阅，无须中断设计工作。

"SampleProject"如图2.9所示，只提供了Area1、Area2和Area6的内容。对于Plant 3D设
计的Area6，又可以分为结构（Steel）、设备（Equipment）和管道（Piping）三个细分区域。
这里区域为逻辑区域，对于管道还可以继续按专业细分，如空调、给排水和工艺等。

由于Area6相对简单，因此并未再划分区域，而只是用不同文件名来区分，如"6-B-
1000_Equip.dwg"表示设备文件，"6-B-1000_Piping.dwg"表示管道文件，"6-B-1000_Steel.
dwg"表示结构文件。总装图为Master文件，地形图则用Grade文件表示。

2.3.2　项目工作流和工作空间选择

基于项目规划和项目管理的理念，AutoCAD Plant 3D软件创建的并非单一图纸文件，而
是一个项目（Project）文件包，包括了相应的P&ID、3D模型、等轴测图、正交图等图纸文
件和其他管道、流程数据等的目录和规范的数据库。

项目管理器提供一个组织好的项目工作环境，可确保项目绘图成员及设计师都在使用

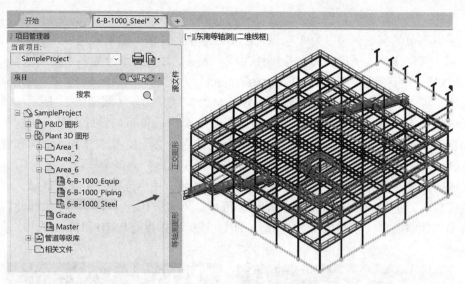

图2.9 "SampleProject"的图纸文件目录树和Area6的结构模型

相同的图形文件和样板，从而可以便捷地实现不同图纸文件的项目工作流。图2.10展示的是项目管理器、工作空间与项目工作流的关系。如图所示，"切换工作空间"中"三维管道"对应于 Plant 3D 建模，"草图与注释""三维基础"和"三维建模"对应于 AutoCAD 模块，其他则对应于不同国家标准的P&ID模块。当调用特定标准的P&ID工作区时，工具面板将显示与该标准相关的符号。

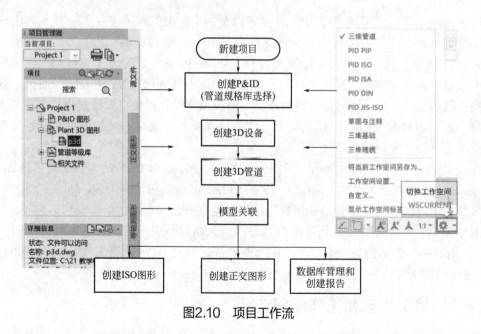

图2.10 项目工作流

需要说明的是，不同的工作空间用户界面所包含的功能区面板、工具选项板、状态栏等略有差异，但绘图操作方式类似。比如特定工作空间进行绘图，在调用命令时，通常可以通过以下几种方式。

1）**命令栏调用**　采用键盘在命令提示符（Command Prompt）中输入命令名称，再按"Enter"键；当输入命令的第一个字母时，系统会自动显示所有以该字母开头的命令以供参考选择；当然，你也可以采用动态输入按钮输入命令。

2）**功能区面板调用**　在功能区面板下鼠标选择相应的工具图标，即可直接调用相应命令。

3）**工具选项板调用**　AutoCAD Plant 3D 软件提供了不同的工具选项板以方便快速布置2D和3D元件。

此外，在特定工作空间针对对象，设计人员还可以通过夹点（Grips）、快捷菜单（Shortcut Menu）、特性选项板（Properties Palette）、调用对话框（Dialog Boxes）等辅助工具进行绘图环境、绘图元件的设置、编辑、修改。

2.3.3　项目设置

默认项目配置可满足大部分项目环境需求。如果需要修改项目配置，可以在"项目设置"界面中进行修改。

在功能区上，单击"常用"选项卡➤"项目"面板➤"项目管理器"➤"项目设置"。就可以打开"项目设置"对话框（Projectset dialog），如图2.11所示。

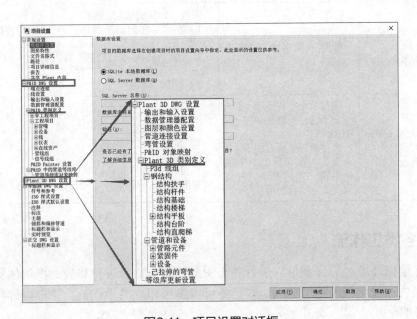

图2.11　项目设置对话框

管理员可以设置项目和绘图系统配置，例如符号、位号规则、注释特性、图层、颜色和数据管理器视图。在"项目设置"对话框左侧的树状图中，可以进行下列项目配置和项目环境的修改：

◇ 针对项目、各类图形元件等对象进行特性添加、删除和修改等操作；

◇ 将符号添加到元件类别定义；

◇ 更改P&ID线和元件显示方式；

◇ 配置文件名格式；

◇ 设置（设备、管线、阀门、仪表）位号格式。

2.3.4 组织项目文件和项目图形

设置好项目环境后，就可以使用项目管理器（参考 2.1.2 项目管理器中的功能介绍）来创建、组织项目文件和项目图形，如表 2.6 所示。这些功能将在后续不同模块中借助案例进行实例说明。

表2.6 通过项目管理器在项目环境中工作的功能内容

项目文件夹	项目图形	图形工作历史
创建文件夹 操作：在文件夹上"右键"	创建新项目图形 打开（或以只读模式查看）项目图形； 操作：单击"新建图形"	将状态和注释添加到工作历史。操作： 1）在"状态"的下拉列表中，选择一种状态； 2）在"注释"框中，输入有关已做更改或计划要对图形进行更改的说明； 3）单击"确定"
重命名文件夹 删除空文件夹 操作：在文件夹上"右键"	重命名图形 从项目中删除图形 操作：在图形上"右键"	查看图形的"工作历史"状态。操作： 1）单击图形，在底部工具栏上，单击"工作历史"； 2）在"状态"下，查看图形状态
更改项目中的图形或文件夹的顺序 操作：鼠标拖动	预览图形 操作：单击图形+单击"预览"	管理工作历史状态。操作： 1）在"工作历史"对话框的"状态"列表中，单击"管理"； 2）在"项目状态管理器"对话框中，请执行下列操作之一："新建""重命名""删除"； 3）单击"确定"
将图形插入到文件夹或者创建嵌套文件夹 操作：鼠标拖动	保存单个项目图形 操作：单击图形。按CTRL+S 保存项目中所有图形 操作：在项目上单击鼠标右键，然后单击"重新保存所有项目图形"	显示图形的工作历史并对其进行排序。操作： 1）单击要查看其工作历史状态的图形； 2）在项目管理器的底部工具栏上，单击"工作历史"； 3）若要按用户姓名的字母或按日期对列表进行排序，请单击相应的列标题（无法对状态列表进行排序）

2.3.5 各类工作流

设置好绘图环境之后，就可以进行各类图形绘制；然后进行相应的图形编辑、数据管理、创建报告和输出打印等任务。这些任务可以参考相应的工作流，详细内容将在后续章节中示例说明：

- ◇ **P&ID 工作流** 介绍如何设计 P&ID 图形，修改现有元件或创建新元件等。
- ◇ **三维模型工作流** 在三维模型中创建设备、布置管线、管件等。
- ◇ **正交工作流** 介绍创建正交图形的步骤和内容。
- ◇ **等轴测工作流** 配置 ISO 样式，基于三维模型创建已注释和标注的等轴测图形。
- ◇ **等级库和元件库工作流** 使用等级库编辑器创建、编辑管道等级库；使用元件库编辑器创建新管道元件，然后将其添加到元件库中；或将 AutoCAD 块转化为元件，添加到元件库中。
- ◇ **数据管理工作流** 说明如何使用数据管理器管理元件数据、或者生成报告。
- ◇ **协作工作流** 介绍设置协作项目的步骤。

AutoCAD 模块篇

如果用户刚刚开始 AutoCAD 训练，可以从本篇内容开始入门；如果用户仅是偶尔使用 AutoCAD，可以通过本篇内容复习 AutoCAD 绘图的基本功能和技巧；如果用户已经具备 AutoCAD 绘图的知识和技能，建议快速浏览或跳过"AutoCAD 模块篇"，直接进入"P&ID 模块篇"及后续篇章；当然在 P&ID 或是其他模块需要调用 CAD 基本命令时，也可以再次翻阅本篇内容，查找相关命令和技巧。

 实训目标

✧ 掌握 AutoCAD 的基本绘图工具、编辑工具、注释工具（包括尺寸标注）。
✧ 掌握 AutoCAD 绘图环境的设置。
✧ 掌握图形样本文件的创建及快捷应用。
✧ 掌握 AutoCAD 基础模块进行化工图纸的设计、绘制能力。

第 3 章

AutoCAD基本功能训练

3.1 AutoCAD模块的工作界面

打开 AutoCAD Plant 3D 的任一图形文件，在软件界面的右下角状态栏中➤**选择工作空间** ✿ ▾➤**草图与注释**，就出现如下图 3.1 所示的 AutoCAD 模块的工作界面，各界面区域简介如下。

◇ **"应用菜单"按钮** ▲ 单击以执行以下操作：新建、打开或保存图形文件或图纸集；打印或发布文件；访问"图形实用工具"对话框；关闭应用程序。

◇ **"快速访问"工具栏** 显示经常使用的工具。提示：要将功能区按钮添加到"快速访问"工具栏，请在按钮上单击鼠标右键，然后单击"添加到快速访问工具栏"。要删除其中一个命令，请使用CUI编辑器，在命令栏输入"CUI"➤"Enter"，并打开"[+] 快速访问工具栏"➤"[+]快速访问工具栏1"。从这里，可以单击并按 Delete键，也可以拖动单元以更改其在工具栏上的顺序。

◇ **功能区** 按逻辑分组来组织工具。**功能区**由一系列**选项卡**组成，这些选项卡又由一系列**面板**组成，其中包含很多工具栏中可用的**工具和控件**。许多面板还包含展开按钮▼，固定按钮 ⇩，对话框启动器 ⬦。

◇ **"命令"窗口（命令栏）** 是程序的核心部分。"命令栏"可显示提示、选项和消息。可以直接在"命令"窗口中输入命令，而不使用功能区、工具栏和菜单。（注意：当提供了多个可能的命令时，如图 3.1 所示开始键入命令"CU"时，它会自动出现包含"CU"字符的相关命令，可以通过单击或使用箭头键并按 Enter 键或空格键来进行选择命令）

◇ **状态栏** 显示光标位置、绘图工具以及会影响绘图环境的工具。在此可以切换设置（例如，夹点、捕捉、极轴追踪和对象捕捉）。用户也可以通过单击某些工具的下拉箭头，来访问它们的其他设置。

◇ **快捷菜单** 显示快速获取当前动作有关命令。在屏幕的不同区域内**右击**时，可以显示快捷菜单。快捷菜单上通常包含以下选项：重复执行输入的上一个命令（如"CUI"）；取消当前命令；显示用户最近输入的命令的列表；剪切、复制以及从剪贴板粘贴；选择其他命令选项。

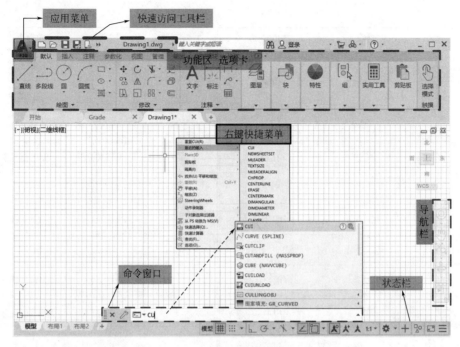

图3.1 Plant 3D软件的AutoCAD模块用户界面（"草图与注释"工作空间）

3.2 基本工具介绍与命令汇总

本节主要介绍AutoCAD的二维基本图形绘制方法和技巧，重点介绍二维图样的绘图、修改、注释以及辅助绘图工具面板及其工具内容。

3.2.1 "绘图"面板及工具

任何复杂的图形都是由基本的图元组成，如点、直线、圆、圆弧、多边形等。常用的绘图命令列举在"绘图"面板中，当光标移动到相应的图标时会显示其名称，悬停在图标上会显示此命令的简要操作举例。表3.1给出了常用绘图命令图标的名称对照，以及英文命令。

表3.1 "绘图"面板及常用绘图命令图标名称对照

"绘图"面板及其扩展	工具图标	命令	英文命令
	╱	直线	LINE
	⌐╮	多段线	PLINE
	⊘	圆	CIRCLE
	⌒	圆弧	ARC
	⊏⊐	矩形	RECTANG

续表

工具图标	命令	英文命令	工具图标	命令	英文命令
	样条曲线拟合	SPLINE		椭圆弧	ELLIPSE
	样条曲线控制点			图案填充	HATCH
	构造线	XLINE		面域	REGION
	射线	RAY		区域覆盖	WIPEOUT
	多点	POINT		三维多段线	3DPLOY
	定数等分	DIVIDE		螺旋	HELIX
	定距等分	MEASURE		圆环	DONUT
	多边形	POLYGON		修订云线	REVCLOUD
	椭圆	ELLIPSE			

注：1. "圆"具有 6 种画法；圆弧也有多种画法；椭圆有 2 种画法；云线有 3 种。
　　2. 任一绘图工具都有两种调用方式：a. "绘图"面板➤单击工具图标；
　　b. "命令窗口"输入英文命令（可以只输入开头字母，再选择具体命令）。

3.2.2 "修改"面板及工具

绘图过程通常需要对图元进行修改或编辑，包括删除、复制、移动、旋转、镜像和剪切等各种操作，这些操作可通过"修改"面板的工具或相应命令完成。与"绘图"面板特点类似，当光标移动到相应的图标时会显示其名称；悬停在图标上会显示此命令的简要操作举例。表 3.2 给出了常用修改命令图标的名称对照，以及英文命令。

表 3.2 "修改"面板及常用绘图命令图标名称对照

"修改"面板及其扩展		工具图标	命令	英文命令
			移动	MOVE
			旋转	ROTATE
			修剪	TRIM
			延伸	EXTEND
			复制	COPY
修改			镜像	MIRROR
			圆角	FILLET
			倒角	CHAMFER

续表

工具图标	命令	英文命令	工具图标	命令	英文命令
	设置为 Bylayer	SETBYLAYER		光顺曲线	BLEND
	更改空间	CHSPACE		删除	ERASE
	拉长	LENGTHEN		分解	EXPLODE
	编辑多段线	PEDIT		偏移	OFFSET
	编辑样条曲线	SPLINEDIT		拉伸	STRECTH
	编辑图案填充	HATCHEDIT		缩放	SCALE
	编辑阵列	ARRAYEDIT		阵列（3种）	ARRAY
	对齐	ALIGN		打断于点	BREAK
	复制嵌套对象	NCOPY		打断	BREAK
	删除重复对象	OVERKILL		合并	JOIN
	前置/后置	DRAWORDER		反转	REVERSE

注：1. "阵列"具有3种方式；"前置/后置"也有多种选择。
　　2. 任一修改工具有两种调用方式：a. "修改"面板➤单击工具图标；
　　b. "命令窗口"输入英文命令（可以只输入开头字母，再选择具体命令）。

3.2.3　"注释"面板和"注释"选项卡及工具

文字与尺寸标注是图形主要表达内容之一，不同化工图样对注释也有不同要求，因此需要熟悉不同的注释工具或命令。AutoCAD模块可以通过用户界面功能区➤"默认"选项卡➤"注释"面板，或者功能区➤"注释"选项卡来调用文字注释、尺寸标注，引线注释、插入表格等工具选项。表3.3所示"注释"面板和"注释"选项卡所显示的注释工具简介。

表3.3　"注释"选项卡及命令图标名称对照

"注释"选项卡

"注释"选项卡中的面板	工具简介	英文命令
	A多行/单行文字	MTEXT / TEXT
	拼写检查， 文字对齐， 对正	SPELL, TEXTALIGN, JUSTIFYTEXT
	"文字样式"的设置，如 Standard	STYLE
	"注释文字高度"的选择，如 3.5000	TEXTSIZE

续表

"注释"选项卡中的面板	工具简介	英文命令
	标注，角度（线性、圆等）标注	DIM
	打断，调整间距，折弯标注	
	检验，更新，重新关联	
	"标注样式"的设置，如 Standard	DIMSTYLE
	"标注图层替代"	
	多重引线	MLEADER
	对齐	MLEADERALIGN
	合并	MLEADERCOLLECT
	"多重引线样式"，如 Standard	MLEADERSTYLE
	表格	TABLE
	表格数据链接	
	"表格样式"的设置，如 Standard	TABLE STYLE
	自 AutoCAD2017 之后新增的智能标记：创建圆心标记、中心线	CENTERMARK CENTERLINE

3.2.4 显示控制工具：导航栏

AutoCAD Plant 3D 可以方便地以多种形式、不同角度观察所绘，改变图形显示位置。表3.4 所示的导航栏中的工具图标为用户提供通用导航工具。

表3.4 导航栏及常用绘图命令图标名称对照

导航栏	工具图标	命令	英文命令	使用方法
		视窗导览	VIEWCUBE	指示模型当前查看方向。拖动或单击 ViewCube 工具可旋转场景。也可使用 ViewCube 菜单可定义模型的主视图
		全导航控制盘	NAVSWHEEL	提供对通用和专用导航工具的访问。控制盘经过优化，可供熟练的三维用户使用
		平移	PAN	沿屏幕方向平移视图。将光标放在起始位置，然后按下鼠标键。将光标拖动到新的位置。还可以按下鼠标滚轮或鼠标中键，然后拖动光标进行平移
		"范围缩放"工具集	ZOOM	缩放以显示所有对象的最大范围
		动态观察	3DORBIT	在三维空间中旋转视图，但仅限于在水平和垂直方向上进行动态观察
			SHOWMOTION	为出于设计检查、演示以及书签样式导航目的而创建和回放电影式相机动画提供屏幕上显示

3.2.5　辅助绘图工具：状态栏

为提高绘图精度和速度，AutoCAD Plant 3D 提供了一些辅助绘图工具，帮助用户快速、准确绘图，这些辅助工具主要位于用户界面右下方的状态栏中，具体功能如表 3.5 所示。状态栏提供对某些最常用的绘图工具的快速访问。用户可以切换设置（例如，夹点、捕捉、极轴追踪和对象捕捉），也可以通过单击某些工具的下拉箭头，来访问它们的其他设置。这些命令为透明命令，即在使用其他命令过程中可以同时使用这些命令。

表 3.5　状态栏快速参考表

状态栏示例
模型 ⊞ ⠿ ▾ └ ⊘ ▾ ⋋ ▾ ∠ ▭ ▾ ⌱ ⌱ ⌱ 1:1 ▾ ⚙ ▾ ＋ ⧉ ⛶ ☰
说明：按键有阴影色表明其状态功能处于开启状态

图标	名称	说明
模型	模型空间 / 图纸空间	表示当前在模型空间或布局中工作
⊞	显示图形栅格	在绘图区域中显示栅格
⠿ ▾	（极轴/栅格）捕捉模式	启用捕捉到栅格
└	正交模式	约束光标在水平方向或垂直方向移动
⊘ ▾	极轴追踪	沿指定的极轴角度跟踪光标
⋋ ▾	等轴测草图	通过沿着等轴测轴（轴间角度 120°）对齐对象来模拟等轴测图形环境
∠	对象捕捉追踪	从对象捕捉点沿着垂直对齐路径和水平对齐路径追踪光标
▭ ▾	二维对象捕捉	移动光标时，光标捕捉到最近的二维参照点。例如端点、圆心等
⌱	标注可见性	使用注释比例显示注释性对象
⌱	自动缩放	当注释比例发生更改时，自动将注释比例添加到所有的注释性对象
⌱ 1:1 ▾	标注比例	设置模型空间中的注释性对象的当前注释比例
＋	注释监视器	打开状态时，系统将在所有非关联注释上显示标记
⧉	隔离对象	隐藏绘图区域中的选定对象，或显示先前隐藏的对象
⛶ ⛶	全屏显示/恢复	最大化绘图区域/恢复绘图区域
☰	自定义	指定在状态栏中显示哪些命令按钮

当点击二维对象捕捉图标的箭头时，可以直接进行捕捉对象选择或清除；也可以选择"对象捕捉设置"，就会弹出如图3.2所示的**"草图设置"**对话框。

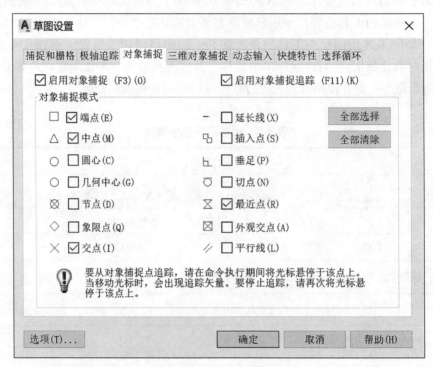

图3.2　"草图设置"对话框中的"对象捕捉设置"对话框

3.2.6　确保模型精度的几种功能

有几种可用的精度功能，包括：

◇ **坐标输入**　通过笛卡尔坐标或极坐标指定绝对或相对位置。
◇ **极轴追踪**　捕捉到最近的预设角度并沿该角度指定距离。
◇ **锁定角度**　锁定到单个指定角度并沿该角度指定距离。
◇ **对象捕捉**　捕捉到现有对象上的精确位置，例如多线段的端点、直线的中点或圆的中心点。
◇ **栅格捕捉**　捕捉到矩形栅格中的增量。（"栅格捕捉"开启状态，可能无法顺利的捕捉交点。）

（1）坐标输入

绝对直角坐标　AutoCAD Plant 3D通过直接输入坐标值（X, Y, Z）在屏幕上相对坐标系原点（0,0,0）确定唯一的点位置，称为绝对直角坐标。二维平面$Z=0$，只需输入X、Y的坐标，即（X, Z）。

相对直角坐标　可以利用"@X、Y、Z"的方法精确地设定点的位置，表示相对于上一个点，分别在X、Y、Z方向上的举例。其中数值为负，表示直线方向与正值相反。

相对极坐标　利用"@$X<Y$"确定点的位置，表示相对于上一个点的距离为X，两点直线与坐标系水平X轴的角度为Y（逆时针方向）；Y值若为负值，则表示角度方向为顺时针方向。

动态输入 CAD的光标附近会提供"动态输入"的命令界面，包括指针输入、标注输入和动态提示。随着光标移动，其相关信息会随之更新。当在输入字段输入值，并按"Tab"键后，该字段显示为锁定，并切换到下一个输入字段；如果用户输入值后按"Enter"键，则忽略后续字段输入，视为默认数值输入。可以单击"状态栏"中的动态输入图标以打开和关闭动态输入。

（2）正交模式与极轴追踪

打开正交模式∟，将约束光标在水平或垂直方向移动。

需要指定点时（例如在创建直线时），使用极轴追踪来引导光标以特定方向移动。例如，指定下面直线的第一个点后，将光标移动到右侧，然后在"命令"窗口中输入距离以指定直线的精确水平长度。

（3）锁定角度

如果需要以指定的角度绘制直线，可以锁定下一个点的角度。例如，如果直线的第二个点需要以45度角创建，则在"命令"窗口中输入"<45"。按所需的方向沿45度角移动光标后，可以输入直线的长度。

（4）对象捕捉和对象捕捉追踪

到目前为止，在对象上指定精确位置的最重要方式是使用对象捕捉。在图3.3中，通过标记来表示多个不同种类的对象捕捉。**对象捕捉**的操作步骤。

1）**设置对象捕捉**，通过状态栏中的图标□·或是图3.2中的"对象捕捉设置"，勾选需要捕捉的对象或者清除干扰对象。

2）在绘图命令执行期间，光标移动到目标对象附近，会自动显示相应的对象标记（图3.3），点击鼠标即可。

3）注意：请确保将画面放大到各点、线足够清晰以避免出现错误。在复杂的模型中，捕捉到错误对象将可能导致整个模型的绘制错误。

对象捕捉追踪的操作步骤如图3.4所示，追踪点1所在的水平线与点2所在垂直线的交点3：

1）打开对象捕捉追踪∠。

2）在绘图命令执行期间，首先将光标悬停在端点1上，然后悬停在端点2上。光标移近位置3时，光标将锁定到水平和垂直位置，就会出现两条虚线的交叉点3。

3）类似地，要绘制一条直线"1-3"，可以命令"Line"➤选择点1➤光标悬停在端点2上➤移动光标到与点1的水平位置，就会出现交叉点3；继续上下移动光标，则动态输入会显示与水平线呈一定角度的交点。

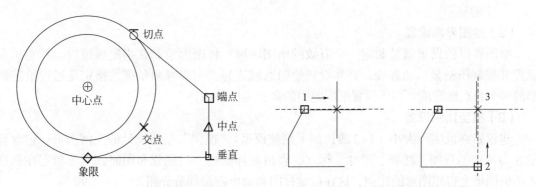

图3.3 不同对象捕捉标记   图3.4 对象捕捉追踪的示例

3.3 绘图环境设置

因为图纸规范要求或者个人绘图习惯，常常要对一些默认的绘图环境进行设置，例如在2.1.1小节中图2.2对用户界面背景颜色的设置。可以调整软件的外观和多个首选项，主要包括：

◇ **"选项"对话框** 更改控制颜色主题、背景颜色、十字光标、夹点、默认文件路径、工具提示显示、命令行字体以及多个应用程序元素行为的设置（OPTIONS）。

◇ **自定义用户界面编辑器** 控制功能区、工具栏和菜单中的工具和命令元素（CUI）。

◇ **"UCS 图标"对话框** 控制 UCS 图标在模型空间和图纸空间中的外观（UCSICON）。

◇ **全屏显示** 当要扩大绘图区域的大小（Ctrl+0）时，切换菜单栏、状态栏、功能区和"命令"窗口的显示。

◇ **视图转换设置** 控制在平移、缩放或切换视图时，视图转换为平滑转换还是瞬时转换（VTOPTIONS）。

◇ **工作空间** 指定仅包含要显示的工具的命名用户界面环境（WORKSPACE）。

除上述设置外，本小节进一步演示 AutoCAD 模块的若干绘图环境设置，以满足绘制专业图纸的需要。当前示例中的设置主要针对的是化工工艺图，比如参照 HG/T 20519—2009 中的线型、字体、高度等要求。

3.3.1 绘图单位、界限和模型比例

（1）图形单位设置

创建一个新图形后，在开始绘图前，需要首先确定一个单位表示长度（英寸 in、英尺 ft、毫米 mm、厘米 cm、米 m 或某些其他长度单位）。在"命令栏"输入"UNITS"，按"Enter"就会弹出"图形单位"对话框，单位设置过程如图 3.5 所示。

◇ **长度类型**包括：建筑、小数、分数、工程、科学等；如果打算使用英尺和英寸，类型设置为"建筑"或"工程"，然后在创建对象时，可以指定其长度单位为英寸。

◇ **长度精度**也可以调整：比如化工图样大多以 mm 为单位，精度为 0，机械图样则需要合适的小数精度。

◇ 更改单位和精度不会影响图形的内部精度。只会影响长度、角度和坐标在用户界面中的显示。

（2）绘图界限设置

绘图界限的设置就是制定一个有效的绘图区域，将图形绘制在指定区域内。其实质是设置并控制栅格显示的界线，并非设置绘图区域边界。图形界限范围的指定是通过给定矩形的两个角点确定的。用于设置绘图范围的命令为"LIMITS"。

（3）模型比例设置

建议始终以实际大小（1:1 的比例）创建模型。"模型"是指设计的几何图形，包含显示在布局中的视图、注释、尺寸、标注、表格和标题栏。当创建布图时，需要指定在标准大小的图纸上打印图形的比例，这在后续打印和输出图形部分介绍。

另一种思路是：先设定图幅大小，按特定比例直接布图、绘制图样，但需要在标注样式中设置注释比例，保证注释结果是实际尺寸。

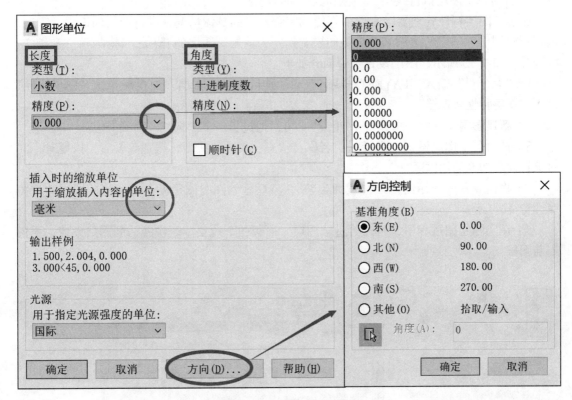

图3.5　图形单位设置示例

3.3.2　图层设置

绘制工程图样时，应将具有同一性质的图形内容放置在同一图层。当图形看起来很复杂时，可以通过管理图层实现隐藏、冻结当前不需要看到的对象。可形象的将不同图层看作是透明的塑料纸，如图3.6，机械制图具有不同的线型，而在化工图样中还有不同的对象，由此可以通过图层：

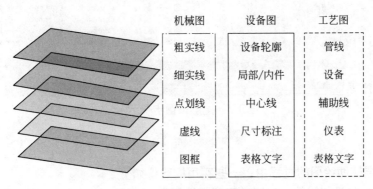

图3.6　图层设置原理示意

◇ 关联对象（按其功能或位置）；

◇ 使用单个操作显示或隐藏所有相关对象；

◇ 针对每个图层执行线型、颜色和其他特性标准。

通过"图层特性管理器"需要依据绘制工程图样的具体情况，进行图层的设置、管理，包括新建图层、图层的重命名、删除图层、指定当前层，图层的开/关、冻结/解冻和锁定/解锁等。如图3.7所示，图层设置步骤简介如下。

1）"命令栏"输入"LAYER"；或者在"功能区"➤"图层"面板➤单击"图层特性"进入"**图层特性管理器**"。

2）**新建图层**：创建一个或多个图层 ；可以通过另一个图标 "删除图层"。

3）针对各个**图层设置**，进行图层名称、状态、颜色、线型、线宽等设置，以便对不同对象特性和功能的加以区分。

4）将需要首先应用的图层"**置为当前**"，然后在绘图时图形就具有了当前图层的相关属性特征。

5）在实际绘图过程中，可以通过"图层"面板的下拉菜单，快速访问图层设置，**更换当前图层**。

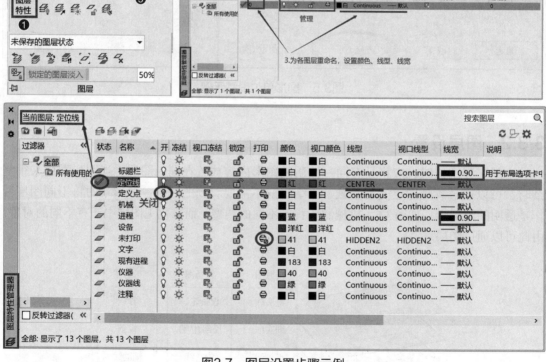

图3.7　图层设置步骤示例

在运用图层辅助绘图的过程中，一些实用的建议如下：

◇ 避免、抑制只使用单一图层进行图样绘制。

◇ 图层 0（零）是在所有图形中存在并具有某些特性的默认图层。用户最好创建具有标识性名称的图层。

◇ 关闭图层💡 ⟷💡。在工作时，请关闭不需要的图层以降低图形的视觉复杂程度。

◇ 冻结图层❄ ⟷❄。用户可以冻结暂时不需要访问的图层。冻结图层类似于将其关闭，但会在特大图形中提高性能。

◇ 可以通过锁定图层🔓 ⟷🔒的方式，防止意外更改图层上的对象。另外，锁定图层上的对象显示为淡入，这有助于降低图形的视觉复杂程度，但仍可以使用户模糊地查看对象。

◇ 对于复杂图形，可能要考虑更复杂的图层命名标准。例如，命名代码包含项目编号、测量设置和特性数据等。

◇ 尽量结合图层设置图形特性；避免独立于图层，仅在"特性"选项中将特性指定给对象。

◇ 如果创建图层的标准集并将其保存在图形样板文件中，则在启动新图形时可使用这些图层，从而使用户可以立即开始工作。在"基础知识"主题中将显示有关图形样板文件的其他信息。

另外，可以通过**线宽设置**，将不同粗、细线的线条表示出来。在命令栏输入"LINEWEIGHT（LW）"，弹出"线宽设置"对话框，如图 3.8 所示，勾选"显示线宽"选项，以便屏幕显示线条宽度，同时会发现默认线宽为"0.25mm"。

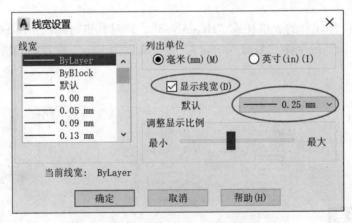

图3.8　"线宽设置"对话框

3.3.3　文字样式设置和表格样式设置

在图形中输入文字时，当前文字样式决定了输入文字的字体、字号、倾斜角度、方向和其他特征。文字样式设置如图 3.9 所示，具体步骤如下。

1）打开**"文字样式"对话框**　"命令栏"输入命令"STYLE"；或者在功能区中"默认"选项卡➤"注释"面板➤扩展菜单➤"文字样式"的下拉菜单➤单击"管理文字样式"；或者在功能区中"注释"选项卡➤"文字"面板➤"文字样式"的下拉菜单➤单击"管理文字样式"。通过上述三种方法都可打开"文字样式"对话框。

2）新建**"文字样式"**　在"文字样式"对话框中单击"新建"➤在"新建文字样式"输入样式名：HG-cfst➤"确定"。

3）设置**"文字样式"**　单击"文字样式"对话框中"HG-cfst"样式，在"字体名"选择相应的字体，并设置字体高度和宽度因子。

4）**置为当前**　设置好文字样式后，可以将选择的文字样式"置为当前"，以便进行文字样式注释时，采用所设置好的文字样式。

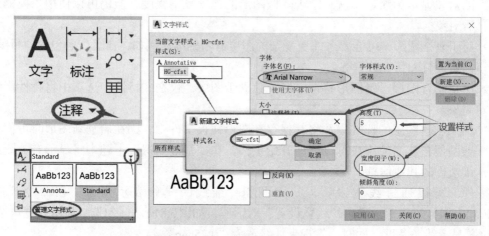

图3.9　新建并设置文字样式示例

类似地，可以创建新的表格样式"HG-AN-3"，并对其进行如图3.10的设置：其中文字样式采用"HG-cfst"的字体"Arial Narrow"，文字高度为3mm。设置好表格样式后，可以将其置为当前。

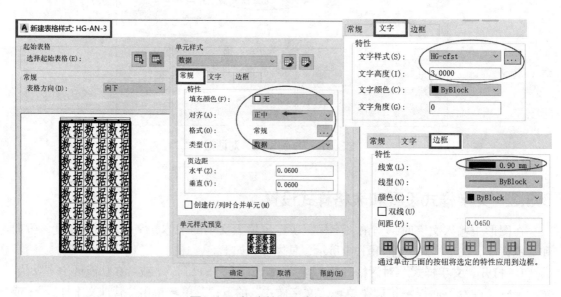

图3.10　新建并设置表格样式示例

3.3.4　标注样式设置

标注样式是标注设置的命名集合，可用来控制标注的外观，如箭头样式、文字位置和尺寸公差等。同时为便于使用、维护标注标准，可将这些设置存储在标注样式中，方便统一修改、更新。标注样式设置方法如图3.11所示，步骤如下。

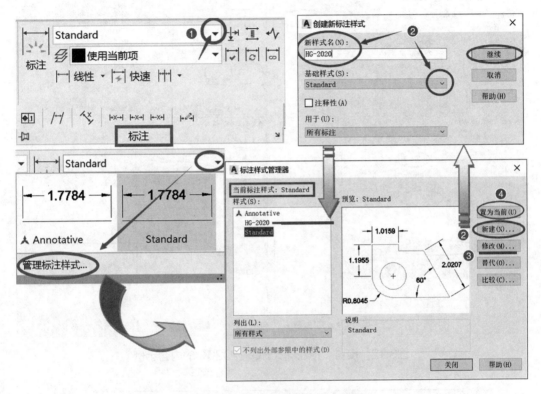

图3.11　创建标注样式的步骤示例

1）打开**"标注样式管理器"**　"命令栏"输入命令 "DIMSTYLE"；或者在功能区中"注释"选项卡➤"标注"面板➤"标注样式"的下拉菜单➤单击"管理标注样式"，打开"标注样式"对话框。

2）新建**"标注样式"**　在"标注样式管理器"对话框中单击"新建"，在"创建新标注样式"对话框中输入新样式名：HG-2020➤单击"继续"。就创建了基于"Standard"样式的新标注样式。

3）设置**"标注样式"**　单击"标注样式管理器"对话框中"HG-2020"样式，单击"修改"，会弹出"修改标注样式：HG-2020"对话框（如图3.12所示），可以在其中对标注样式的"线""符号和箭头""文字""主单位"等选项进行相关设置。

4）置为当前　设置好标注样式后，可以将其"置为当前"，以便进行尺寸标注时，采用所设置好的标注样式。

类似地，可以创建新的引线样式 "HG-2020"，并对其进行如图3.13的设置，并将其置为当前。

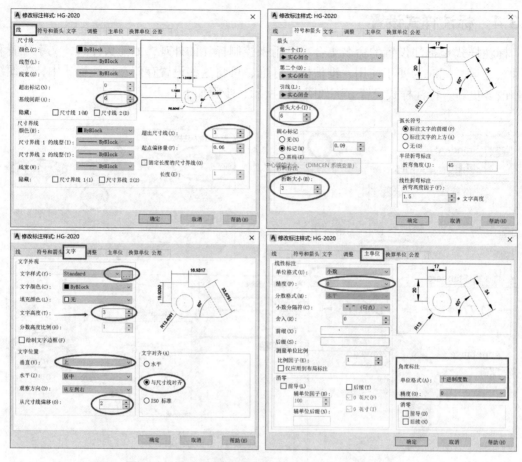

图3.12 设置"标注样式HG—2020"的内容示例

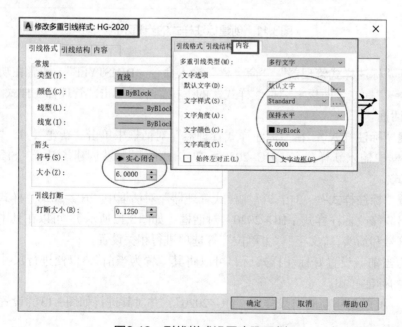

图3.13 引线样式设置步骤示例

3.3.5　创建与插入图块

将某个元素或多个元素组成的图形对象定制成一个整体图形，即为 AutoCAD 中的图块。图块具有自己的特性，其作用主要是避免许多重复性的操作，提高设计和绘图效率，比如标高符号。

（1）定义新块（块编辑器）的步骤

1）依次单击"默认"选项卡➤"块"面板➤"创建"图标 （如图 3.14）。

2）在**"块定义"对话框**中：在"名称"框中输入块名；→选择对象，选择三角图形，按 Enter 键完成对象选择；→在"基点"中，单击"拾取点"，选择三角形的顶点；→"设置"中调整块单位为"毫米"。点击"确定"。

3）注意：在"对象"下选择"转换为块"；如果选定了"删除"，在创建块时将从图形中删除原对象。如果需要，可使用 OOPS 恢复它们。

4）在当前图形中定义块，可以将其随时插入；在"编辑块定义"对话框中进行编辑。

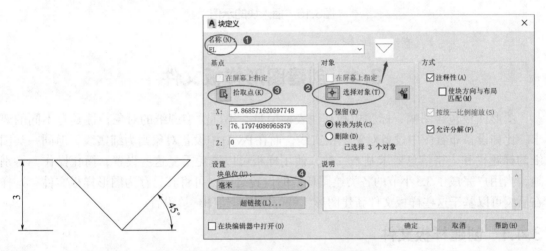

图3.14　块定义示例：标高符号

（2）插入图块步骤

1）依次单击"默认"选项卡➤"块"面板➤"插入"图标。也可以调用"INSERT"命令。如图 3.15。

2）选择 EL 图块，在要标注或插入的对象上，捕捉插入点，如点击这里的最近点，就完成了插入。必要时要调整图块比例。

3）如果在"插入"中选择"最近使用的块"，将弹出"块"工具选项板。如其中"最近使用"面板会显示"最近使用的块"和插入选项。其中的 PIP TEMA 等块，是 PIP 标准中工具选项板的设备图块，这些内容将在后续 P&ID 绘图部分说明。（倘若熟悉这些工具选项板中的图例符号，亦可以在 CAD 工作空间中直接以插入图块的方式调用）

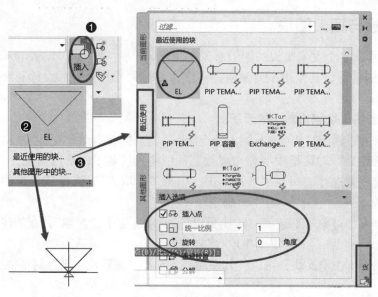

图3.15　插入块的示例

3.4　创建图形样板文件

图形样板包含图幅、标题栏和其他表格信息。不同类型图纸的对象特性具有不同的要求，比如设备布置图中设备对象是粗实线，而在P&ID中设备对象则为细实线。但同一类图纸的标题栏和表格信息要求基本一致，使用样板可以避免重复这些设置，简化操作。特别地，当用户完成了3.3小节的各类绘图环境的设置之后，可将其另存为图形样板文件。这样在后续可以基于这些样板文件新建图形，就可以省略绘图环境设置。

3.4.1　创建样板文件

以创建工艺类的图形样板文件"acadiso PID A2.dwt"为例，说明创建样板文件的步骤：

1）**新建图形**　"应用菜单"➤"新建"➤单击"图形"，会弹出如图3.16所示的"选择样板"对话框。默认样板文件是"acad.dwt"，但其采用英制单位；对于公制单位毫米，应选用样板文件"**acadiso.dwt**"。单击"打开"，就会创建新图形文件，先将其保存为"CAD Template**.dwg**"。

（**注意**：单击快速访问工具栏上的**"新建"按钮**▢或**"文件"**标签上 + 按钮都可以创建不属于项目的新图形）

2）**创建和设置布局**　如果左下角没有显示"布局和模型"选项卡，可在命令行输入"OP"，在"显示"选项卡下，选中"**显示布局和模型选项卡**"复选框（图2.2）。其设置如图3.17和图3.18。

　　◇ 默认有两个布局：布局1和布局2。右键选择布局2并删除，重命名布局1为"pidA2"。

　　◇ 右击pidA2布局，在弹出的快捷菜单中选择"页面设置管理器"命令、单击"修改"按钮。按图3.18设定。打印机为DWF6ePlot.pc 3；图纸尺寸为ISO A2（594.00×420.00毫米）；比例为1∶1；图形方向为横向；打印样式为monochrome.ctb，表示黑白打印。

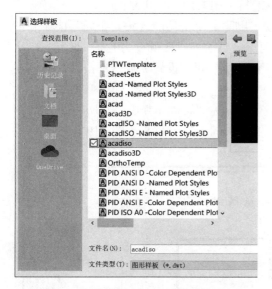

图3.16　"选择样板"对话框及样板文件

图3.17　"页面设置管理器"对话框

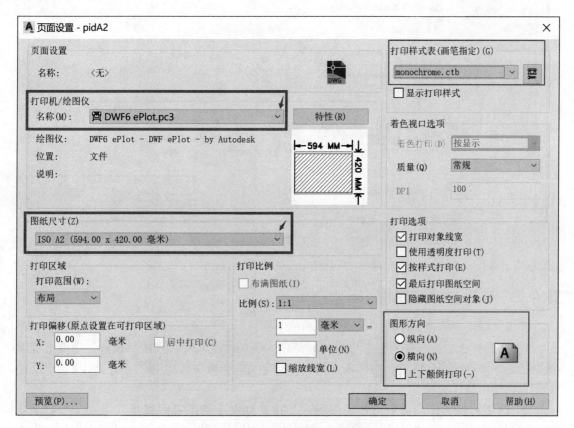

图3.18　"页面设置"对话框

3）**绘图环境设置** 参考3.3小节的内容。

4）**添加相应的图框，栏、表等** 如工艺类标题栏（图1.3）、图例表、技术说明。

5）**设置视口** 滚动鼠标放大图形，将原有视口删除。单击功能区➤"布局"选项卡➤"布局视口"面板➤"矩形"按钮，指定视口的角点。当前视口比例设为1∶1。设置视口比例时，需要选择视口边框或双击视口内部，切换到模型空间。设置完成，单击视口比例左边的锁，锁定视口。

6）**另存为样板文件** 将"CAD Template.dwg"另存为"acadiso–PID A2.dwt"格式的图形样板文件，并将其放置在指定文件夹，如默认的"Template"文件夹（图3.19）。

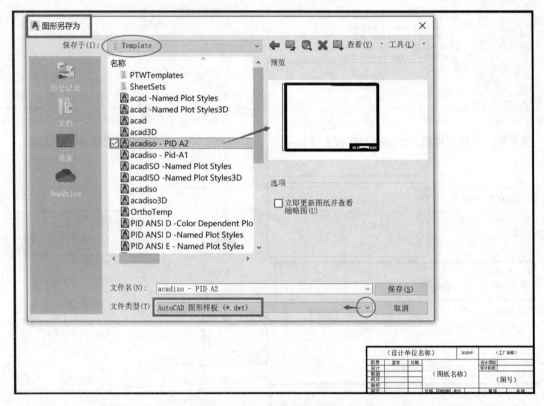

图3.19 图形另存为样板文件

3.4.2 样板文件的使用

样板文件可分为全局样板、区域样板和单个样板。

1）**全局样板** 全局样板整个项目共同使用，全局样板文件在"项目设置"中的常规设置处指定。如打开项目设置，将样板文件改为自定义的样板文件。每次新建P&ID 图形文件时会自动使用该样板。

2）**区域样板** 区域样板可按不同分区（**按文件夹**）使用不同样板，增加了项目灵活性。可以在新建文件夹时设置或修改已有文件夹的特性设置。以已有文件夹为列：右击文件夹，在弹出的快捷菜单中选择"特性"命令；弹出"项目文件夹特性"对话框，修改"文件夹的DWG 创建样板"选项。

3）**单个样板**　单个样板可为个别图纸单独设置样板文件，除非有特殊需求，不建议为每个图形单独使用样板文件。在创建新图形时，选择DWG样板，可重新指定样板文件。

三者的优先顺序是：单个样板 > 区域样板 > 全局样板。

3.5　AutoCAD基本功能训练实例

3.5.1　机械零件图样示例

本节以若干机械零件图样为案例，示例AutoCAD基本功能/命令的应用，先以图3.20的零件为例。

1）**新建图形**　单击"**快速访问工具栏**"上的"**新建**"按钮 或"**文件**"标签上 按钮。并选择**工作空间** ➤草图与注释。

2）**创建图层**　参考3.3.2小节的内容创建若干新图层（图3.21）：

◇ "**中心线**"图层：红色，Center2线型；

◇ "**机械**"图层：洋红色，0.50mm的线宽；

◇ "**标注**"图层：默认设置。

3）**绘制定位轴线**　先将"中心线"图层置为当前。

◇ "命令栏"输入"LINE（L）"；或者在"功能区" ➤ "绘图"面板➤单击"直线" ；

◇ 在绘图空间中，单击选择第一点（也可以输入坐标）；

◇ 可以在"**状态栏**"中单击 ，打开正交模式，保证所画直线为水平；

◇ 单击选择第二点（预估其长度超过68mm，也可以输入坐标）；

◇ 继续指定下一点可以继续进行直线绘制，按"Enter"或"Esc"键，则结束直线命令（上述直线绘制过程如图3.22所示，其中也显示了"命令栏"每一步骤的说明）；

◇ 类似地，可以绘制垂直方向的两条定位线，如图3.23。

4）**偏移定位轴线**

◇ "命令栏"输入偏移命令"OFFSET（O）"；或者在"功能区" ➤ "修改"面板➤单击"偏移" ；

◇ 指定偏移距离：38；

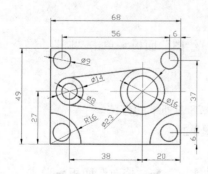

图3.20　机械零件样图

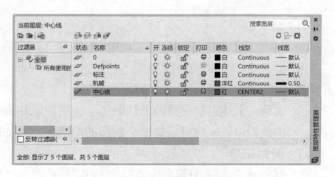

图3.21　图层设置示例

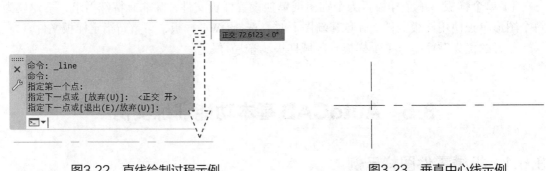

图3.22 直线绘制过程示例   图3.23 垂直中心线示例

✧ 选择要偏移的对象：垂直的中心线；
✧ 选择要偏移的那一侧的点：右侧，就会生成第二条垂直的中心线，"命令栏"每一步骤的说明和结果如图3.24所示；
✧ 由此，可以通过"偏移"命令，快速创建平行线，从而实现关键点的定位，如当前的圆心，以及矩形外框的顶点（图3.25：垂直中心线偏移距离20，水平中心线向下偏移27）。

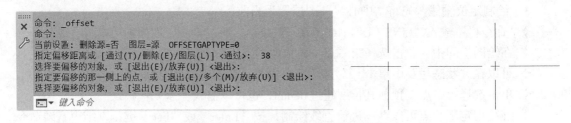

图3.24 "偏移"命令的示例和结果

5）绘制矩形外框 将"机械"图层置为当前。
✧ "命令栏"输入矩形命令"RECTANG（Rec）"；或者在"绘图"面板➤单击"矩形" ⬜；
✧ 指定第一角点：图3.25中的"垂足，或交点"；（需要在**状态栏**中单击 □▾，打开对象捕捉，并设置捕捉对象）
✧ 指定第二角点：输入"@–68,49"。表示沿 X 负方向68mm，Y 正方向49mm的角点（图3.26）。
6）绘制圆
✧ "命令栏"输入圆形命令"CIRCLE（C）"；或者在"绘图"面板➤单击"圆" ⊙；
✧ 指定圆心：图3.27中的"交点"；
✧ 指定圆的半径：8。
✧ **说明**：上述过程是圆的默认画法，还可以采用图3.28中列举的方法。
✧ 由此，可以完成已定位圆心的圆的绘制，结果如图3.29。
7）分解矩形
✧ "命令栏"输入分解命令"EXPLODE"；或者在"功能区"➤"修改"面板➤单击"分解" ▱；

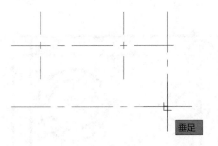

图3.25　矩形外框的定位角点

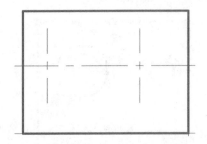

图3.26　矩形外框示例

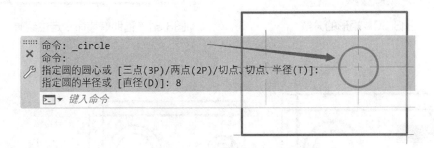

图3.27　圆的默认画法示例

图3.28　圆的不同画法

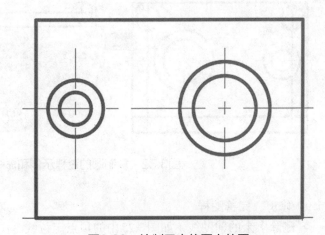

图3.29　绘制已定位圆心的圆

❖ 选择对象：点击矩形，按"Enter"键，矩形将分解为4条直线段如图3.30；

❖ 采用偏移命令定位四角的几个圆心位置（此时，因为偏移距离都相等为6mm，可以连续偏移），并绘制一个直径为9mm的圆，结果如图3.31所示。

8）**复制圆**　过程如图3.32所示。

❖ "命令栏"输入复制命令"COPY"；或者在"功能区" ➤ "修改"面板➤单击"复制" ；

❖ 选择对象：点击图3.31中的直径9的圆，按"Enter"键；

❖ 指定基点：捕捉圆心；

❖ 指定第二点：捕捉"垂足""交点"等完成圆孔的复制。

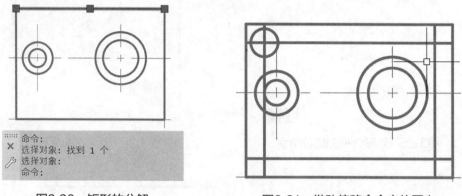

图3.30　矩形的分解　　　　　　　　图3.31　借助偏移命令定位圆心

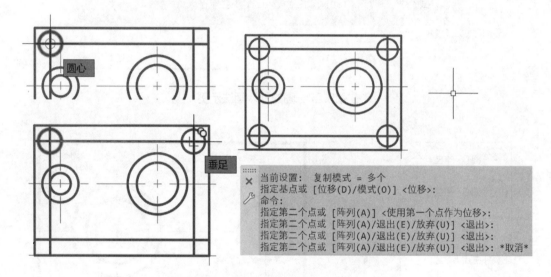

图3.32　复制圆的过程示例和命令栏提示

9）修剪、完善图样

◇ **删除多余的辅助线**（如图3.25中的顶点定位线，图3.32中的圆心定位线等）：**方式一**，"命令栏"输入删除命令"ERASE（E）"，或者在"功能区"➤"修改"面板➤单击"删除" ⬚；然后逐一、或框选要删除的对象；**方式二**，先选择要删除的一个或多个对象，然后单击 ⬚，或者按"Del"键，如图3.33所示。

◇ 采用直线命令，捕捉切点完成两条**切线的绘制，**如图3.34所示。

◇ **绘制两底角的圆弧**　方法一：定位圆弧的起点，再直接采用圆弧命令"ARC"完成；方法二：先绘制等直径的圆，在采用"修剪"命令完成。这里演示方法二。

◇ **修剪绘制圆弧**　"命令栏"输入修剪命令"TRIM"；或者在"功能区"➤"修改"面板➤单击"修剪"✂。选择对象：圆、两条直线；按右键或者"Enter"键；单击要被减去的大半圆，完成修剪，过程和命令栏提示如图3.35所示。（**说明**：第一步所选择的修剪对象可以互为修剪界限，选择对象确认后，再点击的对象将是被删除的对象。）

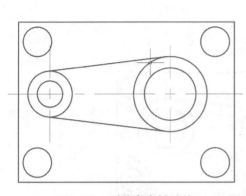
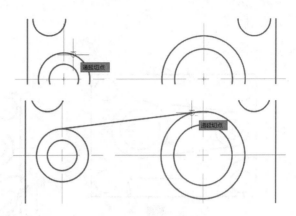

图3.33　删除多余辅助线　　　　　　　　　　　图3.34　绘制切线

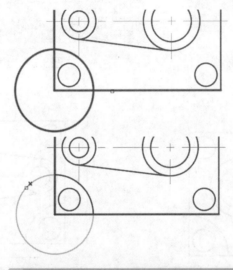

图3.35　修剪过程示例

◇ **镜像圆弧**　"命令栏"输入镜像命令"MIRROR";或者在"功能区"➤"修改"面板➤单击"镜像" ⚠ ;选择对象:左下角的1/4圆弧,按右键或者"Enter"键,指定中点为镜像第一点,捕捉中点指定镜像第二点,输入"N",其过程和命令栏提示如图3.36所示。

10)添加尺寸标　将"标注"图层置为当前。

◇ **设置标注样式**　根据需要,按**参考3.3.4小节**的内容,进行必要的标注样式设置;(**说明**:以下若干命令按钮需要在"**注释**"选项卡➤"**标注**"面板中找到)

◇ **直线标注**过程,如图3.37所示;**基线标注**⊢ 基线,如图3.38所示;**连续标注** 连续,如图3.39所示;其他类型的标注,如图3.40所示。

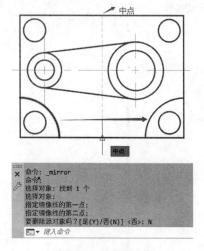

图3.36 绘制切线

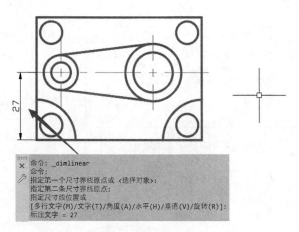

图3.37 直线标注

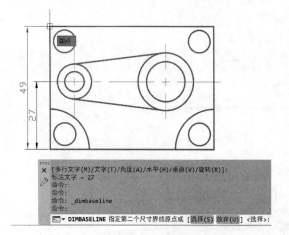

图3.38 基线标注

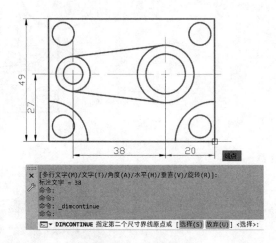

图3.39 连续标注

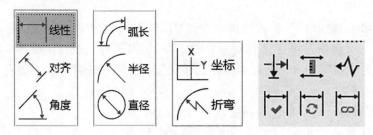

图3.40 其他标注工具和编辑按钮

以下为若干机械样图，供读者自行探索、练习绘制。

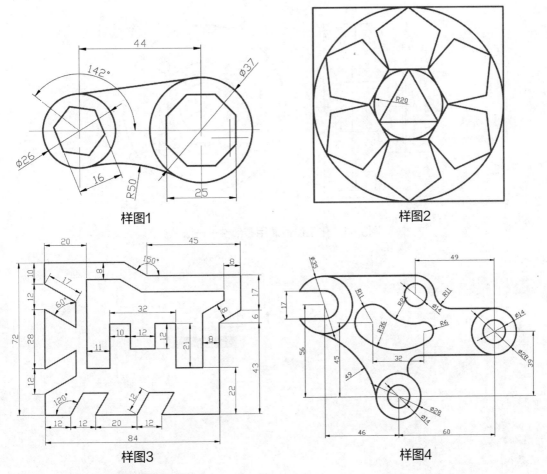

样图1

样图2

样图3

样图4

3.5.2 化工零件图纸示例

本节以化工设备通用零部件——法兰为例来演示 AutoCAD 的基本功能应用；也以此为例演示三视图的画法。图层设置参考图 3.21。

（1）视图分析：绘图策略

法兰图形由剖面图（主视图）和左视图组成（如图 3.41 所示）；左视图主要由"圆"组成；而主视图由不同长短的直线段组成，且为轴对称图形。由此，可以考虑先绘制左视图，再基于"高平齐"的原则，绘制平行线，从而定位主视图的轮廓线的端点。

（2）绘制定位轴线（优先绘制左视图）

1）绘制中心线：先将"中心线"图层置为当前。结果如图 3.42。

✧ 运用"直线"命令，绘制水平和垂直的中心线；

✧ 运用"圆"命令，绘制 $\phi70$ 的定位圆；

✧ 运用"旋转"命令，将垂直中心线旋转 45°；或者绘制 45° 的斜线。

2）采用"旋转画法"绘制主视图中螺纹孔的中心线。

✧ "直线"命令➤打开状态栏的"极轴追踪" ➤捕捉图 3.43 中的 A 点（不进行点击操作）➤再水平移动光标至 B 点，单击（指定直线第一点）➤移动到 C 点，单击（指定直线第二点）。

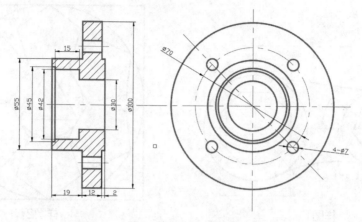

图3.41　化工设备通用零部件——法兰

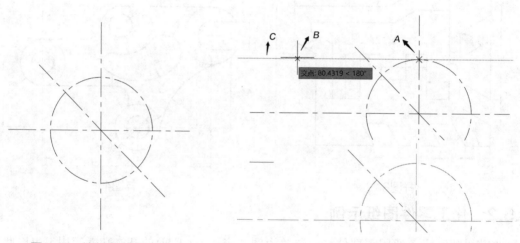

图3.42　绘制中心线示例　　　　图3.43　绘制主视图中螺纹孔的中心线

（3）绘制轮廓线

绘制左视图中的圆：先将"机械"（**粗实线**）图层置为当前。

◇ 运用"**圆**"命令，绘制不同直径的圆（图3.44）；

◇ 运用"**阵列**"命令，绘制螺纹孔的四个圆。图3.45所示：采用"**环形阵列**"命令以此选择对象、捕捉中心点、点击"项目I"，输入阵列中的项目数"4"，按"Enter"键或"Esc"键完成阵列操作。

（4）绘制主视图

◇ 基于左视图的"高平齐"的原则绘制平行线，以确定各直线的水平位置（图3.46）；

◇ 运用"**直线**"命令，绘制法兰的端面线，再借助"**偏移**"命令，绘制平行线，以确定各个直线段的端点（图3.47）；（**注意**：当前方法虽然简便，但由于样条线太多，容易造成混乱）

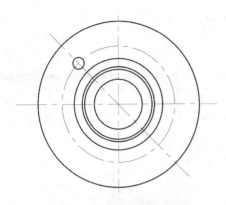

图3.44　绘制左视图的圆

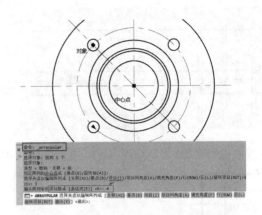

图3.45　"阵列"绘制螺纹孔的四个圆

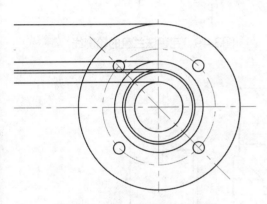

图3.46　绘制主视图的平行线

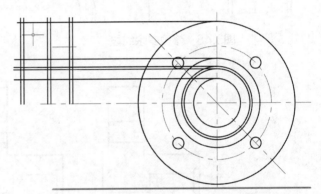

图3.47　"偏移"绘制法兰盘端线的平行线

◇ 运用"**修剪**"命令，选择"TRIM"命令➤框选（右框选）➤右键或"Enter"键。鼠标依次单击要删除的多余线段，过程和结果如图3.48所示；

◇ **删除**未能修剪的多余线段，并完善相应的轮廓线（图3.49）；

◇ 采用"**偏移**"和"**直线**"命令完成螺纹孔的剖面轮廓线；运用"**填充**"命令，完成剖面区域的填充；运用"**镜像**"命令完成，主视图的样图绘制。如图3.50的过程。

（5）添加尺寸标注

将"标注"图层置为当前图层。运用标注工具或命令，完成图纸的尺寸标注。需要说明的是：

◇ 左视图中"4-ϕ7"的标注：先按标注"圆"；然后双击标注文字，在前面添加"4-"；

◇ 主视图中的直径原始标注都为直线标注，然后双击修改，在数值前面输入"%%C"（即 ϕ 的字符输入）。此外，"%% P"表示正负号的"±""%% D"表示度数符号"°"。

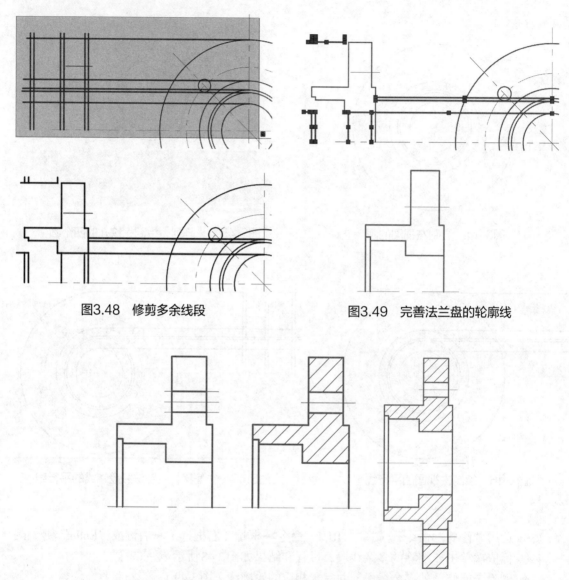

图3.48　修剪多余线段　　　　　　　　　　图3.49　完善法兰盘的轮廓线

图3.50　修改、完善主视图的过程示例

第4章

AutoCAD模块的化工制图实训

4.1 化工工艺图CAD绘制实训

本节将介绍采用AutoCAD模块进行化工工艺流程的绘制方法，以精馏塔及其常见的控制方案为例，主要说明物料流程图（PFD）和管道及仪表流程图（P&ID）的绘制步骤，相应基本绘图要点请参照1.2.2小节的内容。

4.1.1 PFD图

本节案例以图1.5所示某原料预处理工段精馏塔的PFD图为例，讲解其CAD快速绘制方法。在获得相关工艺设计结果和数据的前提下，开始PFD绘制，其过程简介如下：

（1）选定图幅绘制图框及标题栏

这里基于已有模板文件新建包含图框、标题栏及相应绘图环境设置的图形。

1）新建属于项目的新图形（图4.1） 在"项目管理器"目录树➤右击"P&ID图形"节点➤"新建文件夹"，命名为"CAD图纸A2"；单击"CAD图纸A2"文件夹➤单击"新建图形"按钮 ➤在"新建DWG"对话框中输入图名、选择3.4.1小节中创建的样板文件"acadiso–PID A2.dwt"。

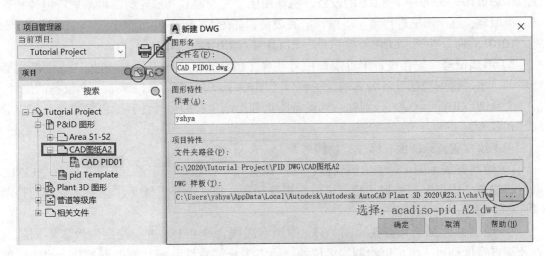

图4.1 基于样板文件创建属于项目的新图形

2）**说明**：这里新建的图纸是项目中的文件之一，通过"项目管理器"管理；而3.4.1小节中"新建图形"的三种方法是创建不属于项目的单独图形文件。

（2）初步布图

预留表格、文字说明的空间；定位线确定主体设备的分布（图4.2）。

1）**切换工作空间和图层**　将工作空间切换为"草图与注释"；并在功能区►"图层"面板►将红色点划线的"定位线"图层置为当前。

2）**在左下角预留"物料平衡表"的位置**　在图纸中心画垂直线作为核心设备精馏塔的位置参考；类似地考虑进口泵和管线、塔顶设备、塔底设备及预留管线空间，完成初步布图。

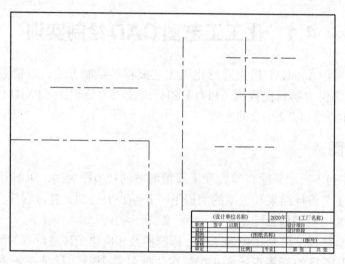

图4.2　初步布图：预留空间和主体设备定位

（3）绘制设备，标注设备位号

1）**绘制设备**　先绘制塔设备T0101，切换到洋红色的"设备–细实线"图层；需要根据"HG/T 20519—2009中表8.0.6的设备、机器图例"先绘制其外形轮廓，再添加塔内件和管嘴。类似地，逐个添加进料泵、塔顶和塔底设备，如图4.3所示。

T0101的命令参考：LINE（PLINE）、ELLIPSE/ CIRCLE、TRIM等。

2）**添加位号**　先在设备附近添加位号注释（借助文字注释工具），再依次在图纸顶部或底部，水平排列包括设备名称的设备位号（图4.4）。过程中，可以添加一个设备的位号，借助"复制COPY"命令，分别粘贴到设备附近和图纸顶部的位号注释；再编辑修改相应的位号和名称。

（4）绘制管道草图线，标注"物料号"

1）**绘制管线**（图4.5）　切换到蓝色的"流程线–粗实线"图层；采用直线命令LINE，借助"端点、中点"等捕捉，绘制进口、塔顶循环、塔底循环管线。注意交叉管线的打断（可以统一设为水平线打断）。

2）**绘制并添加流程箭头**（图4.6）　使用多段线命令PLINE进行绘制，设置不同的起点及端点宽度即可；也可以绘制完多段线，再右击►"特性"►几何图形参数。当前长度12mm，起始线段宽度为4mm。借助"旋转"命令可以调整箭头指向，借助"复制"命令可以实现快速添加箭头。

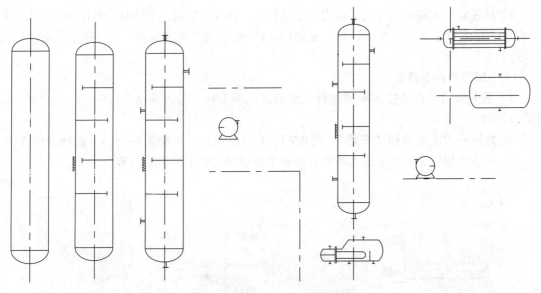

图4.3　绘制设备过程示例

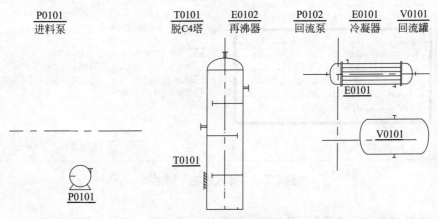

图4.4　部分设备位号标注

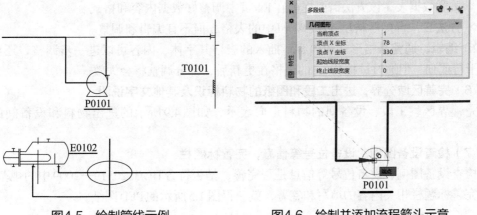

图4.5　绘制管线示例　　　　　　图4.6　绘制并添加流程箭头示意

3）标注物料编号 其方法类似设备位号标注，可以先绘制一个物料编号标识，再添加文字编号注释作为样本⚬₀₁₀₁；然后借助"复制 COPY"命令和"文字编辑"逐一添加、修改物料编号。

（5）填写物料衡算表

1）插入表格 在功能区➤"注释"面板或选项卡➤"插入表格"按钮，弹出"插入表格"对话框。

◇ 方法一 "从表格样式开始"（图4.7）：人为根据物料平衡表的内容，选择表格样式，完成列和行的设置；插入表格后需要手动填写物料平衡表的内容。

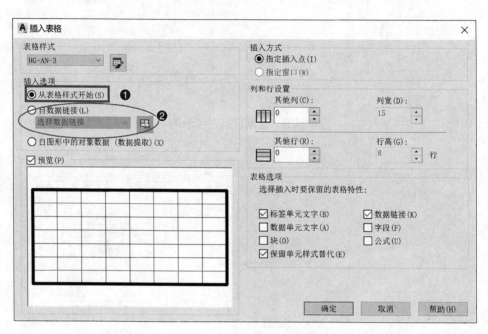

图4.7 "插入表格"对话框

◇ 方法二 "自数据链接"（图4.8）：从下拉菜单选择"选择数据链接"，在弹出的对话框中，单击"创建新的 Excel 数据链接"；输入数据链接名称"PFD-T0101"，单击"确定"；浏览文件，找到 Excel 的物料平衡表文件。单击"确定"，插入表格就自动关联数据表。该方法需要提前在 Excel 中调整好数据内容和格式。

◇ 方法三 直接复制 Excel 或 Word 中的表格，但不宜编辑和调整。

2）编辑、调整表格形式和内容 插入的表格其字体、内容可以进一步调整，还可以删除若干行或列，但通过链接 Excel 的表格在更新后，部分调整将会失效。

（6）完善区域分界，进出工段和图纸的物料标识及其他文字说明

完善界区、工段、设备间的物料走向表示，如图4.9所示的进出物料和设备间的流线标识。

（7）检查设备图例、设备位号等信息，完善标题栏

检查设备图例、设备位号等信息是否完善、是否符合 HG/T 20519—2009 中的规范要求。然后完善标题栏相关内容的填写和签署，就获得图1.5所示的 PFD 图纸。

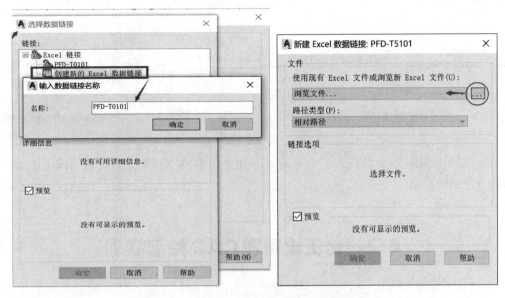

图4.8   新建Excel数据链接创建表格示例

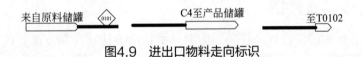

图4.9   进出口物料走向标识

4.1.2   P&ID图

本节以图1.6所示的管道及仪表流程图（P&ID）为示例，讲解其CAD快速绘制方法。在获得相关工艺设计、管道计算、阀门等管件选择的结果和数据的前提下，开始P&ID绘制，其过程简介如下：

（1）~（4）内容与4.1.1小节中PFD的绘制过程几乎一样

细微差异是：P&ID中没有物料衡算表，但要考虑控制仪表和方案，初始布图需要预留空间（这里调整了再沸器的位置，并忽略了进料泵）；P&ID中对管线需要进行管道位号标注（如PG-0101-200-H1E-H），不再是简单的管线编号注释，但管线位号可以参考PFD图中的管线编号进行标注。

（5）添加阀门、管件等，并进行必要标注

在必要的管线位置添加旁路管线和对应的旁路阀和控制阀（图4.10）。在添加过程常常要考虑管线打断的问题。

（6）绘制仪表、控制点并标注

与阀门管件的绘制类似，需要添加合适的仪表符号，再借助仪表线完成控制方案的描述（图4.11）。

（7）绘制阀门等管件和仪表控制点的图例说明，完善标题栏

P&ID中的设备、管线、阀门管件、仪表、仪表线都需要遵循HG/T 20519—2009和HG/T 20505—2014中相关的图例要求与规范。较复杂的项目图纸，通常统一绘制如图1.7所示的"首页图"作为图例符号说明，简单的P&ID图纸则需要在图纸附近放置相应的图例符号说明。

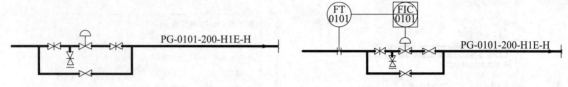

图4.10 添加旁路管线和阀门等管件示例　　图4.11 添加由仪表和仪表线组成的自动控制方案

检查图纸及相应的标注注释，完成标题栏相关内容的填写和签署，就完成了图1.6所示的 P&ID 图纸的绘制。

4.2 化工设备图 CAD 绘制实训

本节将介绍采用 AutoCAD 模块进行化工设备图的绘制方法，以某固定床反应器为例，进行设备条件图和设备装配图绘制过程示例，其基本绘图要点请参照1.2.3小节的内容。

4.2.1 化工设备条件图

本节以图1.8所示的"设计条件单"为例展示其 CAD 快速绘制方法。在获得相关单元设备初步计算结果的前提下，开始化工设备条件图绘制，其过程简介如下。

1）确定视图的比例，进行**视图布局**（也可先按1∶1绘图，再根据比例缩放）：包括预留标题栏、图表位置等，如图4.12。

2）**绘制设备简图**，并进行必要的管口说明（管口方位图或管口明细表）（图4.13）。根据预估的比例1∶25进行反应器外形轮廓绘制；然后绘制内部或局部的细节，如管式排布。

3）进行**尺寸标注**、管口标注等，如图4.14。标注设备的主体尺寸，如当前反应器的直径、高度等；对管口进行编号注释，可以同时查阅手册填写管口表。

4）根据设备类别，**填写设计数据表**；根据设备类型，如搅拌器、换热器（表4.1）、塔器（表4.2）、容器等，设计数据表内容也有所差异，可以另存为不同设备类型的条件图样板文件（详细格式参考 HG/T 20668—2000）。

5）检查图纸和表格，并完善标题栏等（包括签名），就获得图1.8的条件图。

4.2.2 化工设备零部件图与装配图

本节以图1.9所示的化工装配图为例，讲解其 CAD 快速绘制方法。在根据设备条件图进行详细的设计计算、校核之后，开始化工设备装配图的绘制，其过程简介如下。

（1）选定视图表达方案

根据设备的结构特点选择主视图，视图数量和表达方法。

◇ 当前设备为立式、筒状结构，可采用立面图为主视图，俯视图作为管口表；
◇ 多个管口，采用多次旋转表达，将其布置于圆筒壁两侧；
◇ 内部构件，采用剖视表达；
◇ 封头与筒体的联结，采用局部放大视图；
◇ 若干标准件，采用简化画法。

条件内容修改					设计数据表				
修改标记	修改内容	签字	日期		规范				
						容器	夹套	压力容器类型	
					介质				
						无损探伤	A，B	容器	
								夹套	
					技术要求：				

管口表

符号	公称尺寸	公称压力	连接标准	法兰型式	连接面型式	用途	
	设计	校核	审核	日期	位号/台数	工程名称	
工艺						设计项目	
管道						设计阶段	施工图
电控							
						设备图号	

图4.12　设备条件图的布局

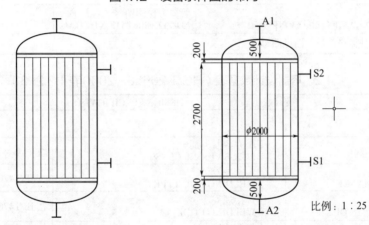

图4.13　绘制设备简图　　　　图4.14　添加标注

比例：1∶25

表4.1　换热器设计数据表（HG/T 20668—2000附图）

设计数据表　　　　　　DESIGN SPECIFICATION				
规范 CODE	GB151-98《钢制管壳式换热器》Ⅰ级 《压力容器安全技术监察规程》1999			
	壳程 SHELL	管程 TUBE	压力容器类别 PRESS VESSEL CLASS	一类
介质 FLUID	粗醛	冷却液	焊条型号 WELDING ROD TYPE	按JB/T4709规定
介质特性 FLUID PERFORMANCE	中度毒性	无毒	焊接规程 WELDING CODE	按JB/T4709规定
工作温度（℃） WORKING TEMP. IN/OUT	61/35	30/35	焊缝结构 WELDING STRUCTURE	除注明外采用全焊透结构
工作压力（MPaG） WORKING PRESS.	0.95	0.45	除注明外角焊缝腰高 THICKNESS OF FILLET WELD EXCEPT NOTED	按较薄板厚度
设计温度（℃） DESIGN TEMP.	100	70	管法兰与接管焊接标准 WELDING BETW.PIPE FLANGE AND PIPE	按相应法兰标准
设计压力（MPaG） DESIGN PRESS.	1.55	0.7	管板与筒体连接应采用 CONNECTION OF TUBESHEET AND SDELL	氢弧焊打底，表面着色探伤检查
金属温度（℃） MEAN METAL TEMP.	80	30	管子与管板连接 CONNECTION OF TUBE AND TUBESHEET	强度焊加贴胀

续表

腐蚀裕量（mm） CORR. ALLOW.	0	3	无损 检测 N.D.E	焊接接头类别 WELDED JOINT CATEGORY		方法–检测率 EX.METHOD%	标准–级别 STD–CLASS
焊接接头系数 JOINT EFF.	0.85	0.85		A.B	壳程 SHELL SIDE	RT–20%	JB4730– Ⅲ
程数 NUMBER OF PASS	1	4			管程 TUBE SIDE	RT–20%	JB4730– Ⅲ
热处理 PWHT	不需要	需要		C.D	壳程 SHELL SIDE	按规范	
水压试验压力 卧试/立试（MPaG） HYDRO. TEST PRESS.	1.94	0.88			管程 TUBE SIDE	按规范	
气密性试验压力（MPaG） GAS LEAKAGE TEST PRESS.	/	/	管板密封面与壳体轴线（mm） 垂直度公差 VERTICAL TOLERANCE OF TUBESHEET SEALING SURFACE AND SHELL AXIS			1	
保温层厚度/防火层厚度（mm） INSULATION/FIRE PROTECTION	30	0					
换热面积（外径）(m²) TRANS SURFACE（O.D.）	71.5		其它 OTHER				
表面防腐要求 REQUIREMENT FOR ANTI–CORROSION			管口方位图图号 NOZZLE ORIETATION DWG.NO.			按本图	

注：本装配图的其他局部放大图见图号× ×–× × × ×–2.

表4.2 塔器设计数据表（HG/T 20668—2000表4.2.2-3）

设计数据表	DESIGN SPECIFICATION		
规范 CODE	（注1）		
介质 FLUID	压力容器类别 PRESS VESSEL CLASS		
介质特性 FLUID PERFORMANCE	焊条型号 WELDING ROD TYPE	按JB/T4709规定（注2）	
工作温度（℃） WORKING TEMP. IN/OUT	焊接规程 WELDING CODE	按JB/T4709规定	
工作压力（MPaG） WORKING PRESS.	焊缝结构 WELDING STRUCTURE	除注明外采用全焊透结构	
设计温度（℃） DESIGN TEMP.	除注明外角焊缝腰高 THICKNESS OF FILLET WELD EXCEPT NOTED		
设计压力（MPaG） DESIGN PRESS.	管法兰与接管焊接标准 WELDING BETW.PIPE FLANGE AND PIPE	按相应法兰标准	
腐蚀裕量（mm） CORR. ALLOW.		焊接接头类别 WELDED JOINT CATEGORY	方法–检测率 EX.METHOD%	标准–级别 STD–CLASS
焊接接头系数 JOINT EFF.	无损检测 N.D.E.	A, B	容器 VESSEL	（注3）	
热处理 PWHT		C, D	容器 VESSEL		
水压试验压力 卧试/立试（MPaG） HYDRO.TEST PRESS.	全容积（m³） FULL CAPACITY		
气密性试验压力（MPaG） GAS LEAKAGE TEST PRESS.	基本风压（N/m） WIND PRESSURE		
保温层厚度/防火层厚度（mm） INSULATION/FIRE PROTECTION	地震烈度 EARTHQUAKE		
表面防腐要求 REQUIREMENT FOR ANTI–CORROSION	场土地类别/地震影响 SITE CLASS/EARTHQUAKE INFLUENCE		
其它（按需填写） OTHER	管口方位 NOZZLE ORIENTATION		

注：1. 注规范的标准号或代号，当规范、标准无代号时注全名。
2. 常用焊条型号JB/T4709规定，此处不注出。焊条的酸、碱性，特殊要求的焊条型号，按需注出。
3. 检测方法：以"RT"表示射线检测，"UT"表示超声检测，"MT"表示磁粉检测，"PT"表示渗透检测。

（2）确定视图的比例，进行视图布局

1）装配图一般不与零部件画在同一张图纸上。但对只有少数零部件的简单设备允许将零部件图和装配图安排在同一张图纸上，此时图纸应不超过A1幅面，装配图安排在图纸的右方。

2）装配图的各要素布置如图4.15所示。也可以参照3.4.1小节创建化工设备装配图的样板文件，将装配图相关标题栏、签署栏、设计参数表、管口表等要素包含其中。

3）根据比例进行主视图的定位线布置（1∶1绘制，或缩放比例绘制），如图4.16。

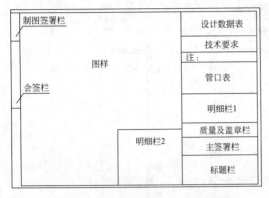

图4.15　装配图中各要素的布置
（HG/T 20668—2000 图4.5.2-2）

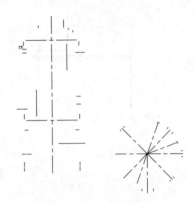

图4.16　设备图样布置与定位
线示例

（3）绘制视图

1）根据化工设备特点、选择合适的绘图表达方式，按照"先主后辅，先外件后内件，先定位后定形，先主体后零部件"的顺序进行绘制，最后绘制必要的局部放大图。

2）**先绘制外形轮廓**。比如从上封头开始（如图4.17）。可以直接绘制两个椭圆；也可以先绘制一个椭圆，再采用"偏移"命令，缩放壁厚20创建另一个椭圆。再使用"修剪"命令，保留轮廓线。也可以绘制四分之一椭圆，完成半边封头轮廓的绘制，再采用"镜像"命令，完成另一半的绘制。

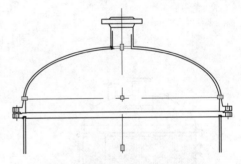

图4.17　设备封头的绘制示例

3）借助化工设备的对称、形状相同等特点，采用"镜像""复制""偏移""阵列""修剪"等编辑命令实现化工设备图样轮廓的快速绘制。如当前设备具有上下封头的对称，也有左右回转体的对称（图4.18）。

4）**完善主视图管口和内件**。比如反应器换热流股、原料流股的进出口管口；反应器内管和内管支撑（如图4.19）。

5）**对照主视图完成辅助视图的绘制**。如图4.20所示的管口方位图（考虑显示效果，并没有采用轮廓线的粗实线）。可以采用"同心圆""阵列"等步骤完成法兰孔的绘制。

6）**完成局部视图：剖面图和放大图**。可能涉及零部件图、图案填充，如图4.21。其他绘制方法和主视图绘制方法一致，先轮廓再内件，先定位后定形。同时，局部视图表达的标准件虽然不一定需要按特定比例进行绘制，但尽可能体现实际的比例、位置关系。

（4）标注尺寸

标注定位尺寸、定形尺寸；相关的装配、安装尺寸（如图4.22）。

（5）完成标注并填写表格

对零部件进行编号，并进行引线标注（图4.23），**填写明细栏**；对设备管口和管口方位进行编号，完成文字注释（图4.24），并**填写管口表**。参考表4.1和表4.2填写技术特性表、技术要求等。

（6）检查图样和表格，并完善标题栏等相关内容，结果如图1.9所示。

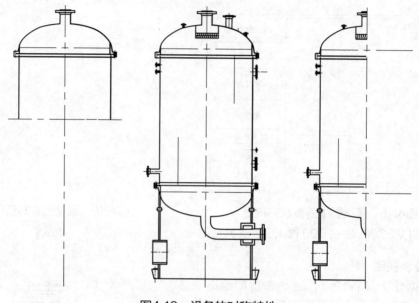

图4.18　设备的对称特性

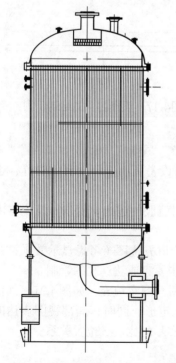

图4.19　主视图管口和内件的完善

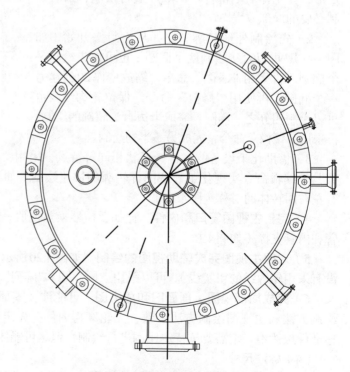

图4.20　辅助视图：管口方位图

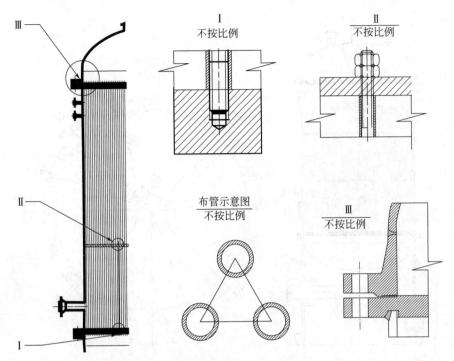

图4.21　完成局部放大视图和剖面图示例

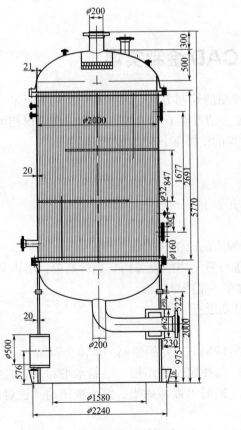

图4.22　主视图的尺寸标注

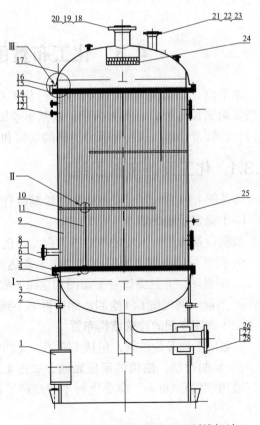

图4.23　主视图的零件编号和引线标注

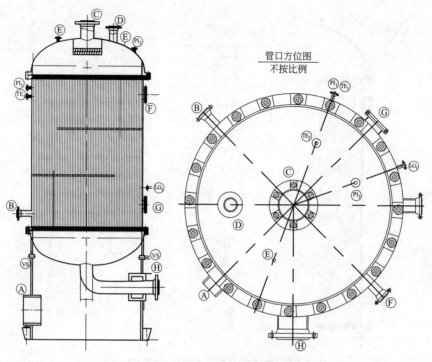

图4.24　管口编号和文字注释

4.3　化工布置图CAD绘制实训

本节将介绍采用AutoCAD模块进行化工布置图的绘制方法，以图1.5和图1.6所示的精馏塔及附属设备和管道布置为例，其基本绘图要点请参照1.2.4小节的内容。在获得相关工艺设计、管道计算、阀门等管件选择的结果和数据的前提下，开始布置图绘制。

4.3.1　化工设备布置图绘制

参照图1.10的内容，设备布置图绘制过程简介如下。

（1）确定视图配置

根据设备的复杂程度适当地选择视图，选择视图的比例和图幅。

❖ 仍然采用多层平面图和立面图来表达设备布置；当前设备内容相对简单，不再采用剖视图，并且尝试将平面图和立面图放置在一张图纸上面。

❖ 当前示例先按1:1绘制，然后再缩小到A2图纸上。

（2）确定车间的建筑结构布置

从底层平面开始绘制，包括平面图、立面图等的同时、对照绘制。具体步骤如下：

1）绘制**建筑、结构的定位轴线**，如图4.25。选择定位线图层，绘制水平和垂直直线，可以采用"偏移Offset"命令进行平行线的绘制；同时可以考虑平、立面视图的"长对正"特性。

2）然后用细实线绘制出**厂房基本结构**，如墙、门窗、楼梯等基本结构，如图4.26。切

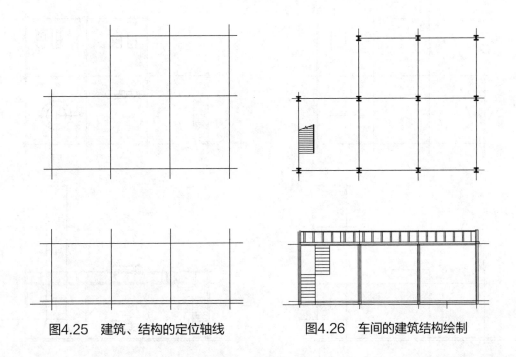

图4.25　建筑、结构的定位轴线　　　　图4.26　车间的建筑结构绘制

换到"结构、墙面图层"，绘制结构投影视图；平面图显示为"工"型结构梁，立面图为双线结构；同时可以在平面图上绘制楼梯（底层绘制了一半）、立面图的楼梯和扶手护栏等结构。

3）绘制**设备中心线**，如图4.27。切回到"定位线"图层，将精馏塔、进料泵、回流泵、换热器和缓冲罐等设备的定位线，在平、立面对应绘制。当前考虑到图形的重叠，立面图中四个泵就没有绘制。

4）用粗实线绘制设备外形及**管口、支架、基础、操作平台**等轮廓形状，如图4.28。选择"设备"图层；绘制各个设备的外形轮廓；注意平面图和立面图的对应绘制。

5）为建筑**定位轴线编号**，标注厂房轴线间的**定位尺寸**，如图4.29。在平面图上标注水平、垂直定位轴线编号，立面图仅考虑垂直轴线编号。

6）标注厂**设备定位尺寸和定型尺寸**，如图4.30。在平面图上主要标注设备的定位尺寸和定形尺寸，标注设备基础的定位尺寸（如支座等，当前省略）；在立面图上主要标注包括建筑、结构模型的标高。

7）标注**设备位号、名称及支撑点标高**。如图4.31的平面图主要进行设备位号、支撑点标高；如图4.32立面图主要进行设备位号、设备基础、平台、支撑的标高。

此外，伴随着 EL±0.000 面的布置，EL+6.000平面图绘制过程如图4.33。

（3）图纸的布置

上述过程都是在 1∶1 的比例下的直接绘图的，这里将缩放置到 A2 图纸上。

1）将各视图分别、或一起缩放，如1∶125，参照三视图的原则放置各个视图。

◇ 方法一（推荐）：将各视图作成图块（"BLOCK"命令），再按比例缩放、布图。优点是可以将图样中已包含的块、特定设置保留，统一比例修改。必要时可以将图块"分解 EXPLODE（X）"。

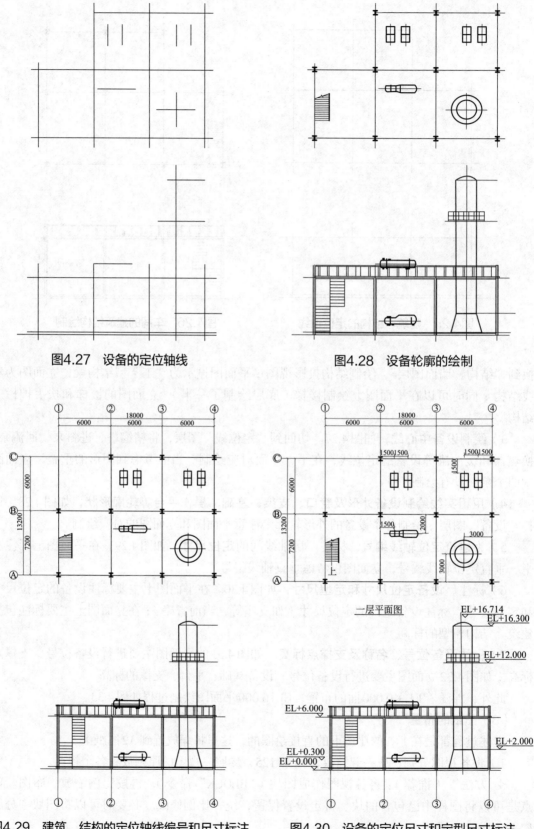

图4.27　设备的定位轴线

图4.28　设备轮廓的绘制

图4.29　建筑、结构的定位轴线编号和尺寸标注

图4.30　设备的定位尺寸和定型尺寸标注

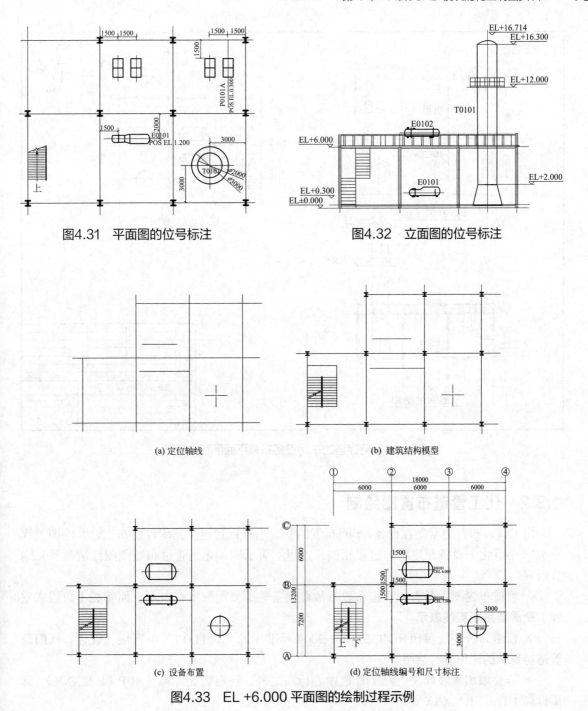

图4.31 平面图的位号标注

图4.32 立面图的位号标注

(a) 定位轴线

(b) 建筑结构模型

(c) 设备布置

(d) 定位轴线编号和尺寸标注

图4.33 EL +6.000 平面图的绘制过程示例

◇ 方法二：直接选择各个视图，进行缩放"SCALE"，但是可能出现尺寸标注、图块并没有全部缩放的现象。

◇ 缩放后再添加注释、尺寸标注，需要设置其尺寸比例。

2）添加绘制"**方向标**"。

3）检查图样，绘制设备一览表，填写有关技术要求。

4）检查、校核，完成标题栏，如添加图样比例"1∶125"，结果如图4.34所示。

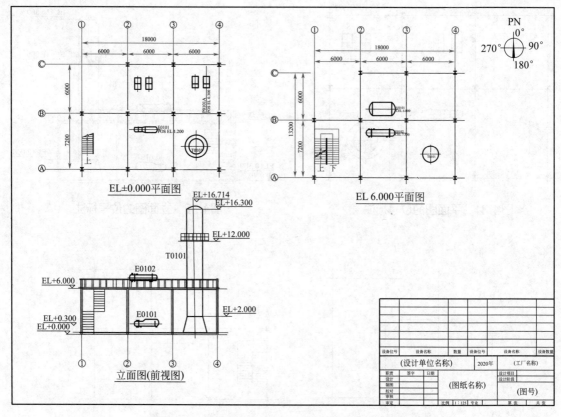

图4.34 精馏塔的车间设备布置平面图和立面图

4.3.2 化工管道布置图绘制

化工管道布置通常是在设备/车间布置的基础上进行管道及其附件的布置。其绘图过程与4.3.1小节化工设备布置图的过程相似，这里不再示例。化工管道布置图图样请参照1.2.4节内容。

◇ 管道布置图主要表达管道布置，故此设备轮廓要用细实线表示，而**管线（单线或双线）则需要用粗实线表示**。

◇ 管道布置需要参照HG/T 20519—2009 标准中的"表11.0.1"中**管线、管件、阀门及管道特殊件**的图例进行绘制。

◇ 需要添加**管线标注**，除了管道中心标高之外，还有管底标高（BOP EL X.XXX）、管顶标高（TOP EL X.XXX）。

◇ 管件、阀门、仪表也都需要标注位号。

◇ 必要时，需添加**局部详图**，可以是局部放大图，也可以是局部轴测图（管段图）。

◇ 需要添加"**设备接管表**"，通常要附带**分区图**。

4.3.3 化工轴测图绘制

轴测图是反映物体三维特征的二维图形，因为图形富有立体感，在许多工程领域常作为辅助性图样。化工管道轴测图就是这类图样，用来辅助管道的预制、安装。

（1）化工管道轴测图的绘制要求

管道轴测图（即空视图）按正等轴测投影绘制，管道的走向按方向标（图4.35）的规定，这个方向标的北向（N）与管道布置图上的方向标的北向应是一致的。

◇ 管道轴测图的**管线、管件、阀门及管道特殊件的图例**需要参照HG/T 20519—2009标准中的"表11.0.1"。

◇ ≤DN50的中、低压碳钢管道、≤DN20的中、低压不锈钢管道，≤DN6的高压管道，一般可不绘制轴测图。对于不绘轴测图的管道，则应编写管段材料表。

◇ **附有管段材料表**（BOM表），对所选用的标准件的材料，应符合管道等级和材料的规定。

◇ 管道轴测图**不必按比例绘制**，但各种阀门、管件之间比例要协调，它们在管段中的位置的相对比例也要协调。

◇ **需标注尺寸**。通常垂直管道不标注长度尺寸，而以水平管道的标高"EL"来确定，标注水平管道的有关尺寸应与管道平行（图4.36）。水平管道要标注的尺寸有：从所定基准点到等径支管、管道改变走向处、图形的接续分界线的尺寸（图4.36中A、B、C）；从基准点到各个独立元件如孔板法兰、异径管、拆卸用的法兰、仪表接口、不等径支管等的尺寸（图4.36中D、E、F）。

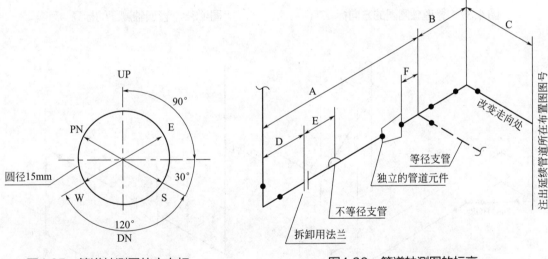

图4.35　管道轴测图的方向标　　　　　　图4.36　管道轴测图的标高

◇ **对管廊上的管道**，需要标注的尺寸有：从主项边界线、图形接续分界线、管道改变走向处、管端点到支柱轴线的尺寸（图4.37中A、B、C、E、F）；以及管廊支柱到各个独立元件的尺寸（图4.37中G、H、K）。

◇ **管道需标高**。管道一律用单线表示，在管道的适当位置上画流向箭头。管道号和管径注在管道的上方，水平向管道的标高"EL"注在管道的下方（图4.38中"标高A"），仅需要标高时，标高可标注在管道的上方或下方（图4.38中"标高B"）。

◇ **偏置管尺寸的标注**（图4.39）：非45°的偏置管，要标注出两个偏移尺寸而省略角度；对45°的偏置管，要注出角度和一个偏移尺寸；对立体的偏置管，要画出六面体便于识图。

◇ 要表示出管道穿过的墙、楼板、屋顶、平台；标注出管道与墙的关系尺寸；对楼板、屋顶、平台，则标注出它们各自的标高，见图4.40。

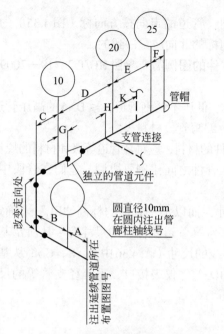

图4.37 管道轴测图的方向标

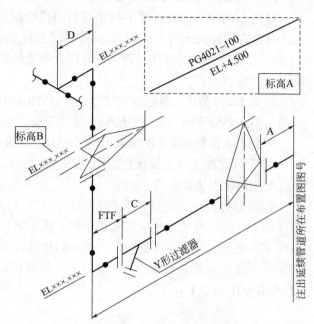

图4.38 管道轴测图的标高

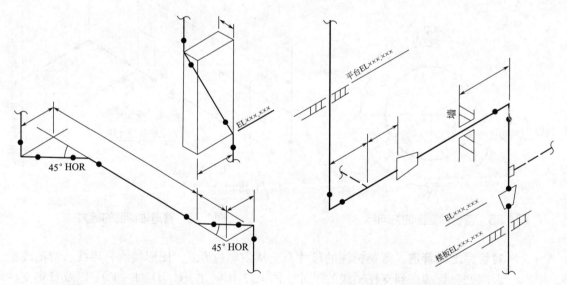

图4.39 管道轴测图的方向标

图4.40 管道轴测图的标高

（2）管道轴测图的基本绘制方法

绘制平面立体轴测图的方法有坐标法、切割法和叠加法。

1）**坐标法** 绘制轴测图的基本方法。根据立体表面各点的坐标（比如立方体的定点），分别画出他们的轴测投影，然后依次连接成立体表面的轮廓线。正等测的投影轴，Z 向垂直向上，X、Y、Z 在平面图中各自夹角为120°。

2）**切割法**　先绘制基本体，然后切去多余部分，如截断、开槽、穿孔等，就变化成最终立体图形。

3）**叠加法**　适用于叠加而形成的组合体，基于坐标法，将各基本体进行组合叠加。

（3）CAD 等轴测模型绘制管道轴测图的简介

1）**激活等 CAD 的等轴测模式**　在状态栏中，在任一对象上单击鼠标**右键并选择"设置"**（如网格 ▦，或对象捕捉 ▯，打开"草图设置"对话框（图 4.41）。在"捕捉与栅格"标签下 ➤ **"捕捉类型"** ➤ 勾选 **"等轴测捕捉"**，就打开了等轴测模式。

◇ 绘图空间的**光标形式**有所变化；**正交模式**不再是水平，而是 30° 方向。

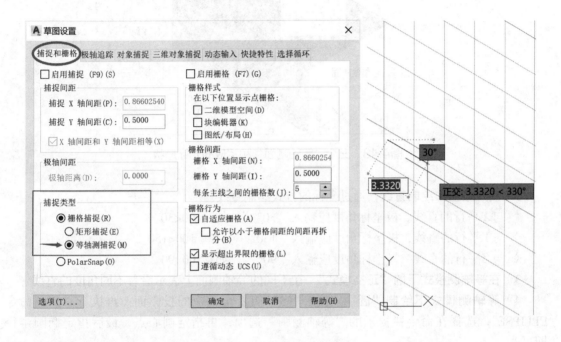

图 4.41　切换"等轴测模式"

◇ 在命令栏输入"SNAP" ➤ 根据提示选择 **"样式（S）"** ➤ 选择 **"等轴测（I）"** 选项，最后输入垂直间距为：1，也可以将捕捉类型切换为"等轴测模式"，过程如图 4.42 所示。

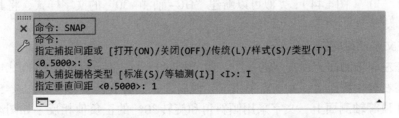

图 4.42　使用命令"SNAP"切换"等轴测模式"

◆ 实体的轴测投影只有三个可见平面，将其作为找点、画线的基准平面，称之为左轴测面、顶轴测面和右轴测面，如图 4.43 所示；同时等轴测的 X、Y、Z 轴与水平线夹角分别为 30°、150°、90°。对三个等轴面进行切换时，可按 "F5" 键或 "Ctrl+E" 键依次切换，相应的光标指针形状也置于轴测面旁侧。

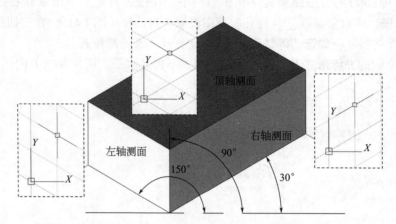

图4.43　三个"等轴测面"和相应的光标形状

2）**输入数值法绘制直线**　通过坐标的方式绘制直线。

◆ 与 X 平行的直线，极坐标角度应输入 "30°"，如 @100<30。

◆ 与 Y 平行的直线，极坐标角度应输入 "150°"，如 @100<150。

◆ 与 Z 平行的直线，极坐标角度应输入 "90°"，如 @100<90。

3）**在等轴测模式下的"正交模式"**　在不同的等轴测面上表示沿着不同角度的直线。

4）**等轴测模式下绘制"圆"**　先按 "F5" 切换至相应的投影面，再执行 "椭圆命令 ELLIPSE"，选择在命令栏提示的 "等轴测圆" 选项，再指定圆心点，最后指定椭圆半径即可。

5）**等轴测模式下绘制"平行线"**　不能直接用 "偏移 OFFSET"，一般采用 "复制 COPY" 命令。

6）**等轴测图中"文字标注"**　根据轴测图的特点，为增强立体感，需要将文字倾斜某个角度值，同时在标注时，在旋转一定角度。

◆ **文字样式设置"倾斜角"**。新建 "HG–轴测30" 的文字样式，将其 "倾斜角角度" 设置为 "30"（图4.44）；类似可以新建 "HG–轴测–30" 的文字样式，将其 "倾斜角角度" 设置为 "–30"。

◆ **标注文字"旋转"**。

□ 在**左等轴测面**上，文字需采用 –30° 倾斜角，同时旋转 –30°，如图 4.45（a）。

□ 在**右等轴测面**上，文字需采用 30° 倾斜角，同时旋转 30°，如图 4.45（b）。

□ 在**顶等轴测面**上，文字采用倾斜角和旋转 30° 的正负值相反：如图 4.45 所示顶面的两种情况。

7）**等轴测图中"尺寸标注"**　尺寸标注调整需要两步：新建文字倾斜的尺寸样式如图 4.46 所示；调整尺寸界线和尺寸线的夹角，需要通过命令 "DIMEDIT" 或按钮 ⊬，调整倾斜角度，结果如图 4.47 所示。

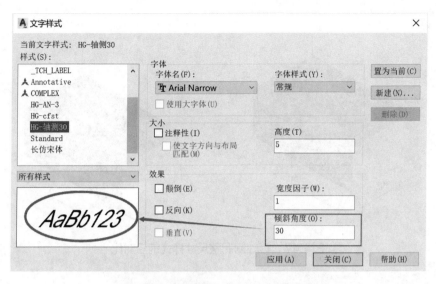

图4.44　等轴测图"文字样式"设置

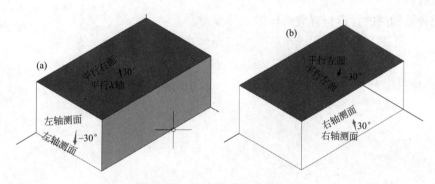

图4.45　文字标注和文字旋转

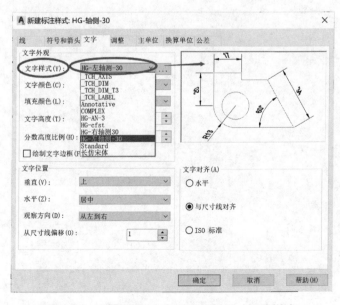

图4.46　建议选择文字样式倾斜尺寸标注样式

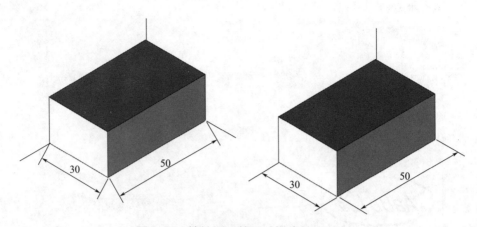

图4.47　等轴测调整尺寸样式前后对比

　　8）基于上述等轴测的特点和技巧，可以结合化工管道轴测图的特点，进行管道轴测图的绘制与标注。

　　9）完善等轴测的管道布置表、标题栏等要素。

P&ID 模块篇

AutoCAD Plant 3D 中的 P&ID 绘图模块，具有经过简化的绘图、编辑、报表生成、验证和设计信息交换等功能特性，能帮助用户轻松创建 P&ID 图形。P&ID 模块配备了 PIP，ISO，ISA，DIN 和 JIS-ISO 等标准符号库，可以通过工具选项板访问，大大简化流程图的绘制，而且数据之间的共享和使用也非常方便，设计者可以将注意力放在设计上，而不是在绘图上，软件增加了许多规则，可避免不必要的错误。对于 P&ID 的设计具有以下优点：

① 配备了许多标准符号库，大大简化了流程图的绘制；

② 可轻松实现设备、管线、阀门、仪表等元件的连接、移动和编辑等；

③ 设备、管线等元件所包含信息的共享和使用非常便捷，可以快速生成报表、进行验证、输入输出；

④ 可以自行建立符合 GB 和化工行业标准的符号库。

实训目标

◇ 了解 P&ID 的设计过程与设计阶段。

◇ 了解 P&ID 模块的功能和应用特点。

◇ 掌握项目及绘图环境的设置。

◇ 能够在项目环境中工作，掌握 P&ID 模块设计和编辑的工作流。

◇ 了解图形样本文件的创建及快捷应用。

◇ 掌握 P&ID 模块快速绘制 PFD 和 P&ID 的技能。

第 5 章

P&ID设计与绘制实训

工艺流程设计在整个工艺设计中最先开始，但随着工艺及其他专业设计的展开，通常需要对初步设计的工艺流程进行局部修改，所以几乎是最后才完成。管道及仪表流程图（piping & instrument diagram，P&ID）是工艺设计中最主要的图纸之一。P&ID设计基础为工艺设计包和各专业实施工艺所提交的资料。经济性和安全性是P&ID设计中应考虑的重要原则。

P&ID设计是逐步加深和完善的，它分阶段和版次分别发表。P&ID各个版次的完成，表明了工程设计进展情况，为工艺、仪表、设备、电气、电信、配管、应力、材料、安装和给水排水等专业及时提供相应阶段的设计信息。**P&ID 的版次**是工程设计最重要的图纸版次之一，相关专业的图纸版次就与P&ID 的版次保持一致性。在 Plant 3D 中可以根据工作历史设置版次信息。

在设计P&ID 前可以先设计工艺流程图（process flow diagram，PFD）。工艺流程图反映了总体工艺流程和设备之间的关系。

5.1　漫游 P&ID 绘图环境

5.1.1　绘图界面

P&ID 工作空间包含组织好的功能区和选项板，来方便用户在面向任务的自定义绘图环境中工作，同时保存想要显示的界面元素的图形真实状态。打开项目文件，将工作空间选择为 "P&ID PIP"，将显示如图5.1所示的用户界面元素。与 "三维管道" 工作空间的用户界面（图2.1）类似，都包括应用菜单、功能区选项卡、项目管理器、绘图区域、命令窗口等面板和模块区域。因此，仍然可以通过 "项目管理器" 组织管理项目、图形、输入、输出数据，以及通过 "项目设置" 配置项目和绘图环境，例如符号、位号规则、注释特性、图层、颜色和数据管理器视图。

"P&ID PIP" 工作空间用户界面相比 "三维管道" 工作空间的主要不同点如下：

1）P&ID功能区提供对创建或编辑草图线和线组的快速访问，还提供对项目管理器和数据管理器以及对验证、注释和位号选项的快速访问。

2）"工具选项板" 是二维的元件和线符号。

3）绘图区具有样板图框，默认模板文件下如图中所示，与化工 HG/T 20519—2009 中的图框样式不一致。

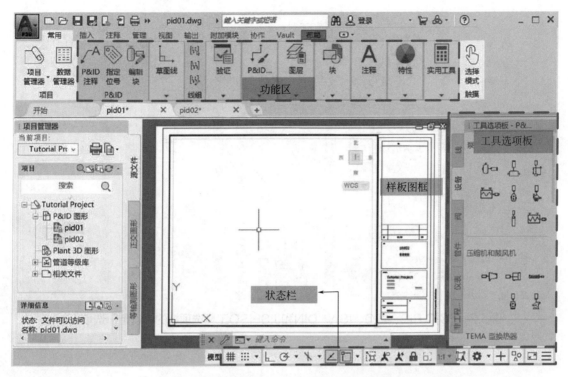

图5.1　"P&ID PIP"工作空间的用户界面

5.1.2　工具选项板

　　P&ID模块工具选项板显示P&ID图形的标准元件和线符号，都基于PIP（Process Industry Practices，流程工业实践协会）、ISO（International Standard Organization，国际标准化组织）、ISA（Instrument Society of America，美国仪器仪表学会）、DIN（Deutsches Institut für Normung，德国标准化学会）和JIS-ISO（Japan Industrial Standard，日本工业标准协会）的工业标准。不同标准对应的符号存在若干差异（如下图5.2所示）。读者可以通过"工具选项板"来放置、连接、移动、拉伸这些符号并对其添加位号，也可以基于符号创建报告。

　　需要注意的是，这些工业标准包含的元件和线符号与相应的工作空间对应。通过在工具选项板标题栏上单击鼠标右键并从列表中选择一个工具选项板，可以切换到另一个工具选项板。此外，目前尚没有符合国标或者国内化工行业标准的工作空间或工具选项板，可以将自定义元件和线符号添加到P&ID工具选项板，以满足HG/T 20519—2009的图例符号要求。

5.1.3　特性选项板等辅助工具

　　在P&ID绘图过程中也可以调用2.1.4小节和表2.3中所介绍的特色界面的工具，比如双击草图线或元件就会显示相应的"特性"选项板，以及点击鼠标右键显示的"快捷菜单"。

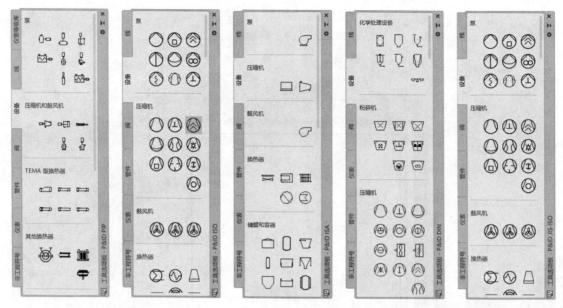

图5.2 P&ID PIP、ISO、ISA、DIN和JIS-ISO工具选项板的"设备"选项卡

5.1.4 控制P&ID绘图空间的显示

控制可固定窗口和工具栏的显示，锁定它们的位置以及使用两个监视器，可以优化P&ID绘图空间。

1）控制可固定窗口的显示：许多窗口（如项目管理器、P&ID工具选项板和数据管理器）都是可固定的。每个窗口都可以固定、锚定或浮动。用于更改可固定窗口显示方式的命令可在快捷菜单上找到。可以更改可固定窗口的以下选项：

✧ **尺寸** 可以更改窗口的大小和调整窗格大小。

✧ **允许固定** 固定或锚定可固定的窗口。已固定窗口附着在应用程序窗口的一边，因而可以调整绘图区域的大小。

✧ **锚定** 将可固定窗口或选项板附着或固定在绘图区域左侧或右侧。光标移至锚定窗口时，窗口打开；光标移开时，窗口关闭。当打开被锚定的窗口时，其内容将与绘图区域重叠。无法将被锚定的窗口设定为保持打开状态。必须选择"允许固定"选项才能锚定窗口。

✧ **自动隐藏** 光标移至浮动窗口时，窗口打开；光标移开时，窗口关闭。如果清除此选项，窗口将保持打开状态。

✧ **透明度** 将窗口以透明方式显示，以便不遮挡窗口后面的对象。

2）通过锁定工具栏和可固定窗口可以锁定工具栏和窗口的位置。锁定的工具栏和窗口仍然可以打开或关闭，并可以添加或删除项目。

3）使用双监视器优化绘图区域：若要创建更大的绘图空间，可以使用两个监视器。例如，可以使用一个监视器显示绘图区域，而使用另一个监视器显示在绘图区域中使用的工具（如P&ID工具选项板、项目管理器、数据管理器等）。

5.2　在项目环境中工作

在项目环境中工作时，可确保和其他设计师都在使用相同的图形文件、符号、数据和样板，这需要通过"项目管理器"来实现。图5.3所示的工作流描述在项目环境中工作的内容和步骤。

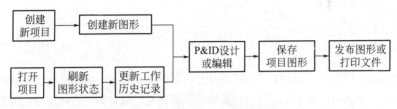

图5.3　P&ID设计与编辑的工作流

5.2.1　创建或打开项目

创建或打开项目都包括两种方式（详细内容请参见"2.2和2.3小节"的内容）：
方式一：启动界面 ➤ "创建"页面 ➤ "项目" ➤ "新建"或"打开"。
方式二："项目管理器" ➤ "新建项目"或"打开"。

5.2.2　创建或组织项目图形

对于已创建了的项目，可以进一步为其创建新的项目图形文件，并对这些图形文件进行组织管理。

创建新的项目图形文件的步骤，如图5.4。

1）在项目管理器树状图中，单击"P&ID 图形"。

2）在"项目"工具栏中，单击**"新建图形"**；或者直接在"P&ID 图形"上点击右键 ➤ 新建图形。

3）在"新建 DWG"对话框的"图形名称"下，请执行以下操作：在"文件名"下，输入pid01；可以选择DWG样板文件，即更换默认的**样板文件"*.dwt"**；单击"确定"。

4）重复本步骤1）~3），以创建第二个图形文件pid02。

5.2.3　设置图形特性

可以为项目设定的图形特性包括：图形标题、图形编号、作者、图形的简短描述以及图形中记录的设备区域。设置图形特性步骤如图5.5所示。

1）在项目管理器树状图中，展开P&ID图形节点并在"pid01"图形上单击鼠标右键。

2）在右键菜单中，单击"特性"。

3）在**"图形特性"对话框中**，可以输入相应的图形信息，这里重点修改"绘图区域"，输入"51"；这可以作为位号标注的**"主项编号"**。单击"确定"。

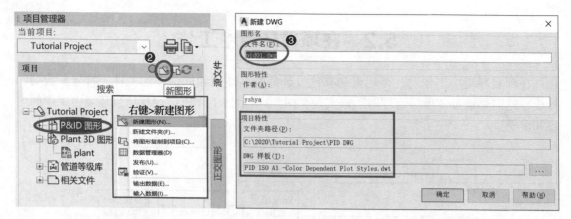

图5.4　创建新图的步骤示意（说明："*PID ANSI D – Color Dependent Plot Styles.dwt*"是默认的样板文件，读者可以基于该文件自定义新的样板文件，以绘制符合化工行业标准的图框）

4）类似地，设置图形pid02 的图形特性，请重复步骤1）~ 3）并对（3）中输入的内容进行调整：

◇ 在"DWG 编号"框中，输入 02。

◇ 在"绘图区域"框中，输入 52。

注意：确保将 DWG 编号添加到项目中的所有图形。然后可以在数据管理器中根据其DWG编号追踪特定于图形的数据，显示属于此图形的所有元件和线。当使用页间连接符在图形之间接续线时，DWG编号尤为重要。

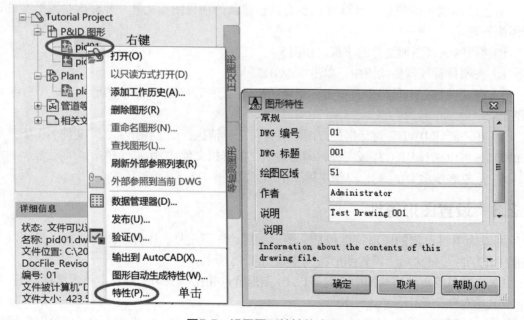

图5.5　设置图形特性的步骤

5.2.4 组织项目文件

对于已经创建的图形文件，可以将其排列到项目树中。在项目管理器中创建文件夹的步骤如图5.6所示。

1）在项目管理器树状图中，在 P&ID 图形上单击鼠标右键。

2）在右键菜单中，单击"新建文件夹"。

3）在**"项目文件夹特性"对话框**中，请执行以下操作：

◇ 在"文件夹名称"下，输入"Area 51-52"。

◇ 选择标有"相对于上级文件夹存储位置创建文件夹"的复选框。此选项确保文件夹路径保留相同文件夹层次结构，即使在将项目文件移到其他计算机时也是如此。

◇ 单击"确定"。

4）单击并将图形 pid01 和 pid02 拖动到"Area 51-52"文件夹。当用户看到区域文件夹旁边的箭头时，释放光标。新文件夹将展开以显示移动到其中的图形。

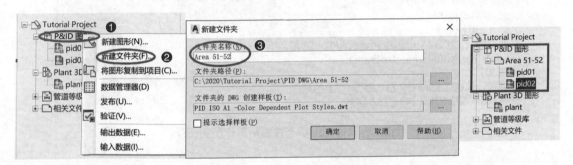

图5.6 组织项目文件的步骤

5.2.5 刷新图形状态并更新工作历史记录

项目图形可能需要多次修改才能最终完善，也可能需要经过不同阶段，由不同设计人员来完成绘制。参考表2.2的介绍，通过"项目管理器"面板就可以了解、刷新项目图形信息，查看图形的状态和工作历史记录，如图5.7所示：

1）选择要查阅的图纸文件，例如"pid01"图形文件。

2）点击**"详细信息"**图标，可以查看图形的状态、名称、文件位置等信息。

3）单击**"刷新 DWG 状态"**图标，将更新代表图形的图标以指明其当前编辑状态，如下所示：

◇ 锁定（图形已由当前用户或另一用户打开）；

◇ 可用（图形可用于编辑）；

◇ 丢失（图形已从项目中移动或删除）。

4）单击**"预览"**图标，可以显示项目中图形的缩略图。

5）单击**"工作历史"**图标，可以查看工作历史，也可以在"状态"列表中，选择图形的历史状态，例如"修订1"，或者"管理" ➤ "新建"，然后添加状态描述。注意在"项目设置"对话框的"项目详细信息"窗格中，可以设置提示行为，这样在设计师打开或关闭图形文件时，将打开"工作历史"对话框。

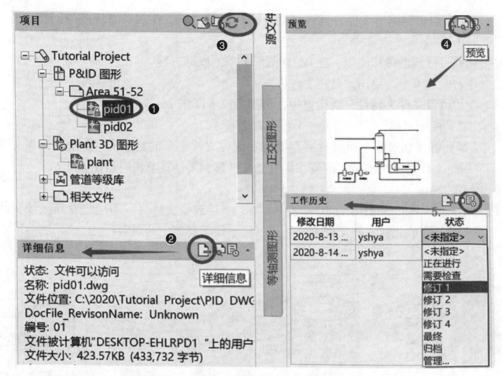

图5.7　项目图形状态并更新工作历史记录

5.2.6　保存和发布项目图形

在"快速访问"栏上，单击"保存" ，即可保存项目中打开的图形；也可以通过应用菜单，选择"保存"或"另存为"来保存图形文件。

在项目管理器中，可以将整个项目，项目的子集或项目中的单个图形发布为 DWF 或 DWFx 格式。其中 DWF（Web 图形格式）是一组被压缩为单个较小文件的图形或图像，使网络间共享快速而安全。DWFx 文件基于 Microsoft 的 XML 图纸规格（XPS）格式。与 Adobe PDF 非常相似，图纸集中的图形，与打印到图纸上的图形一样不可编辑，但可以保留设计信息和比例。因此，它们适合于建筑师、工程师与设计师进行查看和标记，而不会有更改原始 DWG 文件的风险。

发布 P&ID DWF 文件的步骤如下（如图5.8）。

1）在**项目管理器树状图**中，在项目上或在图纸文件上单击鼠标右键。单击"发布"。

2）在"**发布**"对话框的"发布为"下拉列表中，选择 DWF 文件或 DWFx 文件。

3）单击"**发布选项**"。

4）在"项目发布选项"对话框中，请执行以下操作：

◇ 在"P&ID DWF 选项"下，在"P&ID 信息"对话框中，确认显示"包含"。如果没有显示，请单击该框，然后单击下拉列表中的"包含"。

◇ 在"默认输出位置"下，单击"位置"。单击"…"按钮。选择存储位置。

◇ 单击"确定"，关闭"项目发布选项"对话框。

5）在"发布"对话框中，单击"发布"。

6）如果显示"打印—正在处理后台作业"消息，请单击"关闭"。

此外，可以将 P&ID 图形文件输出为 AutoCAD 图形文件格式，而不会丢失 P&ID 图形的视觉逼真度；也可以将 P&ID 图形文件输出为 pdf 格式的文件。

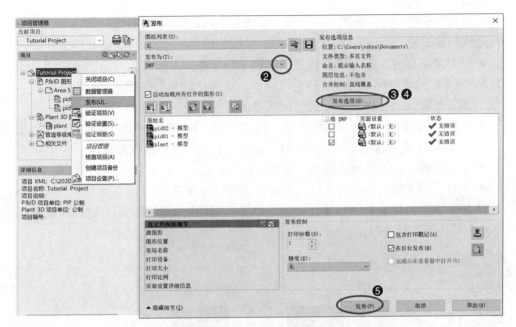

图5.8　项目图形文件发布

5.3　配置 P&ID 绘图环境

AutoCAD P&ID 提供默认项目配置，以满足大部分项目和图形的需要。作为项目管理员，可以使用"项目设置"对话框修改项目和图形设置（如**图2.11**）。此外，可以对图纸文件进行**图2.2**所示的"选项"设置，也可以对元件特性、图层等绘图环境进行设置、调整。

5.3.1　转换工作空间

工作空间按钮 显示在绘图区域的右下角。可以在五种 P&ID 工作空间中切换（P&ID PIP、P&ID ISO、P&ID ISA、P&ID DIN 和 P&ID JIS/ISO），也可以选择 AutoCAD 工作空间。

本教程主要采用"P&ID PIP"工作空间，进行图形设计绘制，但是可以转换别的工作空间，如二维和草图进行 CAD 命令调用。

5.3.2　项目设置简介

在 2.2 小节中我们已经演示了如何创建一个新项目，并在**图2.11**中展示了"项目设置对话框"，但并没有具体配置项目设置。实际上，在新建项目、设置图形特性的过程中已经在进行若干的项目设置，包括绘图单位、各类图形和数据的存储位置、图形名称和区域等。

P&ID 图形作为项目的一部分，本身就包含了项目的若干特性。常用的 P&ID 设置包括（如图 5.9）：

- ◇ **新项目设置**　包含在"项目设置向导"中，部分内容也可以通过"项目设置对话框"再次调整。比如"项目设置对话框"左侧目录树➤"常规设置"➤"路径""项目详细信息"等内容。
- ◇ **图形特性设置**　包括标题、编号等（**参考 5.2.3 设置图形特性**）。
- ◇ **元件和线设置**　当创建或修改元件时，可以修改程序中的下列类别定义。
  - ● 符号或线设置　符号或线样式的名称；用于控制在插入元件后图形中所显示的几何图形的块名称；图层、颜色、线型、线型比例和打印样式；元件在插入后的线宽；影响元件插入或草图线绘制效果的其他设置。
  - ● 特性　指定给元件或线类别定义，以确定其在 P&ID 图形中的外观和行为的值；附着到元件或线的值（例如默认值、说明、替换、支持的标准等）。
  - ● 位号格式　由元件或线的唯一位号组成的信息。
  - ● 注释　用于对元件或线进行注释的文字和符号设置。
- ◇ **数据管理器的设置**　例如通过创建自定义数据管理器视图，用户可以在查看图形数据时专注于特性而不是类别。

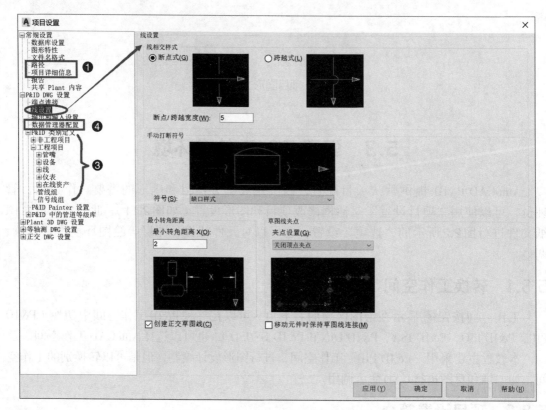

图5.9　常用的P&ID设置和"线设置"选项

5.3.3　位号格式设置

可以对元件和线添加位号，将它们标识为项目中的唯一项。鉴于 Plant 3D 的默认位号格式和 HG 20519—2009 的规定格式偏差较大，这里我们重点示例各类位号格式的修改，以便后续图纸内容符合我国行业标准和使用习惯。读者也可以先采用默认的位号格式进行位号标注，在需要的时候，进行相关位号格式设置并进行标注更新。而在绘图过程中，可以使用功能区、"特性"选项板、快捷菜单或数据管理器，为元件或线指定或修改位号信息。

AutoCAD Plant 3D 的设备、管嘴、阀、仪表和管线等元件有以下默认位号格式：

◇ **设备位号（类型—编号）**　默认定义为一个类型特性和一个编号（例如：P—100）。

◇ **设备位号 2（区域—类型—编号）**　默认定义为一个区域特性、一个类型特性和编号（例如：51—P—1000）。

◇ **手动阀位号（代码—编号）**　默认定义为表示阀门代码的两位字母和一个编号（例如：HV—100）。

◇ **管嘴位号（N—编号）**　默认定义为一个或多个字母表示的管嘴代码和一个编号（例如：N—1）。

◇ **仪表位号（区域—类型—编号）**　默认定义为一个区域、类型和回路数（例如：51—PT—100）。

◇ **管线号**　默认定义为线号（例如：100）。

◇ **管线位号（尺寸—等级库—介质—线号）**　默认情况下定义为尺寸值、等级库、介质和线号（例如：6—C1—P—10014）。

备注：复制元件或线时，或通过将设备插入到现有线来创建新线时，会为新项指定一个临时位号（包含一个问号，这是为了与初始位号区分开来）。例如，如果元件的初始位号是 P—100，临时位号可能是 P—100?。

根据 HG/T 20519—2009 10.0.2 设备位号规定，每台设备只规定一个位号，由四个单元组成，如图 5.10 所示。类似地，图 5.11 是管线位号的组成。

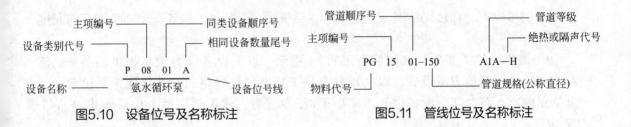

图5.10　设备位号及名称标注　　　　　图5.11　管线位号及名称标注

位号设置步骤如图5.12所示。

1）**展开类别对象**　在"**项目设置**"树状图中，展开"P&ID DWG设置" ➤ "设备"；或者继续展开列表，直至某个对象，如"泵"（此时则仅仅针对"泵"类型设备进行位号格式修改）；单击。

2）**新建位号**　在"**类别设置**"窗格上的"位号格式"下，单击新位号格式所基于的位号格式类型（例如，"设备位号 [类型-编号]"）。单击"新建"。

3）在**"位号格式设置"**对话框的**"格式名称"**框中，输入新格式的名称（例如，"HG设备位号[类型—区域编号]"）。

4）在"子部分数"框中，输入希望位号中包含的子部分数（例如，4，该数字可以根据实际需要调整）。**提示**：分隔符只能用在这些子部分之间，而不能用在子部分内部。

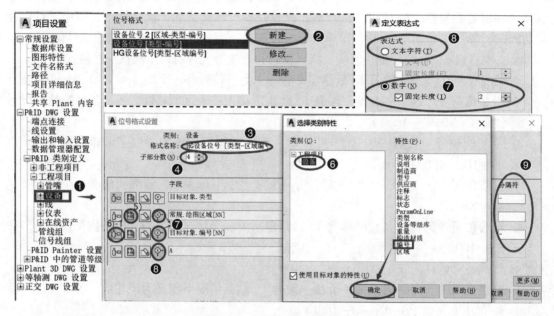

图5.12　设置设备位号格式

5）点击第二列图标⬚，进行"选择图形特性"设置，选择"绘图区域"，单击"确定"。

6）点击第一列图标⬚，在"选择类别特性"对话框中，选择"编号"，单击"确定"。

7）点击第四列图标⬚，在"定义表达式"对话框中，选择"数字"，并调整字符长度为"2"。

8）与步骤7）类似，在"定义表达式"对话框中，选择"文本字符"，并调整字符长度为"1"。

9）调整"各子部分"之间的分隔符。（**提示**：以上设置仅为编者提供的参考，读者也可以采用其他方案设置，以实现复合化工标准的位号格式；并且通常泵包含上述四单元内容，而大部分设备位号不需要第4子单元数，建议创建两个位号格式。）单击"确定"。

10）在"类别设置"窗格"特性"下的"特性名称"列中，单击"位号格式名称（TagFormName）"；在"位号格式名称"行中，在"默认值"列的下拉列表中，单击要用来对P&ID对象添加位号的位号格式，如刚刚新建的"HG设备位号[类型—区域编号]"。单击"确定"。该步骤如图5.13所示。

1）~10）步之后，用户创建了新的设备位号格式并将其指定给了整个P&ID的所有设备对象，后续在图形中使用该设备对象时，"指定位号"对话框会提示为所创建的格式输入位号数据。类似的，用户可以单独为某一设备类别（如泵）进行位号格式设置，也可以针对

Plant 3d DWG 对象进行设置。

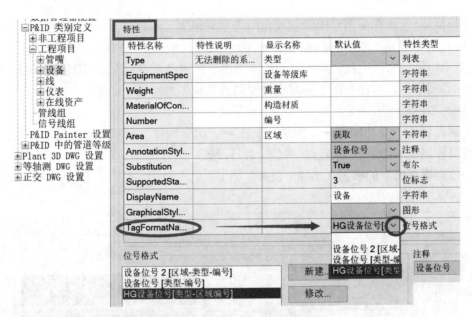

图5.13 更改默认设备位号格式

同理,用户也可以参考关于管线位号格式(图5.11),对P&ID的管线位号格式进行设置(如图5.14);参照此方法可以对"仪表""管嘴""阀门"等管件进行位号、注释格式设置。

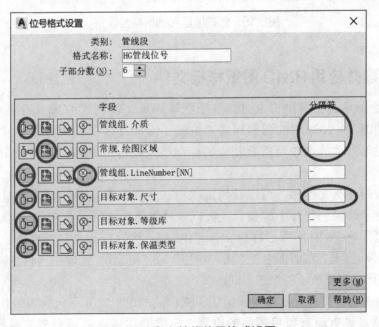

图5.14 参考管线位号格式设置

5.3.4 图层设置

绘图时可以选择在模型空间绘制或在图纸空间绘制，并且基于样板文件创建的P&ID图形文件都包含了设备、管线等图层。在P&ID绘制过程中，系统也会自动调整图层。然而，为了使整个图纸的布图更加合理美观和绘图方便，建议读者参照 **3.3.2 图层设置** 的内容，添加辅助线等图层，以方便布图；同时也可以调整默认图层特性（如颜色）。这里提供以上方法的示例，如图5.15所示：

1）**建新图层** 在功能区➤"图层"面板➤"图层特性"➤"新建图层"，并进行如图"定位线"图层所示的名称、颜色、线型等进行设置。

2）**改变现有图层的设置** 比如"设备"图层默认颜色由"绿色"修改为"洋红"。

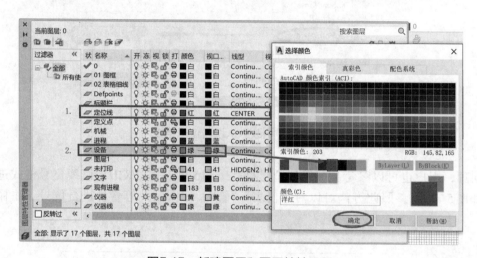

图5.15 新建图层和图层特性设置

5.3.5 创建并应用P&ID图纸样板文件

在5.1.1 绘图界面小节中提及过，基于默认样板文件创建的P&ID图形文件的图框并不符合HG/T 20519—2009中的图框样式。由此，读者可以在默认样板文件基础上，将其图框、标题栏等修改、调整至符合相应的标准格式，再将其另存为"*.dwt"格式的样板文件。

创建好新的样板文件后，可以在创造项目、文件夹或是单一图形时选择该样板文件作为模板；对于已经创建好了的项目，可以通过如图5.16所示的方法："项目设置对话框中"➤"路径"➤P&ID➤图形样板文件（DWT）；然后查找、选择样本文件，点击"打开"；最后在"项目设置对话框中"点击"应用"或"确定"。此时，再打开或创建图形，就会显示如图5.16中预览所示的绘图空间。

需要说明的是，样板文件仅仅保留了图纸相关的设置，并不包含项目相关的设置；如果希望新建项目具有原有项目相同的设置，只需要在创建新项目时，参照图2.5的第一步，选中"从现有项目复制设置"复选框并指定原有项目文件件内的"Project.ml"文件即可。

图5.16　更改P&ID图形的默认样板文件

5.4　P&ID 的设计与绘制

AutoCAD P&ID 提供许多种类的元件和线。其中P&ID元件包括：设备（如泵、储罐和容器），管嘴（如法兰或流量管嘴），仪表（如控制阀、流量计和仪表编号），在线元件（如阀和异径管），非工程项目（如连接符、流向箭头），以及其他已放置在图形中但不包含任何可报告数据的元件；而线主要包括管线（如主线段、辅助线段和夹套式管段），信号线（如电信号线、液压信号线和气动信号线）。这些元件和线可以直接放入图形中。

元件和线包含链接到数据管理器的数据，可在数据管理器中查看报告、输出数据以及将更改后的数据输入回程序，还可以将图形输出到 AutoCAD。

在绘图过程中的任何阶段，都可以验证单个图形、多个图形或整个项目。通过经常性的错误检查，可以在绘图过程中及时更正错误，并确保用户的图形符合公司标准。

下面我们以图1.6所示的P&ID图形为例，逐步说明采用P&ID模块进行快速绘制的步骤。

5.4.1　P&ID绘图的工作流

当用户将元件和线放置在P&ID图形中时，每个元件都包含链接到数据管理器的数据。在数据管理器中，用户可以查看数据报告、将报告输出为电子表格或以逗号分隔的值（CSV）文件，并将报告重新输入到程序中。图5.17显示了绘制P&ID图形的工作流，可以**沿着实线箭头**顺序完成各阶段的绘图任务，其中可采用定位辅助线等进行初步布局图形，保证整体的优美与整洁；而**虚线框**内的"验证图形""编辑P&ID""注释和位号"则表示在整个P&ID设计和绘制过程中都可以随时进行。

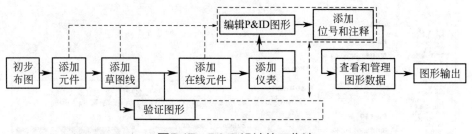

图5.17　P&ID设计的工作流

5.4.2　放置设备

鉴于目标图样相对简单，这里不再进行定位图线辅助的布图过程，直接进行P&ID绘制。首先是放置设备。在"项目管理器"树状图中，打开"pid01"图形文件。如果 P&ID PIP工具选项板尚未打开，则在功能区中单击"视图"选项卡➤"工具选项板"。放置设备的过程如图5.18所示。

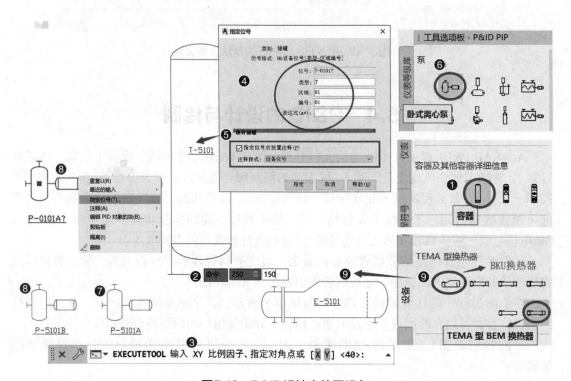

图5.18　P&ID设计中放置设备

以放置一个塔设备为例：

1）在P&ID PIP **工具选项板**的"设备"选项卡上，在"容器及其他容器详细信息"下单击"容器"。

2）单击**绘图区域**中间的开放区域以指定容器的位置上，光标会显示动态坐标。这里输入坐标（250，150）。如果事先绘制了定位辅助线，这里开启捕捉会更方便。

3）**命令窗口**处提示输入比例因子，默认是40，这里我们选30，然后会弹出"指定位号"对话框。

4）在**"指定位号"**对话框，其内容符合HG/T 20519—2009的规范要求，因为我们已经对位号格式进行了设置调整。输入相应的位号信息，系统会自动将其存储在项目数据库中。后续可以在"数据管理器"中查看、修改和输出这些信息。

5）**勾选"指定位号后放置注释"**，点击"指定"，就可以在绘图区域中刚刚放置的设备附近添加设备位号标注。若在"指定位号"对话框中，直接单击"取消"，则暂时不指定位号，可以以后再添加位号信息和注释。

同理，我们放置两个离心泵，进行进料的流体输送设备。

6）在P&ID PIP **工具选项板**的"设备"选项卡上，在"泵"下单击"卧式离心泵"。

7）在T0501的塔底附近单击，或输入坐标（150，120）。**注意：命令窗口**处此时并没有提示输入比例因子，而是直接弹出"指定位号"对话框。输入相应的位号信息P—5101A，并进行位号标注。

8）可以重复上述6）～7）步骤放置P—5101B。也可以在命令栏输入"COPY"➤选择P—5101A➤向左移动鼠标放置第二个泵➤键盘"Esc"。此时第二个泵"P—5101A?"需要制定设备位号。在符号上右键➤快捷菜单中的"指定位号"➤在"指定位号"对话框中输入相关信息，点"指定"。也可以直接双击设备位号，进行信息设置。

类似地，可以为T—5101添加再沸器。

9）在**工具选项板**的"设备"选项卡中的"TEMA型换热器"下，单击"BKU换热器"，将其放置在塔底附近，并为其指定设备位号为E—5101。所有设备放置好的位置如图5.18所示。

10）在"快速访问工具栏"上，单击"保存" 🖫 。

注意：有的设备可以选择比例因子，有的不能选择。没有比例因子的可以用AutoCAD的缩放命令进行缩放。也可以使用旋转命令将设备旋转一定的角度放置。有可能很多设备都找不到，可以使用相近的，或者自己绘制。

5.4.3　为设备添加管嘴

管嘴用以将设备和管道连接起来。通常在用管线连接设备时，系统会自动添加管嘴，但有时需要用户手动为设备添加管嘴。其特点是：

◇ 当设备移动时，管线会自动跟着移动，不必另作修改。

◇ 有的设备需要添加管嘴等管件，有些设备元件已经自带有相应的管嘴；并且即使没有管嘴，在后续添加工艺管线的时候也会自动生成相应的管嘴。而这些管嘴需要根据实际的工艺选择不同的管嘴类型。

添加管嘴的步骤如图5.19所示。

1）在**工具选项板**的"管件"选项卡上，在"管嘴"下单击"法兰管嘴"。

2）选择绘图区域的T—5101；定义插入点，如图"最近点"，并且旋转角度选择"0"；这样就将管嘴添加到了设备上。

3）类似地，可以继续在别的位置添加管嘴。同样，可以**为管嘴添加注释**：右键管嘴➤注释➤位号。

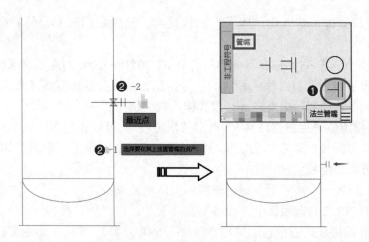

图5.19　为设备添加管嘴过程示例

5.4.4　创建工艺管线

工艺管线代表连接设备的实际管道，其中包含了尺寸、等级库、流向、管段号等管道数据，这与AutoCAD中的线或多段线有所不同，并且这些管道数据信息还可以与3D管道相关联。

在P&ID工具选项板中包含两类线：管线和仪表线。

（1）用管线工具选项板创建管线

下面演示如何使用管线工具选项板创建管线，如图5.20所示。

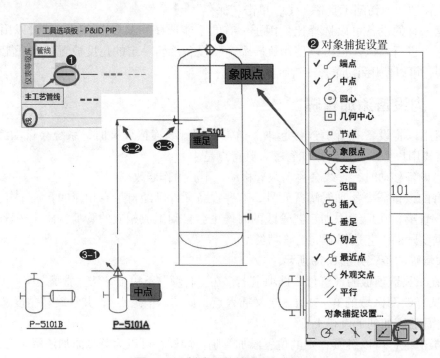

图5.20　创建工艺管线过程示例

1）在**工具选项板**的"线"选项卡上，在"管线"下单击"主工艺管线"。

2）在**状态栏**中的"二维对象捕捉"下拉箭头，勾选"象限点"和"中点"等选项。

3）在P—5101A的出口管嘴用光标捕捉"中点"或"节点"，向上移动，再向右移动靠近T—5101的轮廓，显示"垂足"标识，点击鼠标或"Enter"，就生成了从泵到塔的一段管线。同时系统自动在T—5101上添加了一个管嘴。

4）类似步骤3），先进行步骤2）捕捉"象限点"，引出塔顶出口管线。

5）分别为塔底、塔顶换热器添加循环流股，T—5101引出流股时，可以采用"象限点"对象捕捉。完善工艺管线后的如图5.21。

注意：管道添加好以后，方向箭头是自动添加的。如果方向箭头有误可以进行调整，调整非常方便。具体参见第6章的管线编辑与调整。

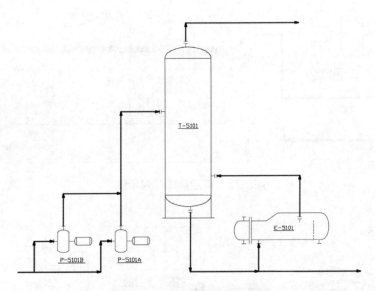

图5.21　设备和管线连接示例

（2）为管线指定位号

可以在绘图过程中直接添加位号和注释，比如**5.4.2小节**中设备位号的标注，当然也可以在绘图完成后统一添加位号。管线位号的标注如图5.22所示：

1）**功能区"P&ID"**选项卡➤"指定位号"。

2）在**绘图区域**中选择P—5101A的入口管线，点击"Enter"键，出现"指定位号"对话框。

3）在**"指定位号"对话框**中输入相关信息，勾选"指定位号后放置注释"，点击"指定"。

4）在**绘图区域**中管线附近点击鼠标，就完成了管线位号标注。

5）类似地，可按顺时针方向为进出T—5101的流股管线进行位号标注。

（3）创建管线组

在添加管线位号的时候，发现若干管线是同一管组，比如P—5101A和P—5101B的进口管线在性质、规格上一模一样，同样的两个泵的出口管线也是一个管组，由此需要先创建管线组，然后再指定管线位号标注。创建管线组的步骤如图5.23。

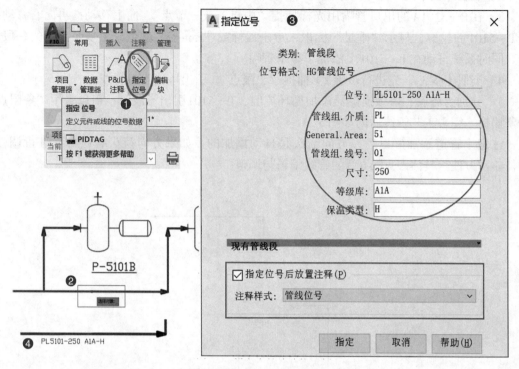

图5.22 指定管线位号示例

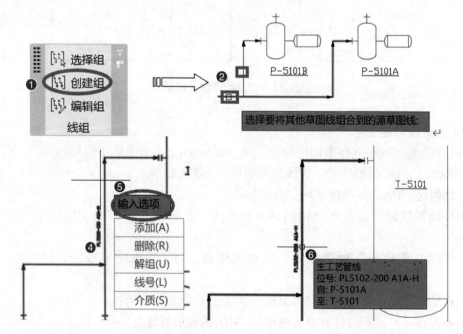

图5.23 创建或编辑"管线组"过程示例

1）**创建管线组**：功能区选项卡➤"线组"➤点击"创建组"。

2）**在绘图区域**，选择两个泵的入口管线，点击 "Enter"，就创建了管线组。

3）参考上述管线的指定位号过程，为管线组指定位号注释。

4）类似地，为双泵的出口管线创建管线组，并指定管线位号。

5）当**选择 "编辑组"** ➤选择管线组，就会弹出5个选项：添加、删除、解组、线号、介质。

6）为管线指定位号注释后，将光标放置于管线或管线组时，会自动出现线的提示信息，包括：类别、位号，前后关联等。

5.4.5　验证图形

"验证"功能可以随时检查图形中是否存在错误，以避免或减少绘图过程中的错误。验证过程主要检测元件与线之间的特性是否匹配，并标识不符合相关标准的任何项目。

以下练习演示如何配置验证、验证图形以及解决常见的错误。

（1）查看验证设置的步骤

1）在功能区上单击 "**常用**" 选项卡➤"**验证**" 面板➤"**验证配置**"。

2）在 "P&ID 验证设置" 对话框中的 "错误报告" 下（图5.24），请执行以下操作：

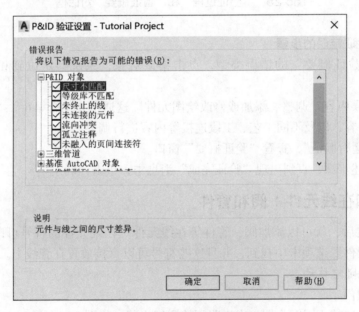

图5.24　P&ID验证设置对话框

◇ 展开P&ID对象节点，并确保选中所有复选框。

◇ 展开基准 AutoCAD 对象节点。

◇ 清除每个复选框，单击 "确定"。

3）注意要查看所有错误类型的描述，请单击每个错误类型（不要选中复选框）。在 "描述" 下，查看错误描述。

（2）验证图形的步骤

1）在功能区上单击 "**常用**" 选项卡➤"**验证**" 面板➤"**运行验证**"，将显示 "验证过程" 对话框。验证完毕后，"验证概要" 窗口会显示验证结果（图5.25）。

2）在"验证概要"窗口中，单击 pid01 图纸的"PG5103—200 A1A—H"错误节点，"详细信息"中会显示具体的错误内容，当前错误类型是"未终止的线"，即 T5101 的塔顶流股没有指定流出相关信息。同时在图纸空间会自适应移动到塔顶管线的末端，用户可以添加新的设备或页面连接符以说明流股终点信息。

3）关闭"验证概要"窗口。

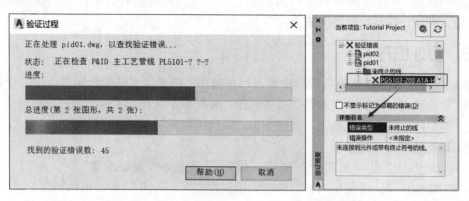

图5.25　"验证过程"和"验证概要"对话框

（3）修复验证错误的步骤

1）查看"验证概要"的错误类型，点击错误对象，系统会定位到相应图纸的相应对象。

2）根据错误内容，调整、添加或修改绘图元件。这通常要结合第6章"P&ID 的编辑与样式定制"的内容，以及不同工艺、工段连接等内容进行调整。

3）再次"运行验证"，查看"验证概要"窗口。

4）重复上述步骤，直到出现"验证完成"消息中，单击"确定"。

5.4.6　添加在线元件：阀和管件

创建管线之后，就可以添加阀、管件等在线元件。在线元件的符号可以在工具选项板的"阀"和"管件"选项卡中找到，并且这些符号可以直接放置在管线上。当移动管线时，这些在线元件也随之移动。

（1）添加阀门

以离心泵出口的止回阀为例，来说明阀的添加步骤，如图5.26所示。

1）在**工具选项板**的"阀"选项卡上，点击所需要的阀门，这里选择"阀" ➤止回阀。

2）鼠标单击**绘图区域**中管线上需要放置的位置，阀门就自动加上去了，管线会自动断开，阀门会根据管道方向自动调整位置。如果觉得太大了，可以用 AutoCAD 自身的缩放命令调节，调整后如图5.26（不建议调整比例，过多的调整比例可能会不协调）。

3）类似地，添加另一个止回阀。

4）同理，为离心泵的进口管线添加闸阀。

（2）添加管件：异径管

为出口管线添加异径管，其步骤如图5.27所示。

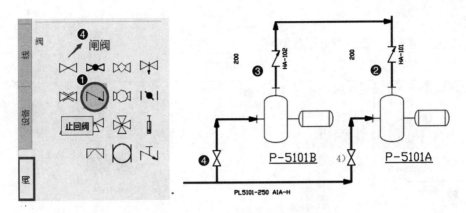

图5.26　添加阀门过程示例

1）在**工具选项板**的"管件"选项卡上，点击所需要的管件，这里选择"管件"➤同心异径管。

2）在**绘图区域**中T—5101塔底采出管线需要放置的位置单击，变径管就添加上了。

3）双击所添加变径管的注释，进行尺寸设置：250×150。

4）添加另一个"同心异径管"，并修改其尺寸为150×250，变径管的方向就会自动改变。这样就相当于将管线局部降低直径，以便于安装控制阀。

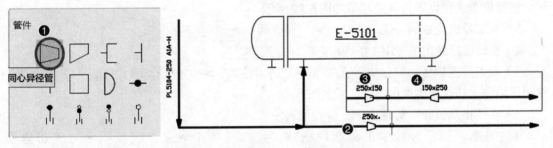

图5.27　添加管件"异径管"过程示例

5.4.7　放置仪表和仪表线

在P&ID中，仪表符号就代表了对工厂设备的控制操作。P&ID PIP工具选项版上已经提供控制阀、安全阀、主要元素符号（流量测量仪器符号）、通用仪表等四类仪表符号。这里对仪表符号的添加进行示例说明。**放置控制阀的步骤如图5.28所示**：

1）在**工具选项板**的"仪表"选项卡➤"控制阀"。

2）在**绘图区域**中T—5101塔底采出管线两个变径管之间的中点位置单击，会弹出"控制阀浏览器"。

3）在"**控制阀浏览器**"左侧的"选择控制阀体"选项栏中选择"闸阀"；在右侧"选择控制阀促进器"中选择"活塞促动器"。单击"确定"。（说明：后续再次选择控制阀时，将不再弹出控制阀浏览器，但可以对"阀体"和"促进器"进行更换）

4）放置好控制阀之后，可能会弹出指定位号的对话框，进行阀的注释放置。也可以不进行标注。

　　5）单击"确定"，就放置好了控制阀。

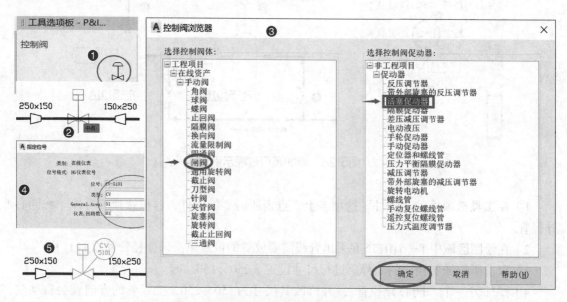

图5.28　放置"控制阀"的步骤过程示例

创建仪表线和仪表符号的步骤如图5.29所示：

　　1）在**工具选项板**的"线"选项卡➤"仪表线"➤"电信号"。

　　2）在**绘图区域**中T—5101塔底附近选择检测点。

　　3）在**工具选项板**的"仪表"选项卡➤"通用仪表"➤"现场离散式仪表"符号○。在**绘图区域**中，捕捉仪表线的终点，放置现场仪表。

　　4）在**"指定位号"对话框**中，设置仪表位号。

　　5）创建气动信号线：**工具选项板**的"线"选项卡➤"仪表线"➤**"气动信号线"**━╫╫━。

　　6）在**绘图区域**中连接仪表LC5101和控制阀CV—5101。由此，就完成了精馏塔塔底的仪表控制设计和图例符号绘制。同理，也可以添加、创建其他的控制方案或者带控制点流程图。

5.4.8　添加页面连接符

　　工艺图中需要清楚注明物流的来源和去向，而受图幅限制常常不能把所有的工艺流程绘制在一张图中，因此就需要图纸或物料接续标志来注释物流走向，包括进出装置或主项的接续标志和同一装置或主项内的接续标志。在P&ID中采用页间连接符（OPC，off page connector）来表示，以保持跨越图形的线的连续性。

　　页间连接符成对使用：一个位于原始页面图形中，一个位于连接页面图形中。离开页面图形的线需要一个"至"连接符。第二个页面图形中相同的线需要一个"自"连接符。这两个页间连接符都由相同的符号表示，并具有相同的连接符编号来标识连续性。**这里采用页间连接符将"pid01"和"pid02"两张图纸的物料进行连接，步骤如图5.30所示。**

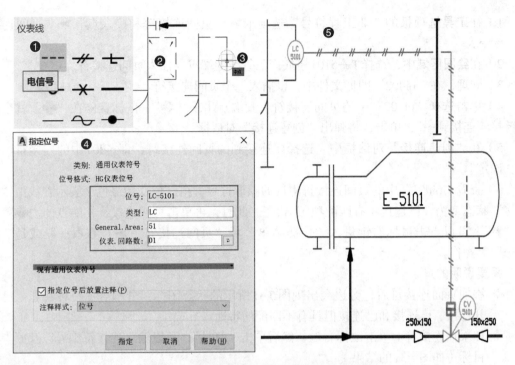

图5.29　创建仪表线和仪表符号的步骤示例

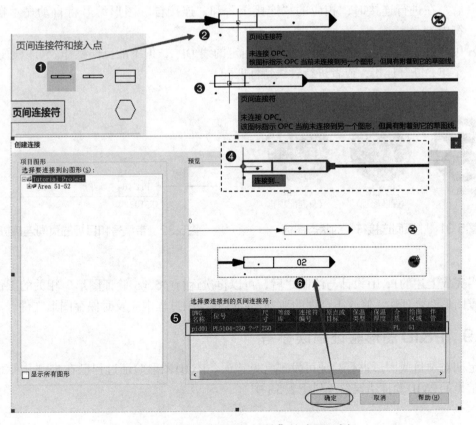

图5.30　创建"页间连接符"的步骤示例

1）在**工具选项板**的"非工程符号"选项卡➤"页间连接符和接入点"➤"页间连接符" ▭。

2）在**绘图区**中，选择T—5101塔底产品管线的端点，插入页间连接符。

3）同理，在"pid02"图形文件中，也插入一个页间连接符。

4）单击选择"pid02"中的页间连接符，其端点出现"✚"；鼠标悬停在"✚"就会出现链接"连接到…"，单击，将弹出"创建连接"对话框。

5）在"**创建连接**"对话框中，选择要连接到的页间连接符，即pid01中的连接符。单击"确定"。

6）查看"pid01"中的页间连接符附近的圆形符号，由红色变为绿色：表示管线由"未连接"状态变为"已连接（有匹配项）"状态。此时，再单击页间连接符，端点的"✚"变为"▶"；可以点击鼠标右键进入"快捷菜单"➤"页间连接符"➤"查看…"或是"断开…"等操作。

需要说明的是：

✧ 添加页面连接符后，旁边会出现图5.31所示的状态图标，分别表示三种状态：已断开连接、已连接和已连接但具有不匹配的特性。

✧ 如果在连接符上单击鼠标右键，然后单击"特性"，可以输入连接符编号以及原点或目标（如图5.31的结果）。

✧ 与连接符编号不同，图形编号是一种图形特性，如图5.32中的"02"。如果在项目管理器中的图形名称上单击鼠标右键，然后单击"特性"，可以输入DWG编号。然后，在进行连接时，相应的"连接至"和"连接自"图形编号将自动显示在连接符内。

✧ 用户可以将未指定的线 OPC 连接到指定的线 OPC，但不能反向操作。可以通过快捷菜单，断开连接，或者进行管线特性匹配。

| 未连接 | 已连接
（无匹配项） | 已连接
（有匹配项） | T5102 → PL5104 \| 02 |

图5.31 "页间连接符"的状态图标 　　　　图5.32 带编号和目标的页间连接符

当完成上述的P&ID设计与绘制之后，可以再次运行"5.4.5 验证图形"相关的工作，以便检查图形的合理性，修改不合理的地方；同时在绘图过程中应及时保存图形文件。

5.4.9 P&ID图形验证错误参考

定期对项目或图形进行验证可发现常见错误。P&ID图形验证过程已在5.4.5中示例，这里将常见的P&ID验证错误参考列于表5.1中。

表5.1 P&ID图形验证错误参考

验证错误参考	示例	描述	更正方法
AutoCAD对象		AutoCAD 对象或块（不是P&ID元件）已插入图形中。虽然此类块看起来像 P&ID 元件，但不在报告或数据管理器中显示	◇ 删除对象 ◇ 忽略错误
尺寸不匹配		线的尺寸与它的关联元件不匹配。这通常是由于手动更改了元件特性造成的	◇ 手动修复尺寸不匹配错误：必须更改连接点上的线尺寸或其关联元件的尺寸，使尺寸匹配 ◇ 忽略错误
等级库不匹配		线或在线元件的规格特性（例如元件材质）不匹配。这通常是由于手动更改了特性造成的	◇ 手动修复等级库不匹配错误。若要更正此问题，更改线或其关联元件的规格特性，使规格匹配 ◇ 忽略错误
未终止线		工序线未通过连接到端线元件来终止，或者未使用表示通气管、水轮廓线、排水管或其他有效终止符的端线符号来终止	◇ 创建与另一条线或另一个元件的连接 ◇ 忽略错误
未连接的元件		虽然线和它们关联的元件看起来好像已连接，但是不存在真正的连接。如果未建立适当的连接，或者把元件从线中拖走，可能会出现该错误	创建与另一条线或另一个元件的连接： ◇ 设备 所有附着点必须连接到草图线 ◇ 通用仪表 至少一条信号线必须连接到通用仪表 ◇ 在线仪表和控制阀 这些元件必须放在管线上 ◇ 储罐和容器 至少连接到一根管线。有放置点则必须在放置点连接到管线
流向冲突		线或元件的流向不正确	◇ 更新流向 ◇ 忽略错误
孤立注释		注释位号已从关联的元件中移开	◇ 将注释拖动到其关联对象的可接受距离或公差之内，或输入新坐标 ◇ 忽略错误
未融入的页间连接符		用于连接当前图形与其他图形的页间连接符未指定有效项目位置	◇ 在其他图形中指定有效连接符 ◇ 忽略错误

5.5 PFD 的设计与绘制

与 P&ID 进行比较，发现物料流程图 PFD 不需要进行管线标注，但需要对管线编号；不需要阀门、管件、仪表等图形符号；需要添加物料衡算表。因此采用 P&ID 模块进行 PFD 绘制时的工作流为：

1）放置设备，并进行设备位号标注；

2）添加管线，通过注释工具进行管线编号（包括主项代号 + 管线号）；

3）添加"物料衡算表"；

4）检查图例符号、设备位号，完善标题栏。

注意：以上过程可以参照 4.1.2 小节的内容。

第 6 章

P&ID的编辑与样式定制

在P&ID的设计与绘制过程中，工具选项板上的元件并不能完全满足实际需求，有些元件仅需要修改编辑符号几何图形；有时则需要定义或创建新的元件。本章将继续以图1.6的P&ID图形为例，在5.4节的基础上，介绍并训练P&ID元件的编辑与新样式定义。

6.1 P&ID元件的编辑与修改

6.1.1 编辑P&ID符号

若仅仅编辑P&ID元件符号，则其注释和其他元件数据会保留下来。例如，P&ID工具选项板包含一个与要使用的精馏塔类似的储罐，但是高度不够，可以编辑该元件并拉伸线以创建一个新的实例。以5.4节中"pid01"中的T—5101修改为变径塔为例，**如图6.1所示编辑P&ID元件符号的步骤：**

1）在功能区上单击"常用"选项卡➤"P&ID"面板➤"P&ID编辑块" ➤在绘图区域中选择T5101。或者，直接右键单击T—5101➤"编辑PID对象的块"。

2）在**"编辑P&ID对象"**工具栏中，根据需要采用CAD命令修改几何图形，如删除、直线（LINE）、圆弧（ARC）等命令，以及捕捉等辅助工具绘制、编辑图形。

3）保存更改并退出块编辑器，就获得了变径塔形式的T—5101符号。

6.1.2 P&ID样式的定制：CAD图块转换

可以将 AutoCAD 对象转换为元件和线，然后将已转换的对象添加到工具选项板，以便在当前项目中使用。例如，可以将一组AutoCAD线转换为"容器"类别定义的元件，此线组或CAD图形将转换为单个元件，包含的数据和图形特性与初始元件相同。容器在数据管理器和相关报告（如"设备列表"报告）中引用。

以创建T—5101塔顶的缓冲罐为例，说明将经典CAD图形转换为P&ID符号的过程（图6.2）：

1）采用CAD命令LINE、ARC等创建图示的缓冲罐图形；其中的尺寸标注仅作为绘图参考，需要转化的只是缓冲罐形体。

2）选择整个缓冲罐CAD图形，点击右键➤选择**"转换为PID对象"**。

3）在"转换为P&ID对象"对话框中，"类别"窗口➤"工程项目"➤"设备"➤"储

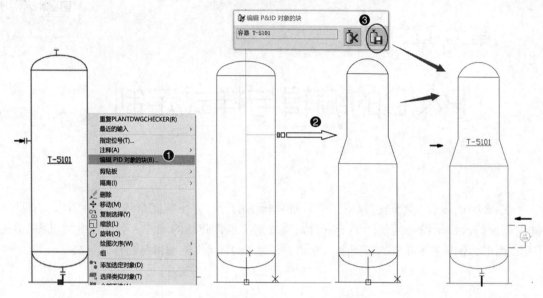

图6.1 编辑P&ID元件符号示例

罐"➤单击选择"容器",点击确定。

4)进行"指定插入基点"设置,选择缓冲罐的"中点"。由此就将CAD图形转换成了PID图块,并且设置为具有容器属性的元件。

5)采用缩放命令"SCALE",并输入缩放比例5,以放大图形;并选择对象将其移动到T—5101塔顶附近,指定位号V—5101。

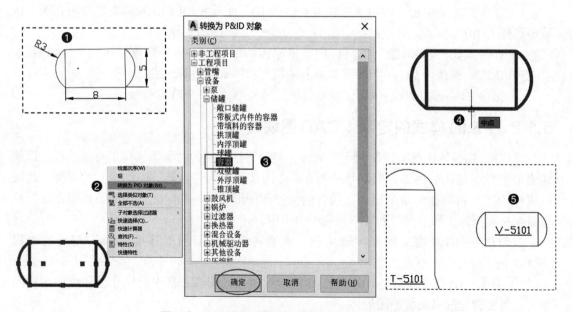

图6.2 CAD图形转换为P&ID符号的过程示例

6.1.3 线组转换为 P&ID 管线元件

除了 CAD 图形转换为 P&ID 设备元件，也可以将 AutoCAD 线和多段线（包括样条曲线或带圆弧的多段线）转换为被识别为 P&ID 数据的线类别定义。转换 AutoCAD 线时会在数据管理器中为该线添加一条记录，并将它包含在报告中。可以指定 P&ID 线特性，如尺寸、介质和等级库。

注意：已转换的 AutoCAD 线的动态行为与 P&ID 草图线不相同。例如，当在线元件插入到线中时，已转换的线不会自动打断，它没有流向特性。

图6.3示例了将线或多段线转换为 P&ID 管线元件的过程：

1）采用 CAD 命令 LINE、ARC 等创建图示的线组，采用"JOIN"命令将其联合；或者采用"POLYLINE"命令来创建。

2）选择 CAD 线组，点击右键➤选择"转换为 PID 对象"。

3）在"转换为 P&ID 对象"对话框中，选择"类别"窗口➤"工程项目"➤"线"➤"管线段"➤单击选择"主工艺管线"，点击确定。

4）由此就将线组转换成了 PID 管线，且包含了管线特性（流向箭头和蓝色粗实线）。

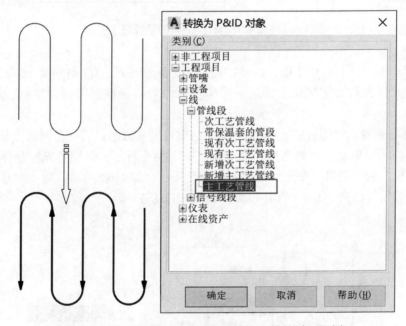

图6.3 CAD线组转换为P&ID管线元件的过程示例

6.1.4 设备元件的移动和优化布图

进一步完善"pid01"图纸的设备内容，添加塔顶冷凝器和回流泵，结果如图6.4所示。

1）在**工具选项板**➤"设备"选项卡➤"TEMA 型换热器"➤单击"BEM 换热器" ⬛，将其放置在塔顶附近；采用"MIRROR"命令将其对称放置；然后指定设备位号为 E—5102。

2）在**工具选项板**➤"设备"选项卡➤"泵"➤单击"卧式离心泵" ⬛，将其放置在塔顶附近，并为其指定设备位号为 P—5102A/B。

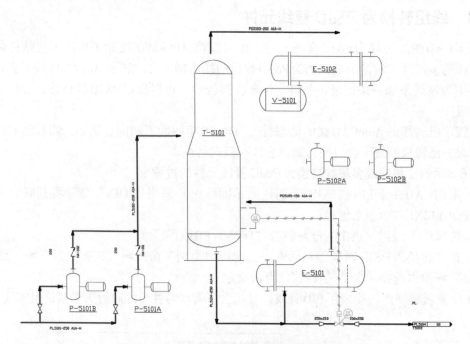

图6.4　完善冷凝器和回流泵的精馏塔工艺图

　　图6.4目前的布图不太合理，T—5101左侧设备较稀疏，右侧则比较密集。可以直接移动设备元件进行布图优化，为进一步添加管线、仪表控制等预留空间。其步骤简介如下：

　　1）在**命令栏**输入"MOVE"，选择P—5101A/B连同其进出口管线，同时上移。

　　2）单击E—5101元件，将出现"⚙"和"▼"两个符号，分别将光标悬停其上，将弹出"**移动元件**"和"**用另一个元件替代**"的命令提示，如图6.5所示。单击"**移动元件⚙**"，颜色变红就可以移动E—5101。将其移动到T—5101的左下侧。

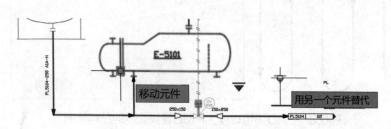

图6.5　设备元件移动或替换命令提示

　　3）同2）相似，调整T—5101塔顶回流相关的设备位置，结果如图6.6所示。

　　4）从图6.6会发现，经过设备元件的编辑，部分管线与其断开连接，特别是人工添加的管嘴会消失。而移动设备元件（如E—5101）则管线随之发生变化，但是管线位号并不随之移动。由此，需要进一步编辑草图线或者完善工艺管线。

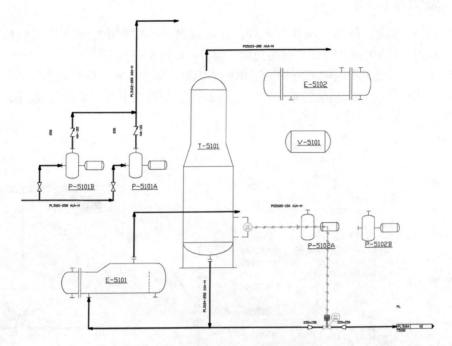

图6.6　优化设备布图后的精馏塔工艺图

6.2　线的编辑

6.2.1　管线移动和连接

　　管线添加好以后，方向箭头是自动添加的。选择E—5101的出口管线，则会显示$A \sim D$四种夹点，如图6.7所示：A点是**连接夹点**，表示P&ID草图线已连接到元件或其他草图线；B点是**左右移动夹点**，C点是**上下移动夹点**，D点是**未连接夹点**。单击这些夹点，颜色会变为红色，并可以进行相应的草图线移动或连接操作。如单击的D点，将其移动到T—5101左侧并捕捉垂足，就会自动产生管嘴，并与塔相连。

PG5105-150　A1A-H

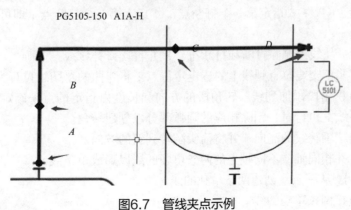

图6.7　管线夹点示例

6.2.2 编辑草图线

绘制好的草图线，包括管线和仪表线，都可以进行一定程度的编辑，以液位控制的 LC5101 的气动信号线为例，进行"应用拐角"编辑，如图 6.8 所示。

1）在气动信号线上右键单击➤快捷菜单➤"编辑草图线"➤"应用拐角"。

2）在气动信号线上选拐角的第一个点"最近点"和第二个点"垂足"，就形成具有拐角的信号线。

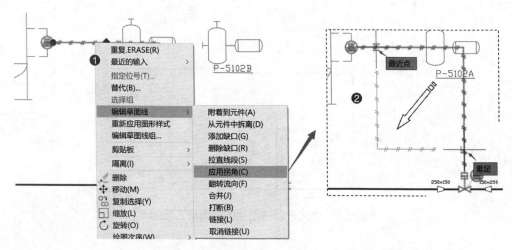

图6.8 "编辑草图线"快捷菜单和"应用拐角"示例

3）也可以通过功能区："常用"选项卡➤"草图线"面板➤"编辑草图线"；然后选择需要编辑的草图线对象，将出现类似的编辑草图线选项（如图 6.9 所示的"输入选项"），各编辑功能的简介如下。

◇ **附着** 将线附着到元件（虽然线和元件在视觉上可能未附着）。当 P&ID 图形上的空间有限时，使用此选项。

◇ **拆离** 从元件上拆离附着的线。

◇ **打断（Gap）** 在线穿过元件的位置添加打断和打断符号。带有缺口的线仍然是单条线。缺口只是视觉上的。**如图 6.9 所示编辑草图线过程：**①选择草图线；②输入选项➤"打断（G）"；③指定第一个打断点；④指定第二个打断点；即可形成最终的打断效果。

◇ **取消打断** 从线上删除打断和打断符号，并自动修补该线。

◇ **拉直** 将非正交线拉直到线上的选定定位点；将弯曲的草图线拉直为直线。

◇ **拐角** 将拐角段添加到线，转角段的方向和长度由指定的点来确定。当此操作在弯曲的草图线上执行时，删除相应的圆弧部分以创建转角。

◇ **翻转流向** 翻转线的流向，并将箭头翻转到新的方向。

◇ **合并** 合并相同轴或不同轴上的两条单独的线以形成单条线。

◇ **打断（B）** 从一条线创建两条单独的线。

◇ **链接** 链接两条单独的线。

◇ **取消链接** 取消以前两条线之间的链接。

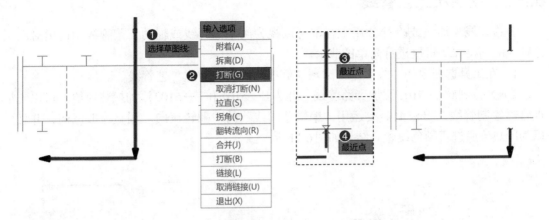

图6.9　编辑草图线"打断（G）"的过程示例

进一步借助创建管线、管线夹点、编辑草图线选型等功能，对图6.6中不合理的管线进行编辑和完善：

1）如单击图6.7中所示的D点，将其移动到T—5101左侧并捕捉垂足，就会自动产生管嘴并与塔相连。

2）将P—5101A出口管线与T—5101相连，并调整管线位号。

3）将管线PG5103与塔顶相连，并与E—5102相连。

4）在**工具选项板**➤"线"选项卡➤"管线"➤单击"主工艺管线"，将E—5102、V—5102、P—5102A/B和T—5101相连接，结果如图6.10所示。

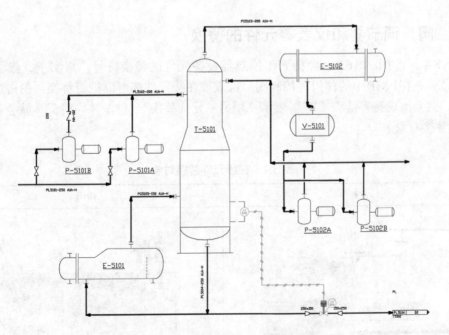

图6.10　精馏塔工艺流程图示例

6.2.3　创建次工艺管线

旁路管线、加热或冷却公用工程都可以视为次工艺管线或辅助工艺管线，这里对次工艺管线的创建和编辑也进行简单的演示。

1）在**工具选项板**的"线"选项卡➤"管线"➤单击"次工艺管线"。

2）为控制阀CV5101添加旁路管线；并为E—5101和E—5102添加换热流股，可以先捕捉管嘴绘制管线，再根据需要运用"编辑草图线"的"翻转流向"调整流股流向，并且可以为冷热流股进行颜色设置。结果如图6.11所示。

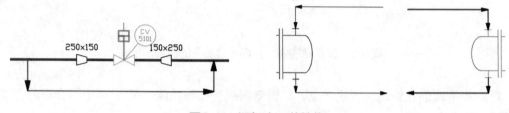

图6.11　添加次工艺管线

3）说明：添加工艺管线过程，若管线交叉，其中一股管线会自动打断；若工艺管线和设备符号重叠，则可以通过"编辑草图线"中的"打断"选项进行处理。

6.3　在线元件替换

6.3.1　阀、调节器和仪表等元件的替换

在6.1.4小节中的图6.5已经提到了换热器设备元件的替换符号，事实上，除了设备元件，已经放置在P&ID中的阀门、控制阀、仪表等在线元件都可以进行替换，单击这些在线元件时，就会出现替换箭头"▼"表示"用另一元件替换"；单击替换箭头，就会弹出如表6.1所示替换对象。

表6.1　在线元件替换对象

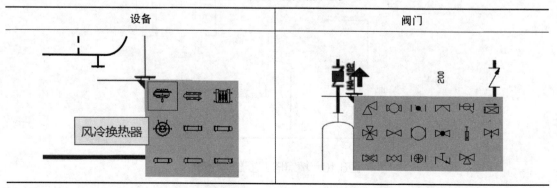

设备	阀门

调节器	仪表
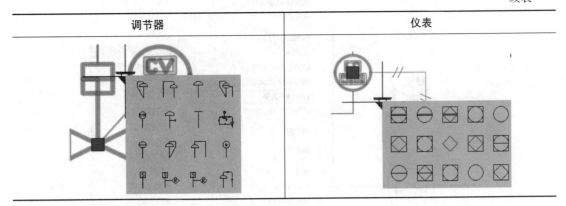	

6.3.2　在线元件的端点连接状态

同时，对于在线元件（如阀和在线仪表），可能需要显示端点连接的类型或其打开/关闭状态。设置端点连接时，符号会自动显示端点连接中的更改。如表6.2所示的设置端点连接状态；如果工具选项板包含打开或关闭状态的符号，在进行更改时该符号会自动更新。否则，打开或关闭状态会在"特性"选项板中反映。可以按下面的方法设置打开或关闭状态。

表6.2　在线元件的端点连接状态

端点连接状态		"特性"选项板设置打开或关闭状态	
连接状态	图形显示	打开或关闭状态	"特性"设置
法兰	⊣▷◁⊢	正常打开（"默认"），液体可以流动，不用人来手动打开阀；可以始终设置为关闭。	NO
承插焊接	●▷◁●	正常关闭，液体不能流动。可以始终设置为打开，但必须手动设置。	NC
焊接	▶◀	打开锁定/关闭锁定	LO/LC
未指定（"默认"）	▷◁	打开铅封/关闭铅封	CSO/CSC

图6.12给出了设置阀的端点连接类型和打开或关闭状态的步骤：

1）打开包含阀的图形，选择阀。

2）在绘图区域中，在阀上单击鼠标右键。单击"设置端点连接"，然后选择一个端点连接类型（例如："法兰FLANGED"）。

3）在阀上单击鼠标右键。单击"设置打开/关闭状态"，然后选择一种状态（例如："打开铅封"）。

4）如果需要替换已设置了一种状态的阀（例如，如果需要将法兰闸阀更改为法兰球阀），则同时需要替换阀以前的端点连接和打开或关闭状态。

注意:也可以从"特性"选项板或数据管理器设置端点连接和打开或关闭状态（如表6.2）。

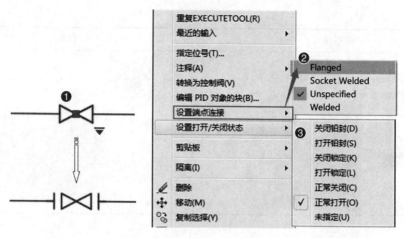

图6.12　添加次工艺管线

6.3.3　从数据管理器将关联注释放置在P&ID图形中

可以对元件和线进行注释：在绘图区域中，右键单击要注释的元件或线➤"注释"➤注释选项（选项取决于选定的元件或线）➤根据提示在图形中单击以放置注释。

通过从数据管理器拖动单元格值放置的注释是关联注释。在移动带有关联注释的P&ID对象时，注释也会随之一起移动。更改数据表中的注释数据时，图形中的注释也会相应地更新。

使用数据管理器添加到图形中的注释继承默认的 AutoCAD 文字样式。可以通过更改AutoCAD文字样式来更改注释的文字样式；但是，不能使用AutoCAD文字编辑命令来编辑注释：

1）在功能区上，单击"常用"选项卡➤"项目"面板➤"数据管理器" ▦。

2）在数据管理器的下拉列表中，单击适用的数据视图。

3）在树状图中，单击要显示的节点。

4）单击要用于对 P&ID 对象进行注释的单元格，然后将单元格从数据表拖动到绘图区域。

5）并在要放置注释的绘图区域松开鼠标按钮。

6.4　等级库驱动的 P&ID

等级库驱动的 P&ID 功能允许 P&ID 查找/参考 Plant 3D 等级库文件，以便P&ID绘图人员知道P&ID中的对象是"在等级库中"（在管道等级库中找到），还是"不在等级库中"（也称为"偏离等级库"，即在管道等级库中找不到）。

因为 Plant 项目中同时进行大量工作，所以当绘制P&ID时，管道等级库通常也处于使用状态（或刚开始使用），因此该功能的使用方法更可能是向用户发出通知，而非限制用户。最后，用户需要先完成P&ID图形，不能等到每个管道等级库都完成后才去进行P&ID图形的绘制。

此外，可以根据等级库验证管道：

◇ **P&ID 线**　由于 P&ID 线是草图形式的，并且可由管道、弯头、T 形三通以及其他部件组成，P&ID 线仅根据管道等级库中的管道元件进行验证，因为管道元件是任何该尺寸管道的基础。例如，如果在等级库 CS300 中没有 8 英寸管道，则 P&ID 中的 8 英寸 CS300 线将视为 "偏离等级库"。

◇ **P&ID 元件**　P&ID 元件根据等级库中的相同对象进行验证，闸阀根据等级库中的闸阀（而非截止阀）进行验证。

◇ **非等级库项目（仪表）**　P&ID 还显示通常不包含在管道等级库中的对象，如包含控制阀的仪表。

6.5　P&ID 样式定制

对于 P&ID 的绘制标准，每个国家都有自己的标准和图例，《HG/T 20519—2009 化工工艺设计施工图内容和深度统一规定》有推荐的图例。该图例与软件内置的 P&ID PIP 接近，在其增加图例即可。位号定制已经在 5.3.3 位号格式设置中介绍过。本节继续介绍 P&ID 符号定制和管线定制。花些时间把自己需要的图例都转换过来吧，这样就可以一劳永逸了。

6.5.1　P&ID 符号定制

以离心泵为例，演示自定义符号。

（1）制作包含图例块的文件

1）**创建块文件**　创建一个新 AutoCAD 绘图文件，并命名 "hgpid.dwg"。将工作空间切换为 "草图与注释"。

2）**选择 P&ID PIP 标准中的泵符号作为参考**　使用已有块作为参考，可以帮助创建的 P&ID 符号图形大小和系统保持一致；在相近的图上修改也可以节省时间。在数据管理器的下拉列表中，单击适用的数据视图。

◇ 单击快速访问工具栏上的 "打开" 按钮 ，打开项目所在的文件目录（例如：C:\2020\ Tutorial Project），选择 "projSymbolStyle.dwg" 文件。

◇ 按 "Ctrl+2" 键，打开设计中心。在 "打开的图形" 中选择 "projSymbolStyle.dwg" 文件，找到 "PIP 离心式鼓风机" 的块，选择该块，按住鼠标左键，拖到 "hgpid.dwg" 文件中（图 6.13）。

◇ 双击鼠标，放大图形。右键该图形，在快捷菜单中选择 "块编辑器"，打开 "PIP 离心式鼓风机" 动态块（图 6.14）。其中包含两个重要点参数：AttachmentPoint1 和 AttachmentPoint2，用于指定管线连接位置。

◇ 关闭块编辑器。

3）**创建 HG 块**　用分解命令 "EXPLODE"（缩写 X）将该块分解，改造成离心泵图样；修改或添加点参数（如图 6.15，该步骤也可以在图 6.16 创建块之后操作）；运用创建块（BLOCK）命令，将图形作成块（图 6.16）：名称为 "hg 离心泵"，块单位设为无单位；勾选 "在块编辑器中打开" 复选框，点击确定，就可以在图 6.15 上添加点参数。**说明**：点参数的个数和位置定义了 P&ID 元件的连接点和连接位置。

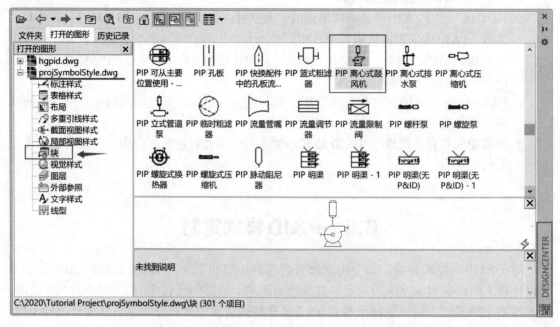

图6.13　P&ID PIP标准中的PIP离心式鼓风机

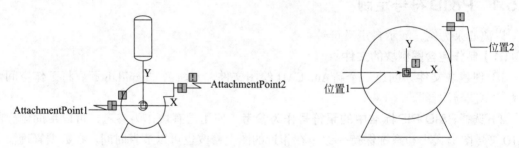

图6.14　PIP离心式鼓风机动态参数　　　　图6.15　修改块文件并添加点参数

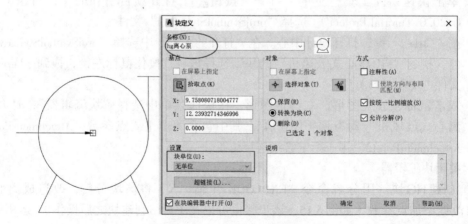

图6.16　"块定义"对话框

（2）在项目设置中使用自定义 P&ID 符号

1）切换工作空间至"P&ID PIP"，功能区➤"常用"选项卡➤"项目"面板➤"项目管理器"➤选择"项目设置"选项，打开"项目设置"对话框。

2）在"项目设置"对话框左侧的目录树中，P&ID DWG 设置➤"P&ID 类别定义"➤"工程项目"➤"设备"➤"泵"➤"离心泵"，如图 6.17 所示。

3）在"项目设置"对话框右侧窗口的"类别设置：离心泵"中，单击"添加符号"按钮。弹出"添加符号-选择符号"对话框。

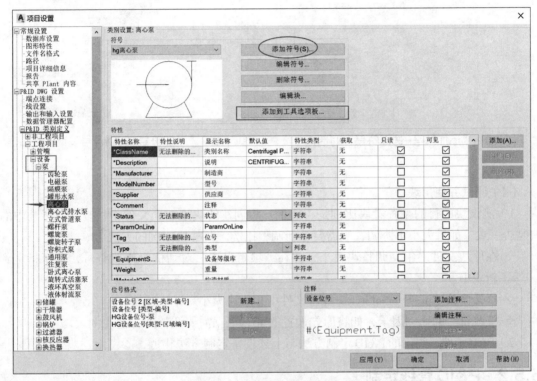

图6.17　"项目设置"对话框

4）在**"添加符号-选择符号"**对话框中进行如图 6.18 的操作：在"选定的图形"下拉列表右侧单击"···"按钮，选择刚刚创建的"hgpid.dwg"文件；在"可用块"列表中选择"hg 离心泵"，单击"添加>>"，"hg 离心泵"就会出现在"选定的块"的列表中，以及显示相应的预览图像；单击"下一步"。

5）在弹出的**"添加符号-编辑符号设置"**对话框进行如图 6.19 所示的设置。或在目录树中，P&ID DWG 设置➤"P&ID 类别定义"➤"工程项目"➤"设备"➤"泵"➤"离心泵"，如图 6.17 所示。单击"完成"就会出现图 6.17 的结果。

（3）将块添加到工具选项板

1）在图 6.17 右侧窗口的"类别设置：离心泵"中，单击"添加到工具选项板"，自定义符号就添加到工具选项板了。

2）添加位置为当前工具选项板位置，如果不在"泵"选项板标签下，可以鼠标按住该图形拖动至泵分类下。

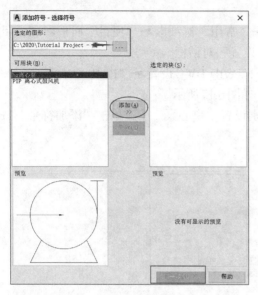

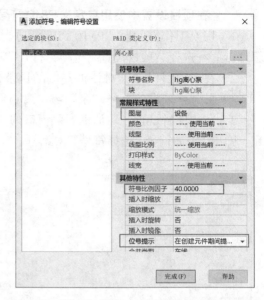

图6.18　"添加符号–选择符号"对话框　　　　图6.19　"添加符号–编辑符号设置"对话框

（4）测试并使用块

1）测试块的目的是查看块比例是否协调。将创建的块添加到文件中，查看与标准中的块是否一致。如果大小不协调，则需要重新调整比例。调整块比例的方法：

✧ 在原块文件之中，调整块大小，并在"项目设置"对话框中修改符号，重新指定到新块中。

✧ 直接修改"projSymbolStyle.dwg"文件中相应块大小。

✧ 修改符号的比例因子，如将原先设置的40，根据需要调整到合适比例。

2）管道元件、阀门的P&ID定制方法与上述设备定制方法相近，参考上述步骤即可。

6.5.2　P&ID 管线定制

HG/T 20519—2009中规定了许多管线样式，但PIP标准中的管线比较少。这里以蒸汽伴热管道（由一根粗实线和一根细虚线组成）为例，说明P&ID管线定制过程。

（1）创建双线样式

1）打开"projSymbolStyle.dwg"文件，在命令栏输入命令"MLSTYLE"，新建"hg蒸汽伴管"样式，单击"继续"按钮（如图6.20）。

2）修改样式设置，修改样式中的偏移、颜色和线型（如图6.21）。

（2）在"项目设置"对话框中添加蒸汽伴热管道并设置

1）打开"项目设置"对话框，在左侧的目录树中，P&ID DWG设置➤"P&ID类别定义"➤"工程项目"➤**"线"**➤"管线段"分类，右击"管线段"选项➤"新建"。在弹出的"创建类别"对话框中填写"类别名称"：hg蒸汽伴热管道。如图6.22所示。

2）设置"hg蒸汽伴热管道"。如图6.23：①单击"编辑线"按钮，在打开的"线设置"对话框中进行如图6.23的设置，单击"确定"；②将特性窗格"Tracing"伴管设置为"ST"（蒸汽伴热）；③单击"添加到工具选项板"按钮，将符号拖动到"管线段"分类下（图6.24）。

图6.20　新建"hg蒸汽伴管"样式

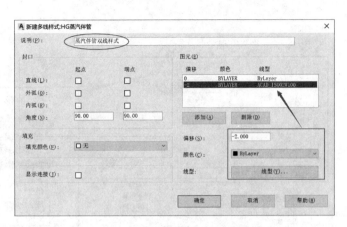

图6.21　蒸汽伴管样式设置

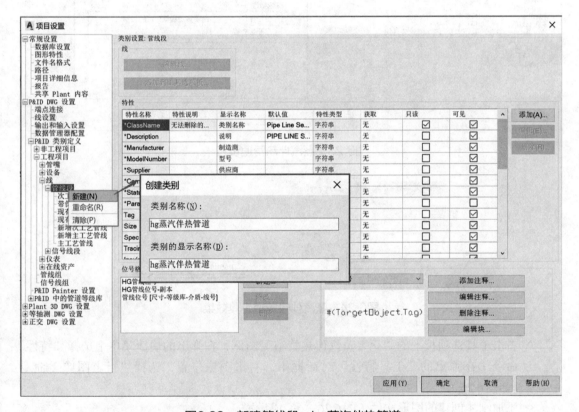

图6.22　新建管线段：hg蒸汽伴热管道

（3）测试应用

1）在P&ID图纸中放置一条蒸汽伴热管线，并指定位号，效果图如图6.24所示。

2）上述管线在选项板中还是单线，且颜色是黑色，需要修改其在选项板中的图像。方法如下：

◇ 创建一个蒸汽伴热管线的图像文件，文件格式为png。图中内容为蒸汽伴热管线，图像需要有深色主主题和浅色主题两个单独的图像文件。

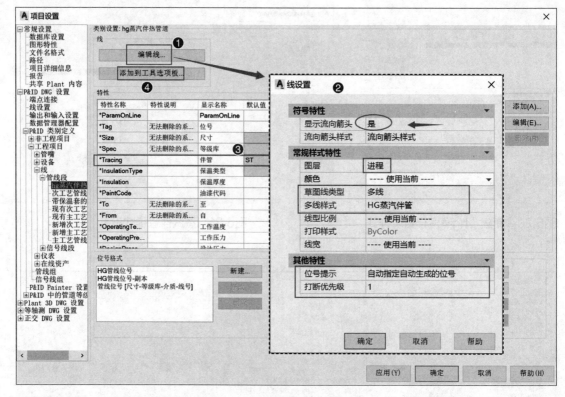

图6.23 蒸汽伴热管道设置

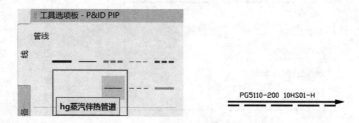

图6.24 蒸汽伴热管道工具效果

❖ 右击工具选项板上的"化工蒸汽伴热管道"图例，在弹出的快捷菜单中选择"特性"命令；在弹出的"工具特性"对话框中，右击图像位置，选择"指定图像"命令（如图6.25）。

❖ 添加刚才创建的图形文件（图6.26），完成设置。

6.5.3 新建工具选项板

之前已经演示了将P&ID定制样式符号或管线放入工具选项板的过程。为便于管理和使用也可新建一个工具选项板专门放置符合GB或者HG/T20519—2009的图例符号。

比如创建新的工作空间"P&ID HG"，如图6.27所示：

1）命令栏输入"CUI"，按"Enter"键，就会弹出"自定义用户界面"对话框。

2）点击"PIP工作空间"，复制➤粘贴➤重命名——"P&ID HG"的工作空间。

3）读者可以进一步尝试添加、修改工具选项板。

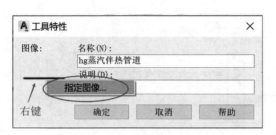

图6.25 "工具特性"对话框

图6.26 "指定图像"对话框

图6.27 基于"P&ID PIP"工作空间创建新的工作空间示例

创建新的工具选项板的选项卡，如图6.28所示：

1）右击工具选项板，点击"新建选项板"，如下图6.28：新工具选项板的名字改为HG 20519。

2）可以按6.5.1和6.5.2小节的内容添加P&ID图例，也可以直接将相关图例拖动到改选选项板。通过右键，还可以对选项卡进行"添加文字""添加分隔线"等分类设计。

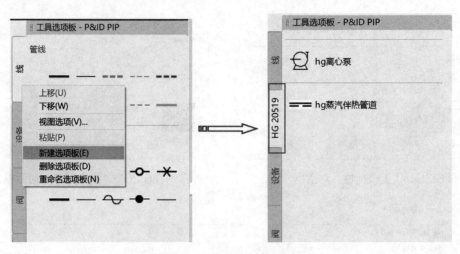

图6.28　创建新的工具选项板

Plant 3D 模块篇

流程工厂的三维工厂模型（Plant 3D）是由许多子信息模型组成，多专业协同完成。例如一个化工厂包含了建筑模型、结构模型、设备和管道模型、电气模型等子信息模型，管道模型又由管道、管件等元素组成，每个元素包含了物理特性数据和功能特性数据，或者说每个元素包含了几何和工艺特性数据。Plant 3D 模块将逐一示例介绍结构模型、设备模型、管道模型的创建过程，并进一步演示借助正交图形和等轴测图（ISO）将这些三维模型转化为合适的化工布置图和管段图。

 实训目标

◇ 了解 Plant 3D 的绘图、工作环境。
◇ 掌握创建结构模型的工作流和设计绘图过程。
◇ 掌握创建设备模型的工作流和设计绘图过程。
◇ 能够借助正交图形将结构、设备模型转换为二维的化工设备布置图。
◇ 掌握创建管道模型的工作流和设计绘图过程。
◇ 能够借助正交图形将设备、管道模型转换为二维的化工管道布置图。
◇ 掌握正交视图的创建过程。
◇ 了解等轴测图 ISO 的工作流和设计过程。

第 7 章

三维工厂之设备布置

7.1 漫游 Plant 3D 绘图环境

7.1.1 绘图界面

打开项目文件，将转化工作空间选择为"三维管道"，将显示如图7.1所示的用户界面，包括应用菜单、功能区选项卡、项目管理器、绘图区域、命令窗口等面板和模块区域。

"项目管理器"可以组织管理项目，图形，输入、输出数据，以及通过"项目设置"配置项目和绘图环境，例如符号、位号规则、注释特性、图层、颜色和数据管理器视图。

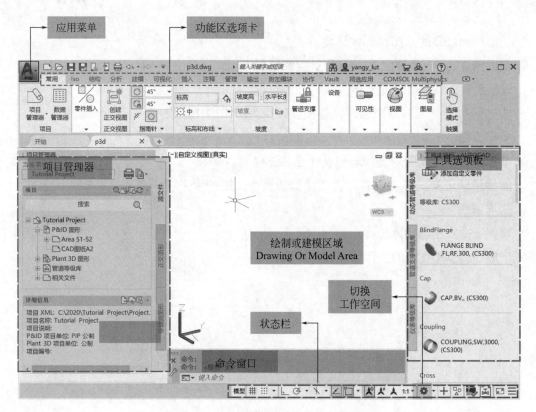

图7.1 Plant 3D软件的用户界面

Plant 3D工作环境下，仍然保留了AutoCAD、P&ID模块的许多特色功能，如2.1.4小节中的特性选项板，快捷菜单、夹点辅助工具、状态栏、工具提示信息等。在调用绘图或编辑命令上，也和前述的操作方法类似，只是增加了许多三维特性和功能。

"三维管道"工作空间与二维的AutoCAD或P&ID PIP的界面差异主要有：

1）功能区选项卡的类别不同，包含"ISO""结构""建模"等三维选项卡；

2）功能区各面板的内容、工具和相应命令按钮不同，如图7.2所示的功能区"常用"选项卡所包含的面板和命令按钮；

3）工具选项板内容不同。

图7.2 "三维管道"工作空间下的功能区"常用"选项卡内容

7.1.2 工具选项板

Plant 3D的工具选项板包含动态管道等级库、管道支撑等级库、仪表等级库，主要应用于创建管道模型或者布管过程，如图7.3所示。其应用将在后续章节中示例。

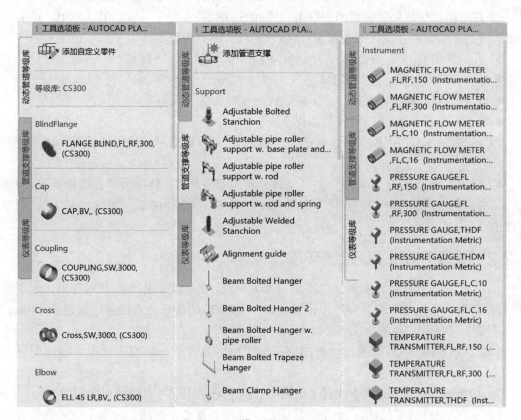

图7.3 "Plant 3D"工作空间下的工具选项板

7.2 在项目环境中工作

在项目环境中工作时，Plant 3D 的工作流如图 7.4 所示。

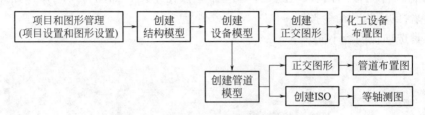

图7.4 三维模型设计与编辑的工作流

7.2.1 创建 3D 新图并组织项目文件

创建或打开项目的步骤不再演示，详细内容请参见"2.2 和 2.3 小节"。这里从为已打开的项目"Tutorial Project"创建新的项目图形文件开始，演示 Plant 3D 建模绘图过程。

创建新的 Plant 3D 图形文件并对这些图形文件进行组织管理的步骤如图 7.5。

1）在"项目管理器"树状图中单击"Plant 3D 图形"。在"项目"工具栏中，单击"**新建图形**" ；或者：直接在"Plant 3D 图形"上右键➤"新建图形"。

2）在"新建 DWG"对话框的"图形名称"下，请执行以下操作。

■ 在"文件名"下，输入 p3d01。

■ 可以选择 DWG 样板文件，即更换默认的样板文件"*.dwt"。

■ 单击"确定"，完成图形文件创建。

3）单击"p3d01"图纸文件，右键➤"特性"，可以对图形特性进行设置，比如绘图区域：51。

4）双击打开新建的"p3d01"图纸文件，**将工作空间** ✿ ▾ **转换为"三维管道"**；调整绘图区域的视角：功能区➤"可视化"选项卡➤"视图"面板➤单击"西南等轴测"，调节绘图视角。

7.2.2 设置 Plant 3D 绘图环境

Plant 3D 提供默认项目配置，以满足三维工厂设计的需要。作为项目管理员，可以使用"项目设置"对话框修改项目和图形设置，如在 5.3.3 节的位号格式设置等指定给"Plant 3D DWG 设置"中的相应对象。

AutoCAD Plant 3D 可以通过设置图层，将图形对象分类，以便于管理。创建图层步骤如下：

1）功能区"常用"选项卡或者"结构"选项卡➤"图层"面板➤"图层特性"。

2）在图层特性管理器中，单击新建图层，连续新建若干图层，分别重命名为杆件、栅格、平板、楼梯、扶手等，并对各图层的颜色进行设置，如图 7.6。单击左上角关闭按钮，关闭图层特性管理器。当然也可以在后续绘图过程中继续添加相应的图层。

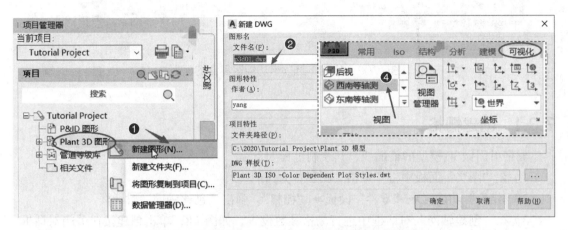

图7.5　新建Plant 3D图形并调整视图的步骤示意

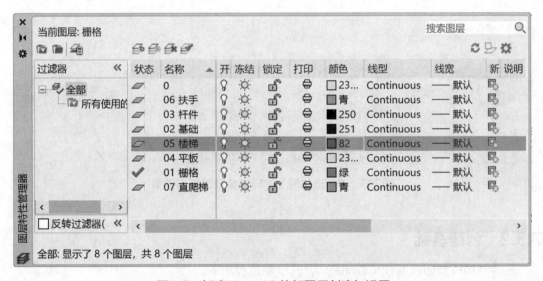

图7.6　新建Plant 3D的新图层创建与设置

7.3　创建结构模型

AutoCAD Plant 3D 提供了一系列命令来创建较为简单的结构模型。结构模型为车间设计提供骨架支持，承载工艺设备及管道。当然，如果要创建更为复杂的结构模型，则需要借助其他专业软件，如Autodesk Revit和AutoCAD Architecture。AutoCAD Plant 3D支持以上软件的文件导入。

我们可以单击功能区的主菜单栏中的"**结构**"选项卡，功能区包含的面板如图7.7所示。其中，形状模型 可以调整模型的显示形式；设置 可以进行杆件、扶手、基脚、楼梯、阶梯的相关设置。

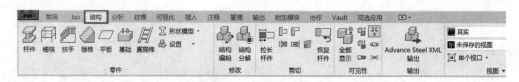

图7.7 "结构"选项卡功能区包含的面板

7.3.1 创建栅格

栅格可用做3D模型的辅助线，其绘制过程如下：

1）在"图层"面板中将"栅格"图层置为当前。

2）"**结构**"功能区➤"**零件**"面板➤"**栅格**"，弹出"**创建轴网**"对话框。

3）在"**创建轴网**"对话框中进行栅格参数设置，如图7.8，单击**创建**按钮关闭对话框，完成栅格创建。观察会发现，创建的网格在X、Y、Z轴各自方向上都标记着网格节点。

图7.8 "创建轴网"的栅格参数设置与结果

7.3.2 创建基础

先为结构模型创建基础（Footings），其绘制过程如下。

1）在"图层"面板中将"基础"图层置为当前；

2）"**结构**"选项卡➤"**零件**"面板➤"**基础**"，弹出"**基础设置**"对话框。

➤ **注意**：当再次调用这个命令时，不再弹出该设置对话框，而是沿用上一次的设置值；在命令栏中点击"设置（S）"，就会弹出"**基础设置**"对话框。

➤ 类似地，杆件、扶手、楼梯、直爬梯等命令，再次调用时都需要在命令栏中点击"设置（S）"来弹出相应的"****设置**"对话框。

3）在"**基础设置**"对话框中进行几何图形、材质的设置，如图7.9，单击"**确定**"。

4）在右下方状态栏开启**对象捕捉**，选中端点、交点、节点，选择栅格下方相应点放置基础。结果也列在图7.9中。

➤ **提醒**：在三维模型中应用对象捕捉时，通常需要借助 ViewCube 来调整视角 。

➤ 例如，当前在西南视角下，由于栅格的单元为立方体结构的栅格，不同顶点会有重叠，不便于"顶点/交点"捕捉，可以先借助 ViewCube 的方向带进行微调，再进行对象捕捉。

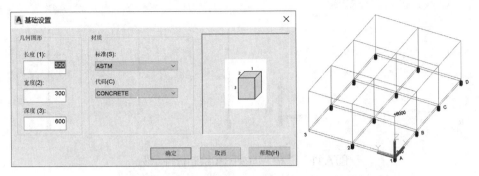

图7.9 "基础设置"对话框的几何图形与材质设置和绘图结果

7.3.3 创建杆件并对结构杆件的修改

（1）创建结构杆件

创建结构杆件（Structural Members）的过程示例如下。

1）在"图层"面板中切换到"杆件"图层。

2）在功能区单击"**结构**"选项卡➤"**零件**"面板➤"**杆件**"，在命令栏中选择"设置（S）"，弹出"**杆件设置**"对话框，如图7.10，然后进行杆件绘制。也可以先进行"杆件设置"："**结构**"选项卡➤"**零件**"面板➤"**设置**"菜单➤"**杆件设置**"，会同样弹出图7.10的"**杆件设置**"对话框，设置之后再选择"杆件"命令进行绘图。

3）在"**杆件设置**"对话框中进行形状标准、形状类型、形状大小、材质标准等相关特性的设置。单击"**确定**"。这里将柱子的类型选为：HEA-120。

4）切换视图方向为"**左**"，在右下方状态栏开启**对象捕捉**，执行"杆件"绘图命令，结果如图7.11所示。也可以不进行视图方向调整，直接捕捉对象们进行杆件绘制。

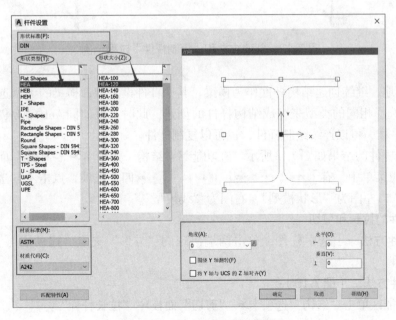

图7.10 "杆件设置"对话框

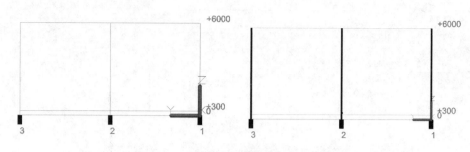

图7.11 "左"向视图和绘制杆件示例

"复制杆件"过程示例。

5）返回西南等轴测视图，在命令栏输入"COPY"选中全部杆件；也可以先选中杆件，**右击➤"复制选择"**。

6）指定基点：选择定点位置（0，0，6000）；进而选择栅格的相应顶点，完成立柱的创建（图7.12）；再删除节点"3"上面的立柱。

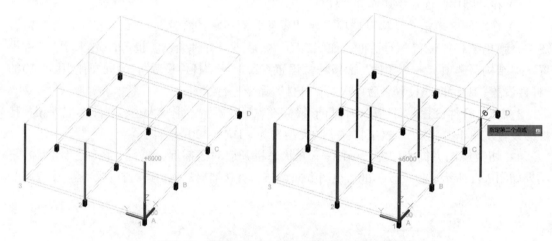

图7.12 创建立柱和"复制杆件"过程示例

7）类似地，继续创建结构杆件作为横梁，其中杆件设置中，横梁的类型选为IPE-100。当然也可以选择相同的类型来完成结构杆件的创建，此时，就如同AutoCAD创建空间直线一样的画法一样，可以连续绘制杆件，也可以复制杆件。

8）创建杆件的结果如图7.13所示。在功能区"**结构**"选项卡➤"**零件**"面板➤"**形状模型**"的下拉菜单中，有 线模型、 符号模型、 轮廓模型、 形状模型 四个选项，点击不同选项会显示不同效果其中7.13左图为"形状模型"，右图为"线模型"。

（2）杆件的拉长和剪切

拉长杆件方法一：选中杆件，单击两端出现的"方形"夹点，拖动夹点至延长终点，操作如图7.14。

拉长杆件方法二（图7.15）：

1）在功能区单击"**结构**"选项卡➤"**剪切**"面板➤"**拉长杆件**"。

2）在命令栏选择"增量（D）"，输入"-6000"，按"Enter"；命令栏提示"选择要更改的结构杆件"。移动光标，选择相应的杆件，完成拉长杆件命令。

3）上述2）也可以采用"总计（T）"：输入总杆长"6000"；其他过程类似，读者可以自行尝试。

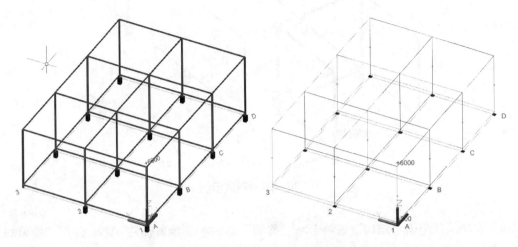

图7.13　结构模型中形状模型和线模型的显示效果

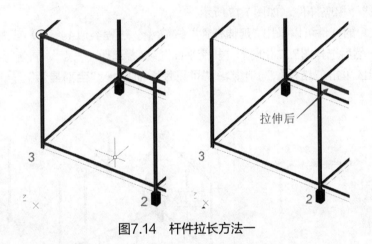

图7.14　杆件拉长方法一

图7.15　杆件拉长方法二

拉长杆件方法三：以面为基准，将杆件延长至该面。为方便观察及操作，隐藏部分杆件。

1）在功能区单击"**结构**"选项卡➤"**可见性**"面板➤"**隐藏选定对象**" 。

2）在绘图区域选择相应杆件，按"Enter"，就会隐藏选择的杆件，如图7.16所示。

3）上述1）~2）的过程也可以采用**"隐藏其他对象"**命令，此时除了被选择的对象，其他对象都将被隐藏。

图7.16　隐藏对象示例

4）在功能区单击**"结构"**选项卡➤**"剪切"**面板➤**"修剪杆件"**，弹出**"修剪到平面"**对话框。

5）在**"修剪到平面"**对话框中，选择"三点"，单击"确定"。在绘图区域中选择栅格上的三点，再选择相应杆件，如图7.17所示。

6）对于较短的杆件可以采用**"延伸杆件"**命令。过程类似4）~5），其中弹出**"延伸到平面"**对话框，然后选择图7.17相同的"相交平面"，接着选择"三点"，再选择"延伸对象"。

7）在功能区单击**"结构"**选项卡➤**"可见性"**面板➤**"全部显示"**，结果如图7.17右图所示。

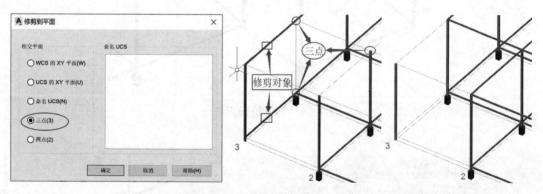

图7.17　"修剪到平面"对话框和选择"三点"及修剪对象

在杆件交接处，可以看到杆件间的重叠。依据图7.18所示情况对其进行剪切。**"杆件剪切"**可以根据不同的情况选择对应的方法，示例如下。

1）情况（a）：**"剪切"**面板➤**"限制杆件"**；选择要剪切的结构杆件➤**"Esc"**结束命令。该操作使杆件剪切至限制边界。

2）情况（b）：**"剪切"**面板➤**"斜接剪切杆件"**➤选择第一个结构杆件➤选择第二个结构杆件➤**"Esc"**结束命令。该操作使顶角处相交杆件组装在一起。

3）以上修剪操作还可以在命令栏设置两杆件间**间隙**。具体步骤不再赘述，其结果见图 7.18 右图。

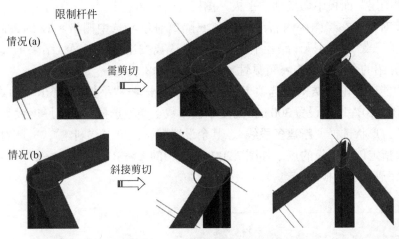

图7.18 剪切杆件及其效果

（3）结构编辑

顶部杆件与垂直杆件间可能存在接触不良，需对其进行修改，过程如图7.19所示：

1）全选顶部杆件，单击**"结构"**选项卡➤**"修改"**面板➤**"结构编辑"** 💠。进入**"杆件设置"**对话框（图7.10所示）。

2）在**"方向"**窗口内，单击修改中心点至顶面点，点击"确定"关闭对话框完成修改。

3）前后对比见图7.19右图。

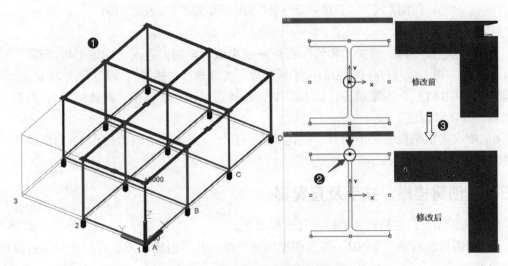

图7.19 顶部杆件结构编辑与结果

7.3.4 创建平板

在300 mm 和6000 mm 高度处分别创建平板以便后续放置设备。

1）从"图层"面板中切换到"平板"图层。

2）**隔离对象**：在绘图区内右键➤隔离➤隔离对象➤选中栅格➤Enter，此时除栅格外其余元素均被隐藏（相同操作路径下的结束对象隔离按钮可恢复隐藏结果）。该隐藏结果也可依照之前介绍的命令：结构➤可见性➤隐藏其他对象实现。

3）在功能区单击"**结构**"选项卡➤"**零件**"面板➤"**平板**"，弹出"**创建平板/格栅**"对话框，如图7.20左图。设置300 mm 高度平板参数：类型选择平板，厚度设为25mm；对正选择"顶部"，形状选择"**新建多段线**"，其余设置默认，单击"创建"，关闭对话框。

4）依次指定创建平板的点：如图7.20右图所示的A➤B➤C➤D➤E➤F➤A，构成闭合多线段，完成底层平板的创建。

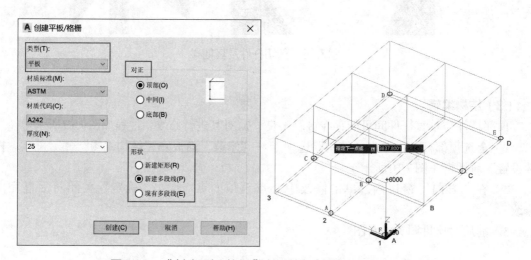

图7.20 "创建平板/格栅"对话框和创建平板过程示例1

5）**创建格栅**：再次选择"**零件**"面板➤"**平板**"按钮，进入"创建平板/格栅"对话框（图7.21左图），设置6000 mm 高度平板参数。类型选择"**格栅**"，厚度设为25 mm，填充图案选择"GRATE"，图案填充比例10，对正选择顶部，形状选择"**新建矩形**"，其余为默认设置，单击"创建"。

6）依次指定平板的各个角点，创建所需的其他角点（选择对角的点），完成创建，过程和结果如图7.21右图所示。

7.3.5 创建楼梯、扶手及直爬梯

在结构模型的最左侧建立楼梯，其过程如下。

1）创建新的栅格"Test02"作为楼梯的辅助线，其"**创建轴网**"对话框的参数设置如图7.22所示。

2）切换至"楼梯"图层，并调整视角为俯视。在功能区"**结构**"选项卡➤"**零件**"面板➤"**楼梯**"，在命令栏选择"**设置**"，弹出"**楼梯设置**"对话框（图7.23）。在对话框中进

行楼梯参数设置，其中"形状"窗口可以进一步进行"台阶数据"和"楼梯形状"的设置，单击"**确定**"。

3）在绘图区域，捕捉"Test02"栅格的 A、B 和 C、D 两组中点（图 7.23 右图），完成楼梯添加。

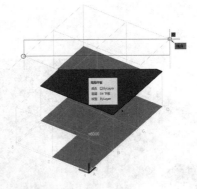

图 7.21 "创建平板/格栅"对话框和创建平板过程示例 2

图 7.22 栅格"Test02"的参数设置和绘图结果

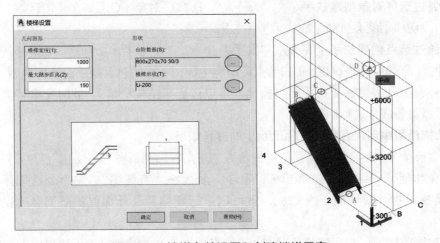

图 7.23 楼梯参数设置和创建楼梯示意

在结构模型中创建扶手（Railing）的过程如下。

1）完善二层平台和楼梯转角的栅格创建，采用"新建多段线"创建栅格（图7.24）。

2）切换至**"扶手"**图层，并调整视角为俯视。在功能区**"可见性"**面板➤**"全部显示"**。

3）在功能区**"结构"**选项卡➤**"零件"**面板➤**"扶手"**，在命令栏选择**"设置"**，弹出**"扶手设置"**对话框（图7.25）。在对话框中进行扶手的几何图形、形状等参数设置，单击**"确定"**。

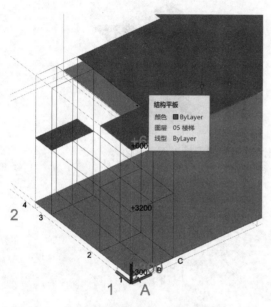

图7.24 创建楼梯转角平台（创建栅格平台）

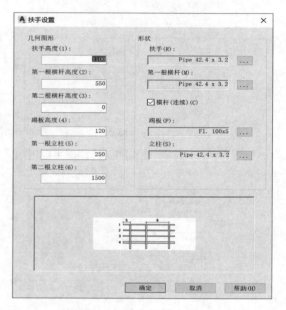

图7.25 "扶手设置"对话框

4）**通过选择对象创建扶手**：在"命令栏"选择**"对象（O）"**；在绘图区域，选择刚刚创建的两段楼梯，就会自动生成扶手（图7.26）。

5）**通过选点创建扶手**：在调用"扶手"命令之后，捕捉"Test02"中楼梯转交平台的端点；捕捉"Test"栅格6000mm的端点，最终生成图7.27的包含扶手的结构模型。

6）**补充**：分解楼梯或扶手等结构元素可以进行"结构分解"。此时元素将被拆解为多部分，可以对各部分进行调整。

在结构模型中创建直爬梯（Ladder）的过程如下。

1）切换至"扶手"图层，并调整视角为"东南等轴测视图"；并将平台对象进行隐藏。

2）在功能区**"结构"**选项卡➤**"零件"**面板➤**"直爬梯"**。在命令栏选择**"设置"**，弹出**"爬梯设置"**对话框（图7.28），就可以进行爬梯及其外部保护框架参数设置（默认设置）。

3）在绘图区域，指定爬梯的起点A（捕捉中点）➤指定终点B（捕捉中点）➤起点附近指定方向距离点C，完成直爬梯的创建，如图7.29所示。

4）在绘图内右键➤**"隔离"**➤**"结束对象隔离"**，显示先前为创建平板隐藏的元素对

象；"可见性"面板➤"全部显示"按钮，在"形状模型"视图下，所创建的结构模型如图
7.30所示。

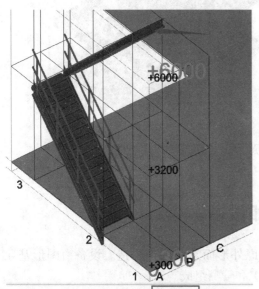

"EELRAILING 指定扶手的起点或 [对象(O) 设置(S)]:

图7.26 通过选择对象创建扶手

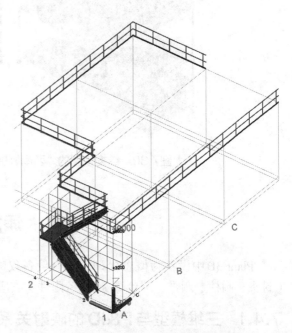

图7.27 通过选点创建扶手及结果1

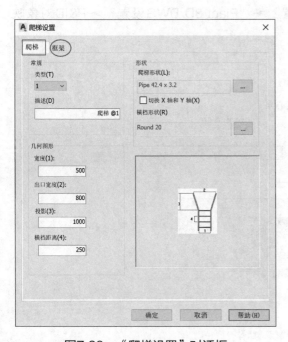

图7.28 "爬梯设置"对话框

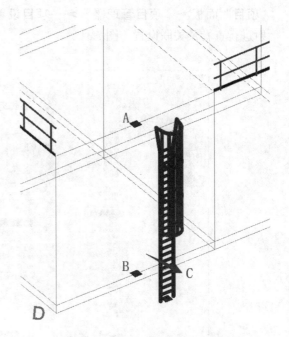

图7.29 通过选点创建扶手及结果2

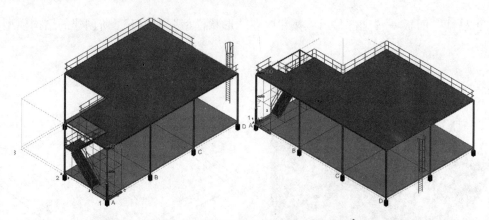

图7.30　结构模型的"西南等轴测"和"东南等轴测"视图

7.4　添加设备

Plant 3D中设备为概念模型，所有设备仅考虑外形而忽略内部构造。设备由图形基元（封头、圆柱、圆锥、圆台等）、设备附件（支座）和管嘴组成。

7.4.1　三维模型与P&ID的映射关系

完成结构模型的创建后，便可以在其中添加工艺设备。所添加的设备模型总是与P&ID中的符号一一对应。为了更好地理解这一点，我们可以在菜单栏单击"**常用**"选项卡➤"**项目**"面板➤"**项目管理器**"➤"**项目设置**"➤"**Plant 3D DWG设置**"➤P&ID对象映射进行查看及关联设置（图7.31）。

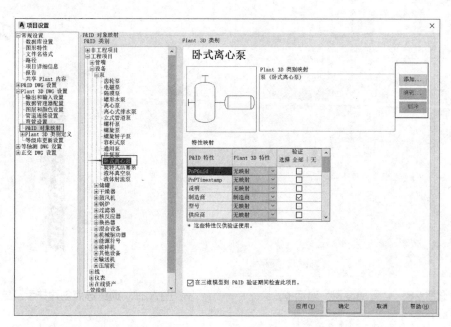

图7.31　Plant 3D模型和 P&ID对象映射关系查看及关联设置

7.4.2　设备菜单

添加设备之前，先了解一下设备相关的命令：功能区"常用"选项卡➤"设备"面板，其内容和相应的功能简介如表7.1。

表7.1　"设备"面板及常用设备命令及功能简介

"设备"面板	工具图标	中文命令	功能简介
		创建设备	显示定义 Plant 3D 自带的参数化设备
		编辑设备	对参数化设备进行修改
		转换设备	显示将三维实体转换成设备
		附着设备	显示将三维实体附着到设备上，成为一个设备
		拆离设备	显示将附着在设备上的三维实体拆离
		转换 Inventor 设备	显示 Inventor 创建的 .adsk 文件转化成设备

7.4.3　使用内置设备建模

以离心泵和塔底再沸器为例，说明使用 Plant 3D 模块内置设备模型添加设备的过程。

（1）调整用户坐标系（UCS）和图层设置

1）**新建坐标系**　将用户坐标零点平面定位在 300 mm 高度平板以方便设备定位准确。单击坐标轴原点➤移动并对齐➤命令栏输入300，新建用户坐标系（UCS）至图7.32所示位置。

2）**切换视图**显示方式　单击"结构"选项卡➤"零件"➤符号模型并由 ViewCube 导航工具切换视角为"上"，即俯视图，结果如图7.33所示，此时平面基准是 300mm 的平台。

3）**新建"设备图层"**　单击功能区的"常用"选项卡➤"图层"面板➤"图层特性"；在"图层管理器"对话框中，新建图层➤重命名"设备"➤颜色设置为"洋红"➤将设备图层"置为当前"。

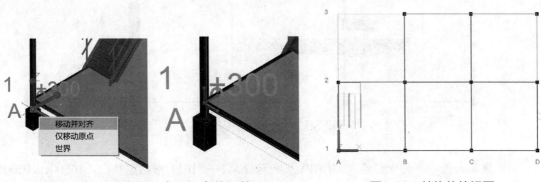

图7.32　用户坐标系（UCS）的调整　　　　　图7.33　结构体俯视图

（2）创建离心泵

1）单击"**常用**"选项卡➤"**设备**"面板➤"**创建**"▤✳，弹出"**创建设备**"对话框。

2）在弹出"**创建设备**"对话框中（图7.34）的下拉菜单中选择**泵**➤**离心泵**。"**设备**"标签下，单击位号空白处，在弹出的"**指定位号**"对话框中输入编号5101A，点击"**指定**"。此时该模型与P&ID中的离心泵P—5101A相映射。需要说明的是，默认位号格式为"类型—编号"，可以参照5.3.3小结中图5.12所示的过程进行 Plant 3D 设备的位号格式设置。"**特性**"标签下，包括管嘴及泵的相关数据说明，无需更改默认设置，单击"**创建**"。

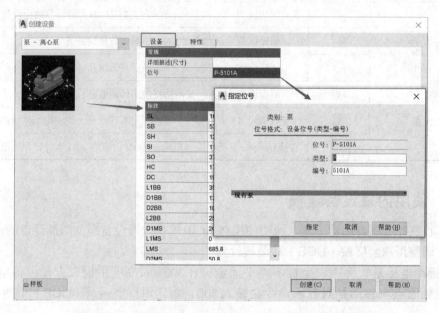

图7.34　"创建设备"对话框和"指定位号"对话框

3）**放置设备**　在绘图区域，如图7.35所示选择泵的插入点：（16500，10500）；并根据提示设置旋转方向"90°"，单击鼠标左键确认。

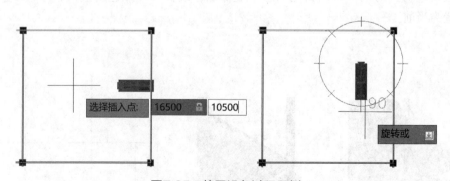

图7.35　放置设备过程示例

4）**复制设备**　在命令栏输入"COPY"➤选择泵P—5101A➤指定基点（16500，10500）➤指定第二点（1500，<180°），就复制了另一个泵，如图7.36所示；可以指定第二点继续复制泵设备。这里采用"镜像"来复制创建回流泵，选中刚创建的两个泵；单击"**建模**"

选项卡➤"**修改**"面板➤"**三维镜像**"（或者直接输入"MIRROR 或 MIRROR3D"）➤指定杆件中点为镜像线起点 A 与终点 B➤提示是否删除源对象➤"**否**"，复制结果如图 7.37 所示。

5）右键复制的泵➤"**指定位号**"，修改泵的位号。

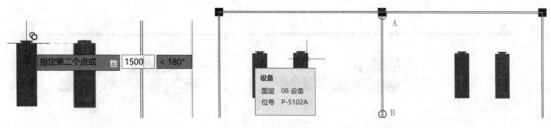

| 图7.36　复制设备示例 | 图7.37　采用"镜像"命令复制设备 |

（3）创建再沸器

1）单击"**常用**"选项卡➤"**设备**"面板➤"**创建**"，弹出"**创建设备**"对话框。

2）在弹出"**创建设备**"对话框中（图 7.38）的下拉菜单中选择**换热器**➤**再沸器**。"**设备**"标签➤"**常规**"窗口下，单击位号空白处，在弹出的"**指定位号**"对话框中输入编号E—5101，点击"**指定**"；标高设为：900mm。创建设备时，如有需要还可以在设备模型基础上"**添加形状**"或"**添加附件**"。其他参数采用默认设置，单击"**创建**"。

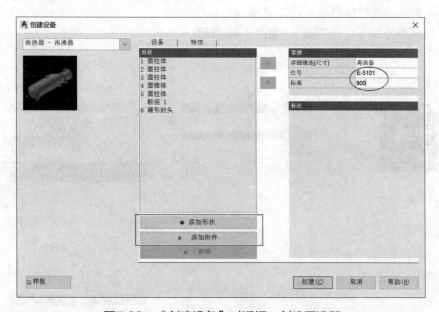

图7.38　"创建设备"对话框：创建再沸器

◇ 在"**创建设备**"对话框中的"**形状**"窗口下，对于立式设备，最上面的形状列在最上，最下面的形状列在最下；对于卧式设备，前面的形状列在最前，末尾的形状列在最后（对于除泵和过滤器之外的所有设备类型）。可以"**添加**"或"**删除**"该设备类型的可用形状，使用向上箭头和向下箭头更改形状的堆叠顺序。

◇ 创建设备后，可以直接在三维模型中添加或修改管嘴。

◇（可选）若要使用此设备及其数据作为其他设备的样板，单击"样板"按钮。

3）**放置再沸器**　在绘图区域，如图7.39所示选择泵的插入点（10500，4500）；并根据提示设置旋转方向"180°"，单击鼠标左键确认。

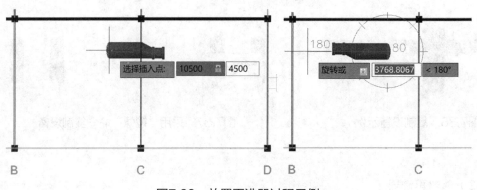

图7.39　放置再沸器过程示例

7.4.4　用户组装设备模型

使用内置设备非常方便，但Plant 3D中的内置设备比较少，大部分需要自己创建。创建设备最常用的方法是使用图形基元组合成设备。这里以变径塔、塔顶冷凝器和缓冲罐为例，说明使用图形基元进行用户组装设备建模的过程。

（1）创建变径塔（立式容器），如图7.40所示。

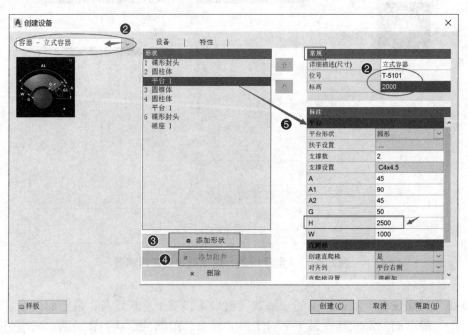

图7.40　"创建设备"对话框：自组装变径塔（立式容器）

1）单击"**常用**"选项卡➤"**设备**"面板➤"**创建**" ，弹出"**创建设备**"对话框。

2）在弹出"**创建设备**"对话框中（图7.40）的下拉菜单中选择"**容器**"➤"**立式容器**"；在"**设备**"标签➤"**常规**"窗口中：指定位号"T—5101"；标高"2000"。

3）用户组合设备模型：在"**形状**"窗口下，单击"**添加形状**"，依次添加"圆锥体""圆柱体"等图形基元。借助上下箭头调整其顺序如图7.40所示。

4）在"**形状**"窗口中，分别单击选择"2圆柱体""4圆柱体""5蝶形封头"，为其添加附件："平台1""平台1""裙座1"。

5）依次单击"**形状**"窗口中的图形基元，调整相应的"**标注**"窗口中的相关参数，如表7.2所示。

表7.2　变径塔图形基元形状及标注参数

序号	形状（图形基元）	主体或附件	尺寸 / mm
1	蝶形封头	主体	$D=1800$,
2	圆柱体	主体	$D=1800$，$H=4000$
	平台1	附件	$H=2500$，$H1=4000$
3	圆锥体	主体	$D_1=1800$，$D_2=2200$，$H=500$
4	圆柱体	主体	$D=2200$，$H=10000$
	平台1	附件	$H=10000$，$H_1=8000$
5	蝶形封头	主体	$D=2200$
	裙座1	附件	$D=2200$，$H=2000$，$H_2=200$

6）放置变径塔：在绘图区域中，选择插入点（15000，3000），指定旋转及角度"0°"。如图7.41所示。

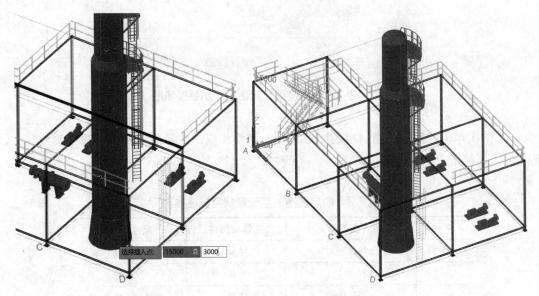

图7.41　放置变径塔及结果

（2）创建塔顶冷凝器（水平换热器）

1）**移动用户坐标系UCS**：将用户坐标零点平面定位在6000 mm高度平板。类似图7.42过程，单击**坐标轴原点➤移动并对齐➤命令栏输入"5700"**（相对位移）。

2）**切换视图**显示方式：由ViewCube导航工具切换视角为"上"，即平面基准是6000mm的俯视图。

3）单击"**常用**"选项卡➤"**设备**"面板➤"**创建**"，弹出"**创建设备**"对话框。

4）在弹出"**创建设备**"对话框中（图7.42）的下拉菜单中选择"**换热器**"➤"**新建水平换热器**"；在"**设备**"标签➤"**常规**"窗口中：指定位号"E—5102"；标高"1000"。

5）用户组合设备模型：在"**形状**"窗口下，单击"**添加形状**"，依次添加"圆锥体""圆柱体"等图形基元。借助上下箭头调整其顺序如图7.42中"**形状**"窗口中的顺序。

6）在"**形状**"窗口中，依次添加两个"2∶1椭球形封头"和三个"圆柱体"；对主题图形添加附件："本体法兰1""鞍座1"。

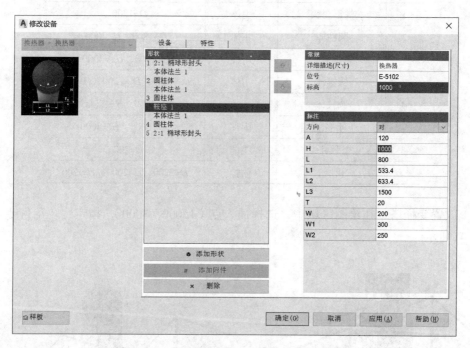

图7.42 "创建设备"对话框：水平换热器

7）依次单击"**形状**"窗口中的图形基元，调整相应的"**标注**"窗口中的相关参数（如表7.3），其他采用默认参数。

表7.3 换热器图形基元形状及标注参数

序号	形状（图形基元）	主体或附件	尺寸 / mm
1	2∶1椭球型封头	主体	$D=762$
	本体法兰1	附件	$H=125$
2	圆柱体	主体	$D=762$，$H=500$

续表

序号	形状（图形基元）	主体或附件	尺寸 / mm
	本体法兰1	附件	$H=125$
3	圆柱体	主体	$D=762$，$H=2800$
	鞍座1	附件	$L=762$，$L_3=1500$
	本体法兰1	附件	$H=125$
4	圆柱体	主体	$D=762$，$H=300$
5	2：1椭球型封头	主体	$D=762$

8）放置水平换热器：在绘图区域中，选择插入点（10500，4500），指定旋转及角度"180°"，放置结束，如图7.43所示。

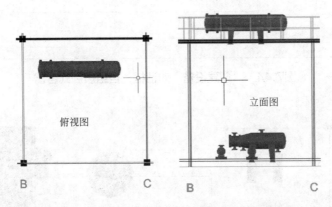

俯视图　　立面图

图7.43　放置水平冷凝器的俯视图和立面图结果

9）**保存为样板**：换热器创建完成后，可以右键添加相应的管嘴；右击设备，弹出快捷菜单，选择"将选定设备另存为样板"命令，文件命名"列管式换热器2500×762"，可以作为样板供后续使用。

（3）创建塔顶回流罐（卧式容器）

1）单击"**创建**" 🗇，在弹出"**创建设备**"对话框中（图7.44）的下拉菜单中选择"**容器**" ➤ "**卧式容器**"；在"**设备**"标签➤"**常规**"窗口中：指定位号"V—5101"；标高"0"。

2）用户组合设备模型：在"**形状**"窗口下，单击"**添加形状**"或"**添加附件**"，依次添加相关图形基元，并设置相应的"**标注**"参数。

3）放置卧式容器：在绘图区域中，选择插入点（7500，7500），指定旋转及角度"0°"，放置结束，如图7.45所示的俯视图和立面图。会发现因为标高为"0"，所以卧式容器V—5101是嵌套放置在平台中间。

7.4.5　转换 AutoCAD 模型和 Inventor 设备

可以将 AutoCAD 或 Inventor 模型转换为 Plant 3D 设备模型，这类似于6.1.2小节中CAD **图块的转化**过程。创建设备时，优先采用 Plant 3D 的内置模型（7.4.3小节）和图形基元组装设备（7.4.4小节）。当已有其他软件绘制的设备模型时，可以转换成"*.dwg"文件格式，再

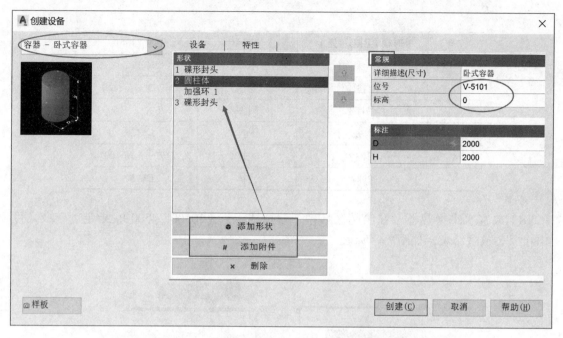

图7.44 "创建设备"对话框：自组装卧式容器

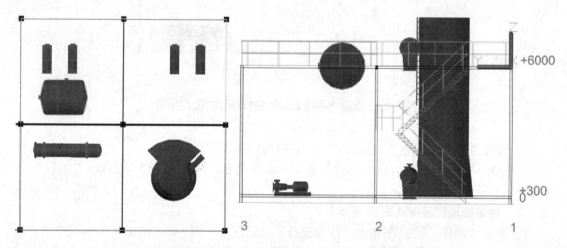

图7.45 放置水平冷凝器的俯视图和立面图结果

转换成 Plant 3D 模型。如果是 Inventor 创建的模型，可以使用 BIM 交换导出 "*.adsk" 文件，再转换成 Plant 3D 模型。

（1）转换 AutoCAD 模型

转换的设备没有管嘴，需要手动添加管嘴。添加的管嘴仅是一个虚拟表示，只有位置信息，无实体信息，所以创建 AutoCAD 模型时，需要绘制实际管嘴尺寸和位置。

以一个管壳式换热器（图7.46）为例，其模型保存于 "hg3d.dwg" 文件中，其转换为 Plant 3D 模型的操作步骤如下。

1）**打开AutoCAD模型文件** 在快速访问工具栏上单击"打开文件"按钮，打开"hg3d.dwg"文件。

2）**转换设备** 在"**常用**"选项卡➤"**设备**"面板➤单击"**转换热备**" 。"hg3d.dwg"文件不属于当前项目，会弹出警告框，需要将文件添加到项目中。再次单击"**转换热备**"按钮，弹出"**转换设备**"对话框（7.47）。选择设备类型"换热器"，单击"选择"按钮。

3）**命令行提示：指定插入基点** 设备基点通常指定为中心或其他特征点上。这里指定为换热器端面圆心处。弹出"修改设备"对话框，可以添加设备相关参数。单击确定，设备转换完成。

4）**添加管嘴** 右击设备，在快捷菜单中选择"**添加管嘴**"，为设备添加管嘴。

5）**测试设备** 单击设备管嘴处的"+"按钮，拉出管道，查看是否符合要求。通常会出现单个法兰的情况，因此在创建设备需要画出实际尺寸的法兰管嘴，这样转化后才会和Plant 3D的管嘴匹配。

图7.46 管壳式换热器模型

图7.47 "转换设备"对话框

（2）转换Inventor模型

Inventor是Autodesk公司旗下的专业级三维机械设计软件。许多设备的设计都是由Inventor来完成的。用Inventor建模的设备可以通过两种方法转换成Plant 3D设备：

◇ 方法一 先输出为"*.dwg"件，然后在Plant 3D中，使用"转换设备"命令转换成设备。这一过程参考本节的"转换AutoCAD模型"的内容。

◇ 方法二 使用BIM交换，输出为"*.adsk"文件，然后在Plant 3D中，使用"转换**Inventor设备**"命令转换成设备。推荐该方法，因为该方法可以设置管嘴信息，转换完成后不需要再添加管嘴；如果管嘴不匹配，只需要修改参数即可。有Inventor的用户，可以自行尝试。

7.4.6 附着设备和修改设备

（1）附着设备与拆离设备

对于比较复杂的设备，可以将 AutoCAD 对象附着到 Plant 3D 设备，组成一个新的设备。例如为某一设备添加底座或手动添加支座。以添加底座为例，过程简介如下：

1）**创建 AutoCAD 对象**　在设备底部绘制一个长方体。

2）**附着设备**　在"常用"选项卡➤"设备"面板➤单击"附着设备"。根据命令提示，选择设备➤选择对象（可以是多个）➤按"Enter"键。附着设备成功设备和 CAD 对象就是一个整体。

3）**拆离设备**　如果需要拆离附着的对象，可以使用"设备"面板中的"**拆离设备**"命令。

（2）修改设备

当发现创建设备的图形基元或尺寸结构不合适时，可以对设备模型进行编辑。修改设备有以下两种方法：

◇ 方法一　在"**常用**"选项卡➤"**设备**"面板➤单击"**修改设备**"按钮。

◇ 方法二　右击设备，在快捷菜单中选择"**修改设备**"命令。

◇ 上述方法都会弹出"**修改设备**"对话框，与相应类别的"**创建设备**"对话框（图 7.34、图 7.38、图 7.40、图 7.42 等）类似，唯一区别是设备类别不能更改。由此，对于内置设备和组合设备，可以进行参数修改，对于转换设备只能修改特性数据。

7.5　设备管嘴的编辑与添加

设备放置完成后，可以为设备添加管嘴，或修改设备管嘴。管嘴用以设备与管道间的连接，对使用预定义形状创建的设备，需要手动添加管嘴。这一过程可以在创建设备的同时进行。"**编辑管嘴**"和"**添加管嘴**"命令的操作步骤如图 7.48 所示。

图7.48　"编辑管嘴"和"添加管嘴"操作示例

1）单击设备（离心泵P—5101A），设备的任一管嘴附近都会出现"**编辑管嘴**"按钮（✔）和"继续对管道布线"按钮（+）。

2）右击设备，快捷菜单中出现"**添加管嘴**""**修改设备**""**指定位号**"等命令。

7.5.1 编辑设备管嘴

（1）编辑、查看离心泵管嘴

1）单击离心泵P—5101A，点击入口管嘴的✔，弹出相应"管嘴参数对话框"（图7.49）。

2）将入口管嘴"N—1"的**单位**设为"mm"，Size设为"250"，**压力等级**设为"10"。单击"**选择管嘴**"列表中某一规格管嘴，如当前唯一的"Nozzle，flanged，250 ND，C，10，DIN 2632"。

3）在"管嘴"下拉菜单，选择"N—2"，参照2）将其**单位**设为"mm"，Size设为"200"，**压力等级**设为"10"，以便于二维P&ID图形"pid01"中P—5101进出口管线尺寸一致；也便于后续布管。

4）类似2）~3），对P—5101B进行相同的管口编辑。

5）同理，针对回流泵P—5102，编辑其进出口的尺寸为200mm。

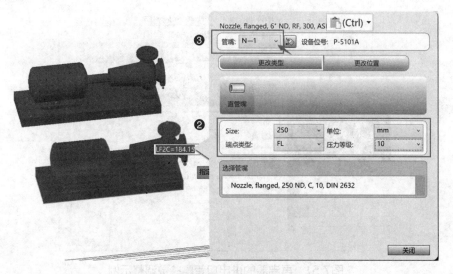

图7.49 编辑离心泵设备的管嘴示例

（2）编辑、查看换热器管嘴

1）单击再沸器P—5101，并没有出现"编辑管嘴"的图标✔，反而出现了"添加管嘴"的按钮🔧。将光标悬停在某一管嘴上，弹出"管嘴信息提示框"（图7.50）。

2）"Ctrl+单击管嘴"进入设备的管嘴信息对话框（图7.51）。将进口管嘴的尺寸调整为"250mm"，相应出口管径调整为"150mm"，以便于"pid01"的管线标注尺寸一致。当然，这些尺寸未必与工程实践一致，仅作为Plant 3D设计和绘制示例。

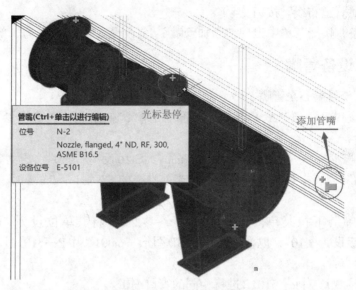

图7.50　再沸器"添加管嘴"按钮和"编辑管嘴"信息提示框

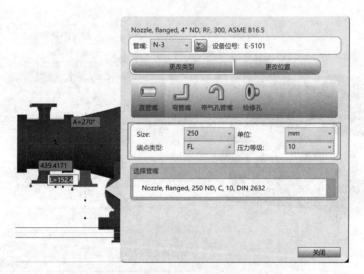

图7.51　再沸器的进出口管嘴参数调整示例

7.5.2　为自定义设备添加管嘴

（1）为自定义的变径塔T—5101添加管嘴

1）单击变径塔T—5101，出现两个"+"的继续布管标志和"添加管嘴"按钮，单击"🐾"［图7.52（a）］。

2）在弹出管嘴"N—3"的信息对话框中，图7.52（b），"更改位置"标签➤"管嘴位置"选择"半径"，高度H选择"12000"，角度A选择"90"。

3）继续添加管嘴"N—4"和"N—5"，并设置或调整所有管嘴的位置和参数，如表7.4所示。

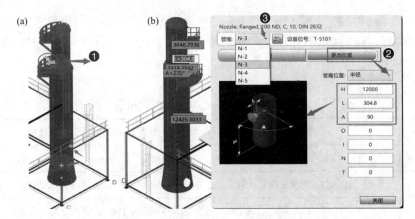

图7.52 编辑离心泵设备的管嘴示例

表7.4 变径塔T—5101的管口布置

序号	管嘴位置	管嘴类型和尺寸	功能
N—1	仰视：中心距离R=0，角度A=0	直嘴管：250mm	塔底出料管口
N—2	半径：高度H=1000，A=180	直嘴管：150mm	塔底再沸器回流管口
N—3	半径：H=12000，A=90	直嘴管：200mm	进料管口
N—4	俯视：中心距离R=0，角度A=0	直嘴管：200mm	塔顶出料管口
N—5	半径：H=14000，A=180	直嘴管：200mm	塔顶回流管口

（2）为自定义的换热器添加管嘴

1）单击冷凝器E—5102，因为无自带管嘴或者未添加管嘴，只有"添加管嘴"按钮"🔧"，单击。

2）在弹出管嘴"N—1"的信息对话框中，（图7.53），在"更改位置"标签➤"管嘴位置"选择"半径"，高度H选择"2800"，角度A选择"90"。在"更改类型"标签➤"Size"选择"200mm"，然后在列表中选择管嘴类别。

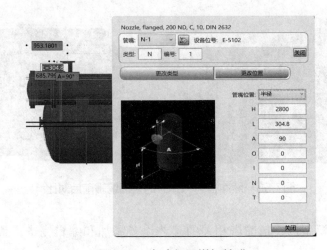

图7.53 为冷凝器增加管嘴

3）类似2）继续添加管嘴"N—2""N—3"和"N—4"，相应的位置和参数如表7.5所示。若发现管嘴位置或直径不合理，需要与设备模型及附件进行协调、校核。添加管嘴的冷凝器如图7.54所示。

表7.5　变径塔T—5101的管口布置

序号	管嘴位置	管嘴类型和尺寸	功能
N—1	半径：高度/长度H=2800，A=90	直嘴管：200mm	被冷却物流进口
N—2	半径：H=700，管嘴长度L=150，A=270	直嘴管：200mm	被冷却物流出口
N—3	半径：H=3400，A=90	直嘴管：150mm	冷却介质进口
N—4	半径：H=3400，A=270	直嘴管：150mm	冷却介质出口

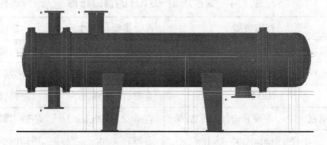

图7.54　添加管嘴的冷凝器E—5102的前视图

（3）为自定义的卧式容器编辑管嘴

1）单击缓冲罐V—5101，已经有两个管嘴，图7.55（a）。

2）"**Ctrl+单击管嘴**" ➤ 单击"🖊"，进入设备的管嘴信息对话框。

3）设置"N—1"的信息，半径：高度H=1200，A=90；类型：200mm的直管嘴。设置"N—2"的信息，半径：高度H=1000，A=270；类型：200mm的直管嘴。结果如图7.55（b）。

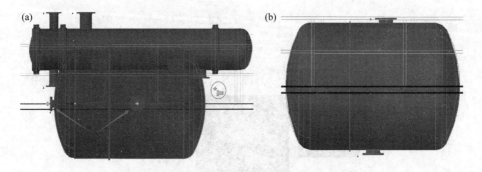

图7.55　缓冲罐V—5101的管嘴编辑前后对比

　　至此，在结构模型内，精馏塔相关的工艺设备添加和编辑完毕，整体效果如图7.56所示。

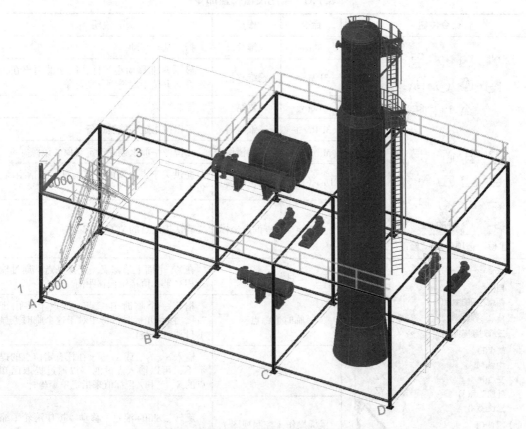

图7.56　精馏塔工艺流程的结构和设备模型

7.6　Plant 3D 设备布置

设备布置通常以建筑和结构作为参照物。需要考虑设备的操作距离、安全距离及安装和检修要求。Plant 3D 设备布置可以分为以下三种场景：

◇ 已有建筑和结构平面布置图，需要在已有平面空间上布置3D设备。

◇ 已有3D 建筑和结构模型，需要在其上布置3D 设备。

◇ 已有2D 或3D 建筑模型，需要在 Plant 3D 创建结构模型，然后在 Plant 3D 中进行设备布置。

第二种场景，如果3D 建筑模型由 Revit、SketchUP 等软件创建，文件格式不是 DWG，需要在源软件中输出成 DWG 格式，才能在 Plant 3D 中进行设备布置。

7.6.1　设备布置常用命令

设备布置是个不断设计与完善的过程，常需要调整设备的位置，常用的命令见表7.6。灵活使用这些命令，可以快速定位设备位置。

表7.6　常用设备布置命令

命令按钮	命令	作用	说明
"建模"选项卡➤"修改"面板	Move	二维移动	指定基点移动
	3DMove	三维移动	显示三维移动小控件，以帮助用户在指定方向上按指定举例移动对象
	Copy	复制	复制对象
	3DRotate	三维旋转	可以按指定轴旋转设备
	Mirror3D	三维镜像	在镜像平面上创建选定对象的镜像副本
	Dist（DI）	测量距离	提供关于点之间的几何信息，包括距离、角度
	ID	查询点坐标	确认指定点的X、Y和Z坐标
"Shift+右键"菜单	"自"命令		在XY平面上追踪点。选择基点，通过输入相对坐标值指定偏移距离
	"临时追踪点"		指定一个临时追踪点。该点上将出现"+"，移动光标时，将相对于这个临时点显示自动对齐路径
	"点过滤器"		输入.x、.y、或.yz等；在任意定位点的提示下，可以输入点过滤器以通过提取已知点的X、Y和Z坐标值来指定单个坐标
	鼠标操作（控制视图）		旋转：Shift+滚轮；移动：按住滚轮；缩放：滚轮

7.6.2　设备布置提示和小结

设备布置的要点是如何通过已知点快速定位。设备布置完成，需要生成平面图和立面图，提供施工图纸，其生成方法详见"第9章 正交图形"。除了前述的相关示例步骤和细节，还需要注意一下相关内容。

（1）添加参照文件

设备布置需要参照建筑或结构图纸作为定位参照。不要直接在建筑或结构模型上创建设备；新建"设备布置"文件，并将其打开。

1）在项目管理器中，在"结构模型"文件上右击，在弹出的快捷菜单中选择"外部参照到当前DWG"命令。

2）在弹出的"附着外部参照"对话框中，设置参数如下：参照类型"附着型"；路径类型"相对路径"；插入点"x=0，y=0，z=0"；角度"0"。

3）也可通过功能区附着外部参照。方法是：在"插入"选项卡➤"参照"面板➤单击"附着"按钮。

（2）添加设备时须要准确定位插入点

✧ 调整用户坐标系（UCS），可以便于不同高度平台、不同截面的设备定位。

✧ 常需要在各种视觉样式之间切换；也需要调整视图和视角。

✧ 空间坐标输入或相对坐标输入。

✧ 借助表7.6的常用设备命令。如"自"命令便于捕捉相邻设备之间的定位；而"复制"或"镜像"便于布置添加相似设备。

✧ 灵活使用各种捕捉工具和定位工具。

（3）设备位号

✧ 可以在放置设备的同时设置、添加编号或位号；也可以全部放置完成再编号。

✧ 位号格式、设置过程应该和P&ID一致，可以参照5.3.3小节的内容。

（4）设备分析

有些设备需要知道重心位置，如吊装设备。在Plant 3D中可以显示和查看重心，还可以生成中心报告。这些内容可以通过功能区"分析"选项卡➤"重心"面板中的"实时"、"编辑"、"快照"按钮进行相应操作。

（5）其他注意事项

可以先进行平面布置，然后再垂直移动到需要的位置。布置设备时，定位距离应该为整数，便于安装测量。**设备布置常需要根据后续管道布置要求进行位置调整。**

第 8 章

三维工厂之管道布置

管道布置是指管道的设计和布置，简称配管或布管。其主要内容包括管道的设计计算和管道的布置两部分，本章主要演示在 Plant 3D 中实现管道布置。

8.1 管道布置的需要和设计基础

管道布置主要内容：选择管道材料即材质，根据输送介质化学性质、流动状态、温度、压力等因素合理选择；选择管道规格，即管径及壁厚；选择管道的绝热、保温、保冷等；选择阀门和管件；确定管道连接形式，如法兰连接、焊接等；选择管架及固定方式；绘制管道图；编制管道材料表（BOM 表）。

根据以上要素，各个国家和行业制定了相应标准。例如管道和管件，我国的国家标准有 GB/T 14976—2012《流体输送用不锈钢无缝钢管》、GB/T 8163—2018《输送流体用无缝钢管》、GB/T 12459—2017《钢制对焊管件类型与参数》等。美国有 ASME 标准，德国则有 DIN 标准等。

在 Plant 3D 中，将各个国家标准制作成元件库，通过元件库按压力等级生成等级库，以供配管时使用。压力等级按美洲系列（英制）可分为 CS（class）150、300、600、900、1500、2500；DIN 系列（公制）则可分为 PN 2.5、6、10、16、25、40、63、100；ANSI 系列（公制）可分为 PN 20、50、110、150、260、420。**这些数值不是压力测量值，仅表示分类，具有相同 CS 或 PN 数值的所有管道和管件具有相同的配合尺寸。如 PN 系列管道元件，允许压力取决于元件的 PN 数值、材料以及允许工作温度等。**

8.1.1 管道布置的工作流

在 Plant 3D 中要做的配管工作包括：选择等级库；选择管道尺寸、介质、管道保温等；选择管件；设计连接管路；指定管道编号；生成管道图。其工作流如图 8.1。

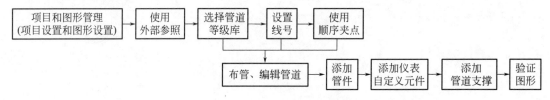

图8.1 管道布置的工作流

8.1.2 等级库的选择与查看

Plant 3D将相同压力等级的管道、管件和阀门保存于同一等级库中。配管首先要选择等级库。选择完等级库后，可以通过"等级库查看器"查看等级库。

选择等级库的方法如图8.2所示。

◇ **方法一**：在"**常用**"选项卡➤"零件插入"面板➤单击"等级库选择列表"。在弹出的下拉列表中，可以查看所有可用的管道等级库。单击需要使用的等级库。本教程没有特别说明，默认采用10HS01等级库（推荐方法一）。

◇ **方法二**：在"项目管理器"的目录树➤"管道等级库"目录➤选择"10HS01"等级库➤右键菜单➤选择"设置为当前等级库"命令。

◇ 当选择了等级库后，右侧的工具选项板中的"动态管道等级库"标签会自动显示当前等级库可用的管道、阀门和管件。

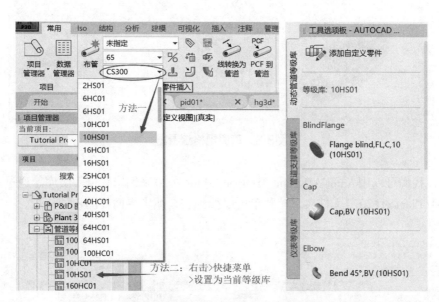

图8.2 选择等级库的方法示例和对应的工具选项板

通过管道等级库查看器可以查看可用管道、阀门和管件，也可以查看可用紧固件。相关简介如下：

◇ **查看方法** 在"**常用**"选项卡➤"零件插入"面板➤单击"**等级库查看器**"按钮。弹出管道规格查看器（图8.3）。

◇ **查看功能** 查看各类管件的详细尺寸、默认规格等，包括法兰，三通，异径管，各类阀门，如球阀、蝶阀、止回阀、闸阀、截止阀和旋塞阀等，这些组件分别对应不同的适用范围。相关的模型示意图、尺寸及材质等级等信息也列于等级库中。

◇ 在查看器右下角有**三个功能按钮** "在模型中插入"可将选择的零件插入到当前绘制的三维模型中；"添加到工具选项板"，可将选择的部件添加到动态工具选项板中（位于工作区右侧）；"创建工具面板"则可自定义创建一个新的工具面板。但直接使用"动态管道等级库"工具选项板更方便。

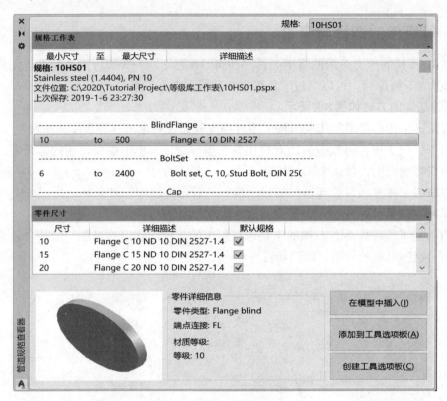

图8.3　管道规格查看器

此外，我们可以用 AutoCAD Plant 3D Spec Editor 2020 来编辑管道等级库。通过开始菜单中 AutoCAD Plant 3D 2020 文件夹下拉菜单可以找到它，编辑界面如图8.4所示。

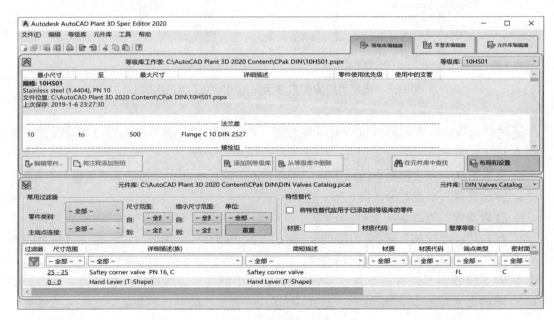

图8.4　编辑管道等级库

8.1.3 管道布置的菜单和命令

AutoCAD Plant 3D 提供了各种工具和方法来创建工艺管道。在"常用"选项卡的功能区面板和命令按钮如图8.5所示，包括"零件插入""管道支撑""可见性"等面板。其中"零件插入"面板中的命令图标简介列于表8.1中。

图8.5 "常用"选项卡功能区面板和命令按钮

表8.1 管道布置的"零件插入"面板及常用命令图标简介

命令图标	中文命令	功能简介
	布管	显示布置管道
未指定 / 65 / 10HS01	线号选择器	显示创建并指定管线号
	管径	显示、选择公称直径
	管道等级	显示、选择管道等级
	指定位号	标记管道或管道元件
	等级库查看器	显示规格查看器
	切换尺寸单位模式	显示管径的公英制转换
	P&ID线列表	放置P&ID等效的三维对象
	自定义零件	创建自定义零件和等位符零件
	切换管道直接	控制是否启用管道直接
	切换弯管	控制是否启用弯管
	切换切割弯头	控制是否启用切割弯头
	线转换为管道	将线转换使用当前尺寸和等级库的管道
	PCF到管道	在当前图形中从PCF文件创建管道
	切换断开标记	选中后在没有连接的元件端口显示水滴标识
	保温标识	选中后显示元件的保温
	切换占位符显示	控制是否显示占位符
	切换焊接显示	控制是否显示焊接

8.1.4 外部参照的使用

（1）外部参照简介

外部参照是项目共享与多人协同的基础。灵活使用外部参照，可以简化项目结构，降低单个文件复杂度，处理大型模型变得更加容易。

设计人员可以通过管理需要的、卸载不需要的外部参照，随时关注自己特别感兴趣的模型部分。当需要详细信息时，只需重新加载外部参照即可实现完整模型。如软件自带的"SampleProject"的 Plant 3D 图形中 Area6 文件夹中包含结构（Steel）、设备（Equipment）和管道（Piping）三个逻辑区域（图2.9）。由此，在设计过程中，结构模型需要选取地形图 Grade 作为外部参照；而设备模型可以选取结构模型作为外部参照；类似地，管道（Piping）模型可以选取设备模型作为外部参照。

（2）外部参照的使用

可以将任意图形文件附着到当前图形中作为外部参照。外部参照可以是图形文件、图像、PDF，也可以是其他几种文件类型，经常参照的是 DWG 文件。一个图形文件可以作为外部参照同时附着到多个图形中。反之，也可以将多个图形作为参照图形附着到单个图形。如果外部参照包含任何可变块属性，它们将被忽略。

附着的外部参照将链接到所指定图形文件的模型空间。当打开参照图形或者重新加载外部参照时，对该图形所做的更改将自动反映在当前图形中。附着的外部参照不会显著增加当前图形的大小。**使用外部参照的方法有以下几种。**

① 命令行输入 EXTERNALREFERENCES 或 XREF，弹出"外部参照"选项板（图8.6），然后加载图形文件。

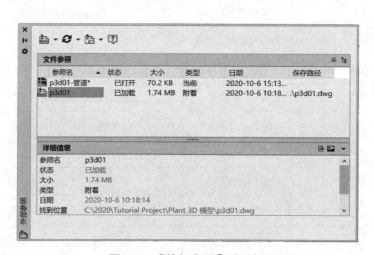

图8.6 "外部参照"选项板

② 在命令提示下，输入 XATTACH，直接加载文件。

③ 单击"**插入**"选项卡➤"**参照**"面板➤"**附着**"按钮。

④ 在"项目管理器"中打开主文件（该文件需要参照其他外部图形文件），右击项目中需要参照的文件，选择"外部参照到当前 DWG"命令。这里演示以第7章绘制的"p3d01"文件作为外部参照，重新创建管道布置图纸文件的过程，步骤如下：

　　a. **创建并打开"p3d01-管道"文件**。在"项目管理器"目录树➤"Plant 3D图形"节点下➤"创建新图形"文件，名称为"p3d01-管道"。双击打开该文件，**"p3d01-管道"** 即为主文件。

　　b. **添加外部参照设备文件**。将"p3d01"文件作为外部参照，添加到"p3d01-管道"文件中。右击"p3d01"文件，在快捷菜单中选择"外部参照到当前DWG"命令。弹出"附着外部参照"对话框，如图8.7所示。

　　c. 在"附着外部参照"对话框，可以通过"浏览"选择参照文件；可以选择"参照类型"；还可以调整参照文件的"比例"和"插入点"等。编辑完成后，单击"确定"。

　　d. 在绘图区域指定参考基准（插入点）为零点（0，0）。如果取消了"在屏幕上指定"的复选框，则默认插入点为坐标原点。发现pid01图纸模型已经放置在了"p3d01-管道"图纸文件中，即管道布置将在设备模型的参照上进行设计。

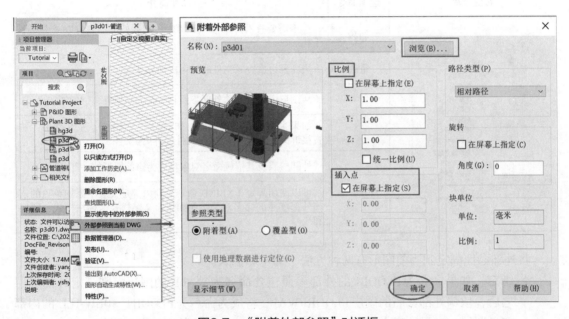

图8.7　"附着外部参照"对话框

（3）外部参照类型

　　外部参照类型分为"附着型"和"覆盖型"，默认使用附着型参照（图8.7）。关于外部参照类型有以下注意事项。

　　◇ **附着型**：如果主文件master所参照的文件a还参照了文件c，那么该主文件master中也将显示c文件。**覆盖型**：即使主文件master所参照的文件a还参照了其他文件c，那么主文件master中也不会显示c文件。简而言之，附着型参照将带入子文件；覆盖型参照则仅参照当前文件。

　　◇ 当参照关系比较复杂时，如果使用附着型参照，有可能会导致循环参照。因此，为了使参照关系简化，**尽量使用覆盖型参照**。

　　◇ **参照的路径类型**，尽量使用相对路径，且将文件放在项目文件夹下相应位置，这样当文件迁移时，参照关系不会发生变化。

◇ **参照文件的插入点选择**，推荐使用原点（0, 0, 0）。可在区域划分时，统一原点位置，然后定好每个区域的实际坐标值，在参照时统一使用原点插入。

（4）外部参照的管理

当文件中包含外部参照时，在状态栏上会显示"**管理外部参照**"图标 📄。单击可弹出类似图8.6所示的"**外部参照**"选项板，从而进行参照管理。也可以通过单击"插入"选项卡➤"参照"面板➤"↘"按钮，打开"外部参照"选项板。

在"外部参照"（图8.6）中可以插入新的外部参照，改变参照文件路径和参照类型。**右击参照文件**，在弹出的快捷菜单中可以执行卸载、重载、拆离和绑定外部参照文件等命令。各自的功能特点简介列于表8.2中。

表8.2 "外部参照"选项板中的快捷菜单中选项命令简介

右键菜单	选项命令	功能简介
	卸载	当不需要查看外部参照文件时，卸载外部参照可以减少图形干扰
	重载	当需要再次查看文件时，再次加载外部文件
	拆离	从图形中完全删除外部参照和所有关联信息，例如层定义
		如果主文件有**嵌套参照**，如a文件（c文件），主文件中无法直接拆离c文件，只能在a文件中拆离c文件
	绑定	外部参照及其依赖命名对象将成为当前图形的一部分
		可以使用绑定（XBIND命令）向内部定义表中添加单独的依赖外部参照的命名对象，例如块、文字样式、标注样式、图层和线型

将外部参照绑定到当前图形有两种方法：绑定和插入。

◇ **绑定**　如果命名为FLOORl的外部参照包含命名为WALL的图层，则绑定外部参照之后，依赖外部参照的图层FLOORl/WALL 将成为命名为FLOOR1 \$0\$WALL 的内部定义图层。如果已存在同名的本地命名对象，\$0\$中的数字将自动增加。

◇ **插入**　如果命名为FLOORl的外部参照包含命名为WALL 的图层，则在使用"插入"选项绑定外部参照之后，依赖外部参照的图层FLOORl/WALL 将成为内部定义图层WALL。

◇ 在插入外部参照时，绑定方式会更改外部参照的定义表名称，而插入方式则不更改定义表名称。要绑定一个嵌套的外部参照，必须选择上一级外部参照。

◇ 把外部参照绑定到图形上可使外部参照成为图形中的固有部分。通常在最后交付或归档时，可将所有文件绑定到主图中。这样只需要提供一个主文件即可。

◇ **更新参照**　将外部参照附着到图形时，程序将定期检查从最后一次加载或重载外部参照时起参照的文件是否已经更改。XREFNOTIFY 系统变量可以控制外部参照通知。

裁剪、淡入和调整外部参照。如果只需要参照局部图形，可以对外部参照进行裁剪（图8.8），还可以使用淡入和调整设置将外部参照调成浅色。调整只对底图文件（dwf、dwfx、pdf和dgn）有效。

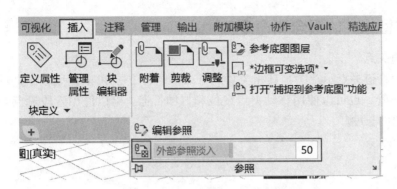

图8.8　"外部参照"的剪裁、调整与淡入

8.2　创建管道

选择或设定好等级库（图8.2），即可开始布管。布管方法主要有自动布管、手动布管、基于P&ID线号布管、坡度布管、将线转换为管道、将PCF转换为管道等方法。从本节开始将在"p3d01-管道"文件中进行管道布置，该文件已经添加"p3d01"文件作为外部参照（参照8.1.4小节）。

布管时为了减少干扰，可以借助"**可见性**"面板中的工具，或者右键快捷菜单中的"**隔离**"或"**隐藏**"选项，进行局部隐藏对象、隔离对象、控制显示等辅助操作。此外，在布管之前，可以先进行**图层和颜色的设置**。下图为默认设置（图8.9），颜色制定依据是"公称直径"，也可以将其调整为"图层"，这样所有管道都会和管道所在的图层颜色一样。

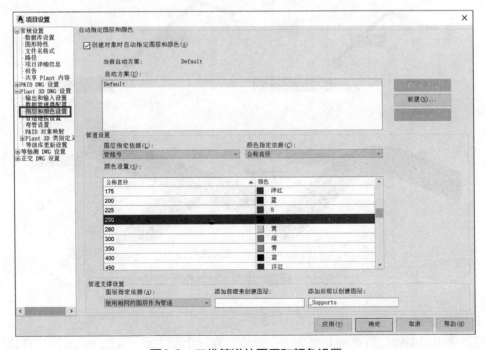

图8.9　三维管道的图层和颜色设置

8.2.1 布管相关的概念和命令

（1）管道夹点

图8.10为管道夹点示意图，其相关功能可以参照表2.3。可以使用顺序夹点从选定管道的开放端口布管，也可以使用移动夹点定位和拉伸管道。可以使用管段端点处的移动夹点更改选定管道的长度。

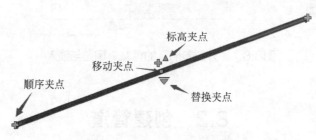

图8.10　管道夹点示意图

除布管外，还可以使用开放端口处的顺序夹点添加弯头，如图8.11（a）；如果使用的顺序夹点不在开放端口处，将创建支管，如图8.11（b）管段中心位置处有支管顺序夹点。管件也有支管顺序夹点，例如，弯头具有可将弯头转换为T形三通的支管顺序夹点，如图8.11（c）。

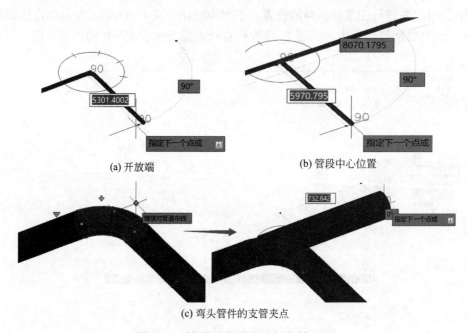

(a) 开放端　　　　　　　　　(b) 管段中心位置

(c) 弯头管件的支管夹点

图8.11　管道顺序夹点及其布管应用

（2）管道指南针

可以使用指南针以精确的角度布管。指南针在一个圆上显示刻度标记，可以设置标记之间的角度、更改指南针的大小或禁用指南针，默认角度为45°，如图8.11（a）中的带刻度的圆环。使用指南针指定的点会被限制在布管平面上。若要指定不是位于布管平面上的点，可以禁用指南针。

添加管件时，可以设置公差角度，允许有微小角度偏差。例如，要使用90°弯头时，可以指定91°角。如果启用公差角度，指南针将显示公差角度记号标记。默认情况下，公差角度处于禁用状态。

指南针设置方法：在"常用"选项卡➤单击"指南针"面板中的按钮（图8.12）。其中，**切换记号标记**，可以控制指南针的记号标记增量；**切换捕捉**，用以控制是否启用捕捉点；**切换公差**，用以控制是否启用公差；**切换指南针**，用以控制是否启用指南针。

提示：使用"**CTRL+单击鼠标右键**"**可以更改指南针平面**。布管时如果需要改变布管平面，可以**按P键更改管道平面**，或使用Ctrl＋单击鼠标右键更改布管平面。例如：当开始布管时，布管平面为XY平面，只能在XY平面方向上改变管道。如果要沿Z轴方向布管，就需要更改布管平面。按P键一次，布管平面更改为XZ方向，再按一次P键，布管方向则更改为YZ平面。可以多次按P键，直到切换需要的平面，如图8.12所示。

（3）标高和布线

布管时，除了中心线之外，还可以指定8个偏移方向。将偏移设置为管道底部（BOP）后，可以直接指定支撑位置。

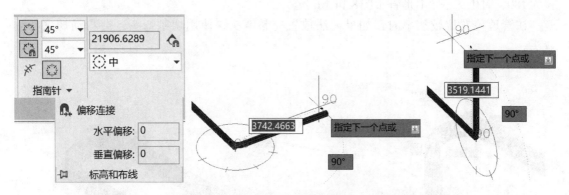

图8.12 "指南针""标高和布线"面板内容及切换指南针平面示例

如图8.12所示的"标高和布线"按钮。可以直接指定管道标高值，从而可以在平面显示时布置有标高的管道。只有正在进行布管操作时才可以执行，例如：

◇ 设置标高为2000，在俯视图中使用布管命令拉出一根水平管道，其标高即为2000。

◇ 单击"标高和偏移"面板底部倒黑三角，展开偏移设置。偏移设置对于布置平行管道非常方便，而且相对墙、柱偏移一定距离的管道布置也适用。以创建平行管为例，可以先设置水平偏移2000，垂直偏移0。布管时起点捕捉管道两端即可，就会生成平行管道，如图8.13所示。

◇ 当开启偏移连接（深色为开启，浅色为关闭）时，捕捉遇到管道会忽略捕捉直接连接管道；当关闭偏移连接时，才偏移产生效果，重新布设一条新管道。如果要取消偏移，需将偏移值设为0。

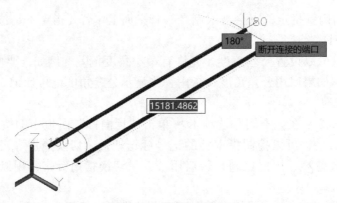

图8.13   偏移布管示例

（4）切换弯管与切换切割弯头

布管过程中，单击"常用"选项卡➤"零件插入"面板➤"切换弯管"按钮，以启用弯管。开启弯管时，会用弯管替换等级库中的弯头。plantmaxbendangle 命令可以设置弯管最大角度。开启动态输入后（按F12 键），可以在生成弯管时设置半径、角度、直边长度的值，按Tab 键在各个参数间循环切换（图8.14）。注意弯头和弯管的角度是指管道与另一条管道延长线形成的夹角，图8.14（a）为角度为135° 弯管。其中最大可以设置为180°，设置为180° 时生成一个U形管［图8.14（b）］。

在管道位置比较狭窄时，如果无法放置完整弯头，使用切割弯头，会自动切去部分弯头。

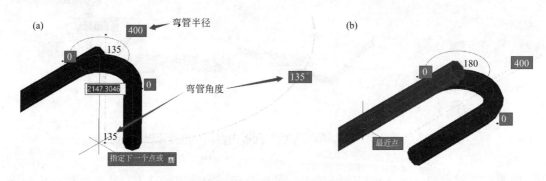

图8.14   弯管切换及参数设置

8.2.2   自动布管：使用布设工具

指定管道起点和端点位置，根据系统推荐的路径，选择一种布管方案。该方法省时省力，但有时所有方案都不符合要求，有时会出现管路无法实现的错误。通常自动布管完成后，要进行局部调整。

自动布管操作示例如下。

1）**设定管线号和尺寸**   在"常用"选项卡➤"零件插入"面板➤单击"**线号选择器**"按钮 未指定 ➤选择"布设新线"选项。在弹出的"**指定位号**"对话框中进行线号设置。编号为02；尺寸为200；等级库为10HS01。

2）**选择管道起点和终点**　捕捉泵的出口节点，单击确定起点（按住Shift＋右键可快速选择节点）。移动和缩放视图到变径塔位置，单击变径塔进料管口节点作为管道终点。

3）**选择合适的布管方案**　共有5种方案可供选择（图8.15），单击下一个或上一个可循环查看。以选择方案3为例，单击"接受"选项，可移动或缩放视图观察管道细节。

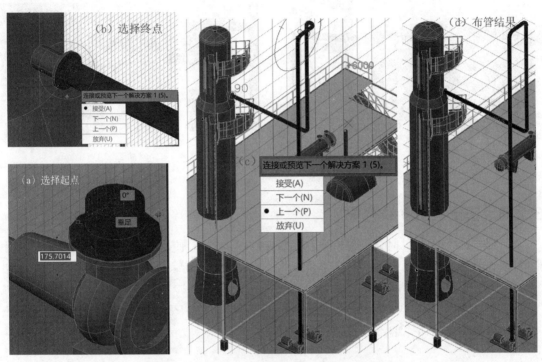

图8.15　利用"线号选择器"自动布管过程示例

4）**补充**：在2）指定终点之前，命令栏处出现提示（图8.16），可以进行相应的布管调整。

> ▼ PLANTPIPEADD 指定下一个点或 [管件(F) 尺寸(S) 规格(SP) 平面(P) 缩进弯头(C) 转动弯头(R) 管道直接(ST) 切换弯管(BE) 标高(E) 管路偏移(O) 基准元件(CO)]：

图8.16　布线命令栏提示操作截图

8.2.3　手动布管：使用布设工具

手动布管可以从任何位置开始布置，采用8.1.3或8.2.1中的命令进行操作，并按需要的路径布置，非常灵活。以布置备用进料泵P—5101B的出口管线为例，如图8.17所示，操作步骤如下：

1）**设置线号**　同8.2.2小节中类似的线号设置过程，也可以直接应用其线号设置，在"常用"选项卡➤"零件插入"面板➤单击"**布管**"按钮。

2）**设置起点**　捕捉P—5101B泵出口管嘴节点。

3）**拉伸管道**　沿Z轴方向移动鼠标，输入3000，按"Enter"。

4）**更改布管平面**　输入 P，更改布管平面，捕捉与垂直管道的垂足。

5）在上述布管过程中，有时会弹出"警告"对话框，可以选择相应解决方案，接收或者放弃布管。

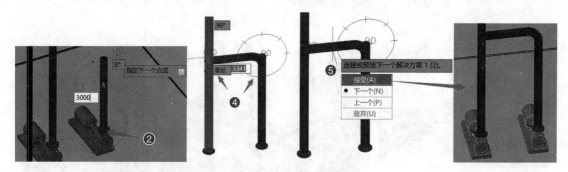

图8.17　手动布管过程示例

8.2.4　基于P&ID 线号布管

项目包含P&ID 文件时，可以直接使用P&ID线号布管。使用P&ID布管有两个优势，一是确保P&ID和三维模型一致，校验时不出错；二是节省管道编号、选择管径等工作量。

操作示例：绘制进料泵的入口管线。

1）在"常用"选项卡➤"零件插入"面板中单击"**P&ID 线列表**"按钮，弹出"P&ID线列表"对话框（图 8.18）。对话框中包括：

图8.18　"P&ID 线列表"对话框

◇ **下拉列表**　显示当前 P&ID 图形的名称。默认情况下，显示上次打开的图形。
◇ **打开**　打开选定的 P&ID 图形。
◇ **刷新**　刷新选定 P&ID 图形的线列表和线元件。

◇ **树状图**　项目树中的每个节点均表示 P&ID 图形中的一个线段，"03"表示编号 03 的管段，"？"是指尚未制定编号。

◇ **"放置"按钮**　将在三维模型中放置选定的线或元件。

2）"P&ID 线列表"对话框中，选择目录树➤"03"➤"PG5103*"的管线；单击"放置"按钮。

3）在建模区域，捕捉 T—5101 塔顶管嘴的节点或圆心；并捕捉冷凝器 E—5102 的进口管嘴节点，选择其中一种方案，完成布管。

4）**放置阀等管件**。单击线号"PG5103*"前的"＋"➤展开线号➤选择"截止阀 HA—112"（图 8.18），继续单击"放置"按钮，在管道上放置截止阀。结果如图 8.19 左图。

5）查看布管结果。选择管道➤"右键"➤"特性"。可看到管道和阀门的等级库、尺寸、管线号、位号都和 P&ID 一致（图 8.19 右图）。

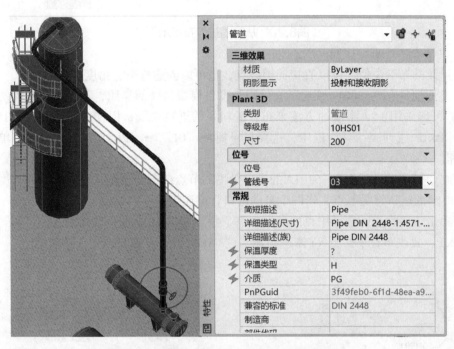

图 8.19　采用"P&ID 线列表"布管的结果

8.2.5　从管嘴开始布管

如果管道和设备在同一个文件内，而不是使用外部参照方式，则可以直接单击管嘴处的顺序夹点"➕"开始布管。布管前需要设置管线号，自动获取管嘴尺寸作为管径尺寸。

1）打开"p3d01"文件，选择离心泵 P—5101A，两个管嘴位置都会出现编辑和顺序夹点，单击"➕"，就会拉伸出相应的法兰和管道，可以输入转交，或是长度"1000"，按"Enter"，如图 8.20 所示。

2）查看所布管道的"特性"会发现管道位号沿用的是当前布管位号和等级库。管道尺寸则和管嘴尺寸一样。

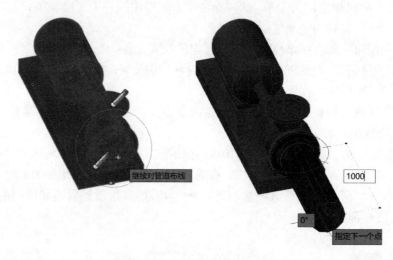

图8.20　从管嘴拉伸布管示例

3）后续的布管类似，可以直接捕捉终点，也可以创建弯头、角度等（图8.21）。

4）类似地，在"p3d01-管道"文件因为设备模型是外部参照，不能采用管嘴的方法进行布管，可以采用8.2.4小节的方法来布置进料泵的进口管线，以便和pid01的P&ID保持一致。在"P&ID 线列表"对话框中，选择目录树➤"01"➤"PL5101*"的管线；单击"放置"按钮。

5）在建模区域，捕捉P—5101A的进口管嘴的节点或圆心；输入"1000"的长度值，捕捉P—5101B的进口管嘴节点，将两个泵的进口管道连接。

6）单击连接管道，选择中点的顺序夹点"➕"，拉深出垂直管道，输入"1500"的长度值；输入P，更改布管平面至XY水平，输入"3000"的长度值，以便连接管网。

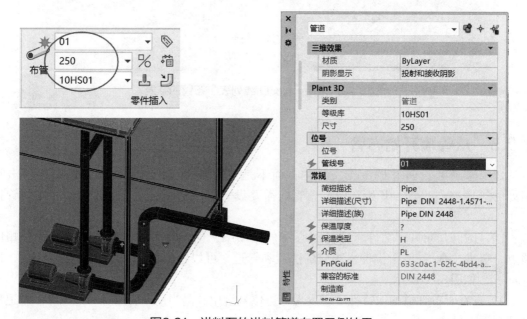

图8.21　进料泵的进料管道布置示例结果

7）在"P&ID线列表"中单击线号"PL5101*"前的"＋"➤展开线号➤选择"闸阀HA—103"（图8.22左图），单击"放置"按钮，在管道上放置闸阀。可是发现进口管道长度比较短，不足以放置闸阀，先取消防置闸阀。

8）单击进口管线，发现由于法兰和弯头等管件的存在，直管长度仅为549，这里向右移动光标，输入"1500"，按"Enter"，将进口管线延长。

9）重复7）的过程，捕捉进口管线的中点，放置闸阀，结果如图8.22右图所示。

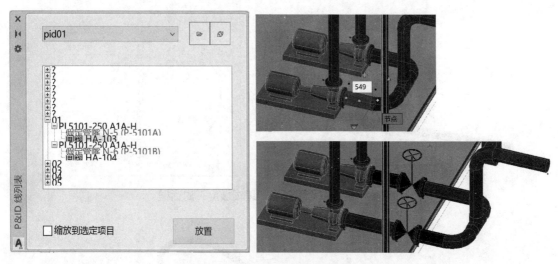

图8.22　调整管线长度和放置阀门示例

8.2.6　坡度布管

通过指定坡度落差高度和坡度水平长度来指定坡度。具本操作方法如下。

1）单击"常用"选项卡➤"坡度"面板➤开启"切换坡度"按钮

2）在 0 : 1 中分别输入"坡度落差高度"和"坡度水平长度"，比如1和10。则显示坡度：6。也可以输入负数，其中正数表示向下倾斜，负数表示向上倾斜。

3）单击"常用"选项卡➤"零件插入"面板➤"布管"按钮。在图形中单击指定起点，使用坡度，会显示坡度标记（图8.23）。

4）指定管线终点，按Enter键完成布管。

5）可对现有管道设置坡度，右击管道，弹出快捷菜单，选择"编辑管道坡度"命令。在弹出的"编辑坡度"对话框中设置相应值（8.23右图）。可设置起点和终点，从而精确指定坡度走向。

8.2.7　线转换为管道

对于一些特殊管道比如弧形管道、蛇管及盘管等，可以使用线、圆弧和多段线绘制中心线，然后使用"线转换为管道"命令，将线转换为管道，如图8.24所示。如果弯度过小，可能无法生成需要的管道，可以开启切换弯管和切换切割弯头提高成功率。

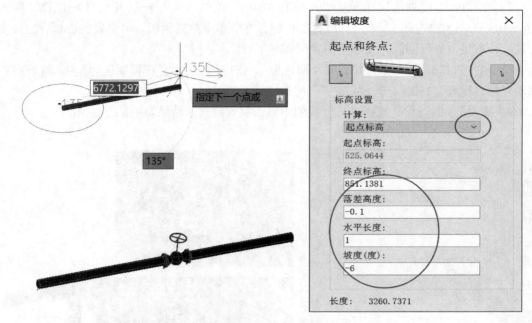

图8.23 坡度布管示例和"编辑坡度"对话框

图8.24 线转换为管道

8.2.8 PCF 转换为管道

管道元件文件（PCF）是从三维模型创建的文件，包含管线细节，通常用于生成等轴测图形和BOM 表。使用"PCF 到管道"命令 可以将 Plant 3D 程序生成的 PCF 文件或由其他软件生成的PCF 文件逆向转换为三维模型。对于文件校验和逆向建模都是一个好方法。

8.3 编辑管道

8.2.2小节中图 8.15所示的进口管线 PL5102-200，作为软件提供的方案仍有许多不合理的布置，可以通过管道编辑进行优化布管。事实上，可以通过布管过程的设置优化管道布局：

◇ 使用管道夹点调整管线的长度、位置、标高等特性（参照图 8.10，图 8.22）。

◇ 借助管道顺序夹点创建弯头（参照图8.11）、T型连接（参照图8.21）等。

◇ 借助管道的坡度设置、偏移设置进行坡度、标高、偏移优化（参照图8.12，图8.13，图8.23）。

◇ 在布管选择起点和终点的过程中，借助图8.16中命令栏提示的命令进行精确布管。

以PL5102管线的编辑为例展示管道布局优化的相关操作：

8.3.1　删除不合理的管线

1）单击选择要删除的的管道、弯头、三通或T型接管等。右键➤"删除"；或按"Del"删除键。

2）单击选择P—5101A出口管线的剩余部分，选择顶部的顺序夹点"➕"，捕捉P—5101B出口水平管线的"节点"。

3）在弹出的"管道–无法确定自动布线"的警告中选择第一条建议，将两个泵的出口管线再次连接（图8.25）。

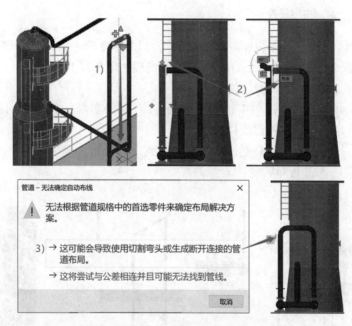

图8.25　删除，再连接管线过程示例

8.3.2　创建T型连接和弯管

1）单击水平管道，单击中心顺序夹点（或者"零件插入"面板➤"切换管道直接"按钮🔁➤捕捉管道的中点），向上拉伸，创建T型接管。

2）调整接管方向。输入P，按"Enter"；重复一次，使T型管垂直向上。输入长度"1250"，按Enter。

3）调整视角为左视图（ViewTube 🔲），并输入P切换指南针的平面，输入长度（如"1700"），就产生了具有90°弯头且平行平台的水平管道。

4）切换回"东北等轴测"视角，并隐藏设备模型，以观察PL5102管线（图8.26）。

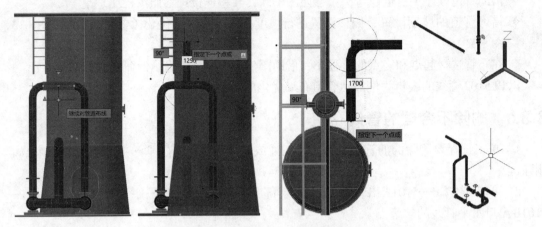

图8.26 创建T型连接和弯管的过程示例

8.3.3 移动、拉伸管道

1）保持功能区管线号、等级库等布管参数仍与PL5102的一致，单击"布管"按钮，选择起点为泵出口管线端，选择终点为塔的进口管线端（图8.27）。给出两种布管方案：斜接和正交连接。这里选择正交连接方案。

2）单击选择垂直的管道，单击选择"移动夹点"，沿着塔的管嘴方向拖动，以此移动管件靠近T—5101，便于后续管道支撑。

3）在可视化中，显示全部模型，并切换"右或东"视角，发现调整后的管线PL5102是沿着塔外壁和平台底部进行布管的。

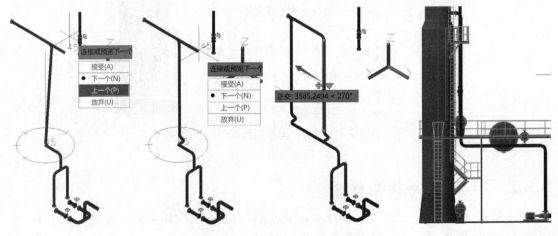

图8.27 布管及其管线移动示例

8.3.4 为管道添加保温和焊接

先为塔底和再沸器添加回流管线（如图8.28）。

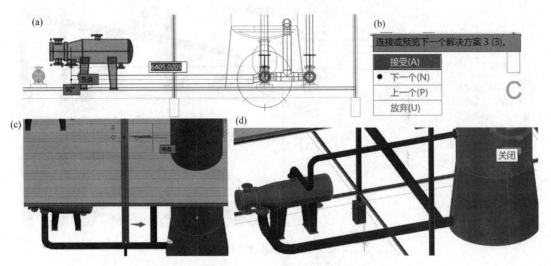

图8.28　布管及其管线移动示例

1）**调整模型的显示效果**　在"常用"选项卡➤"视图"面板➤下拉菜单中➤选择"线框"按钮![]。使得塔底的管嘴便于捕捉，并调整 ViewTube 为前视图。

2）**设定管线号和尺寸**　在"常用"选项卡➤"零件插入"面板➤单击"线号选择器"按钮 未指定 ➤选择"布设新线"选项。在弹出的"**指定位号**"对话框中进行线号设置。编号为04；尺寸为250；等级库为10HS01。

3）**选择管道起点和终点**　捕捉塔底管嘴，作为起点，输入"1200"的长度值；然后捕捉再沸器的进口管嘴的节点作为管线终点。"接受"解决方案3（3）。

4）**添加T型塔釜出口管线**　重新调整回"**视图**"为"真实"，并适当调整视图视角。单击中心顺序夹点；输入P，调整接管方向为水平向北，输入长度值"10000"，创建T型接管。单击T型管，选择移动夹点，向右移动避开立柱，以备连接管网。

5）**创建塔釜回流管线**　单击"**线号选择器**"按钮➤选择"布设新线"选项。在弹出的"指定位号"对话框中进行线号设置。编号为05，尺寸为150，等级库为10HS01。捕捉再沸器出口管嘴节点作为起点，然后捕捉塔釜立侧的管嘴节点作为管线终点；"接受"解决方案1（4）。

为05管道添加保温和焊接。

6）**添加保温**　单击编号05的回流管道➤"添加选择"➤"连接的线号"，选中所有管线；在右键菜单中单击"特性"；在"特性"选项板中➤管线组➤保温厚度/保温类型，依据实际情况选择（图8.29作图）。

7）单击结构➤"可见性"面板➤"切换保温层显示"按钮![]，观察管道变化。会发现添加保温厚度之后，显示的管道会变粗，如图8.29右图所示。

8）当创建两个连接的管道组件时，默认情况下会自动添加焊接。想实现管道的打断操作，可以手动添加焊缝：右击管道➤"向管道添加焊接"，移动鼠标或在命令栏内输入距离，确定焊缝位置，单击左键确定。类似地，可以在"可见性"面板➤"切换焊接显示"按钮![]，进行显示选择。

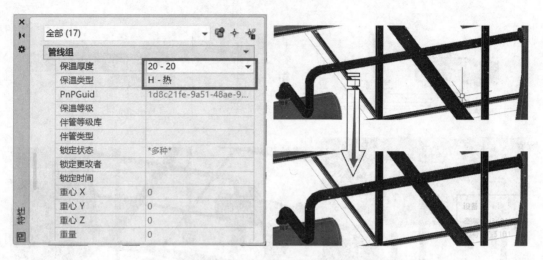

图8.29 添加保温特性和切换保温层显示示例

8.3.5 指定管道位号

若在布置管道时，遗漏若干管线，没有进行管道位号标注，即"未指定"状态布管，可以在完成管道布置之后在完善添加。如图 8.30（a）所示，对塔顶回流管线布管未注明管道号，在该段管道上右击➤添加到选择➤完整线号（整段管道高亮）；再次右击➤"特性"，在弹出的"特性"对话框内➤位号➤管线号➤新建（下拉菜单）➤编号输入"08"➤指定。完善精馏塔的其余管线，如图 8.30（b）所示，01～08 编号管线的布置结果，其与"pid01"图形中的管线编号一致。

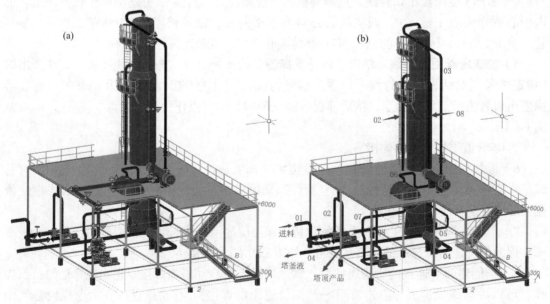

图8.30 指定管道位号和完善精馏塔布管示例

8.4　添加管件

创建管道组件主要有**三种方法**，包括使用P&ID线列表、动态工具选项板和等级库查看器。

8.4.1　从P&ID线列表中添加管件

在8.2.4小节中已经演示了使用P&ID线列表添加管件，该方法最为推荐，因为它会自动将管道组件与相应的P&ID符号相链接。

8.4.2　在布管过程中添加管件

为04编号的塔釜管线添加截止阀。

1）单击自由端的顺序夹点"✚"，继续布管；在**命令栏**输入F，打开"添加管件"对话框（图8.31）。管件类型选择"阀门"，类别类型为"Shut-off globe valve"，在"可用管道元件"列表中选择管件。

2）在建模区域，动态输入中或者命令栏填写距离"0"，选择角度"0"，按"Enter"键确认添加阀门。

3）添加阀门后的，发现可以继续布管。输入举例"500"，按"Esc"结束布管。

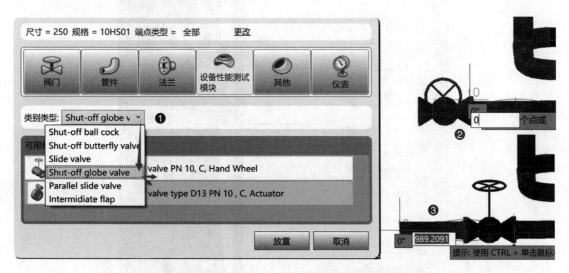

图8.31　布管过程中选择、添加管件过程示例

4）**在管端添加盲法兰**。类似地，单击管嘴上"+"创建管道，命令栏选择**管件（F）**；在**"管件类别"**对话框中选择➤**"法兰"**➤**"Flange blind"**➤**"可用管道元件"**列表➤**"放置"**；选择管嘴➤指南针调整方向（0度）➤左键确定（图8.32）。

图8.32　在管端添加盲法兰示例

8.4.3　从工具选项板中添加管件

在布管后，可以从工具选项板中添加管件。以泵的止回阀为例进行添加过程演示，图8.33。

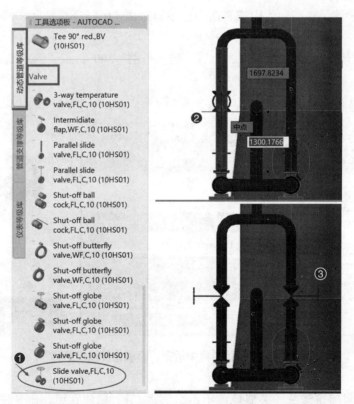

图8.33　从工具选项板中选择、添加管件过程示例

1）在工作窗口右侧**工具选项板**➤"动态管道等级库"➤"Valve"栏➤"Slide Valve"。需要说明的当前工具选项板显示的是等级库10HS01中的管件，其中并没有"Check Valve"，因此这里以"Slide Valve"进行实例。

2）在建模区域，捕捉P—5101A的出口管线的中点，在角度中输入"270"，按"Enter"，完成放置。

3）发现可以持续放置该类型的管件，继续捕捉P—5101B的出口管线的中点，在角度中输入"90"，按"Enter"。按"Esc"退出放置管件的操作。

✧ 从动态管道等级库中，直接选择添加需要的管件，可以设置添加管道位置和对齐方式。按 Ctrl 键可以切换对齐端口，可以一直循环。需要在捕捉到管道前，按 Ctrl 键才会生效。

✧ 按 Tab 键切换对齐位置设置，输入值以确定距离（如果没有显示数字，需要打开动态输入，按F12键）。

8.4.4 编辑管件

管件布置完成，可以通过管件夹点修改管件位置及重新选择管件类型。鼠标单击选中管件，出现多个调节点，分别可以对阀门进行 **旋转**、**翻转**、**移动**和**替换**（图8.34）。

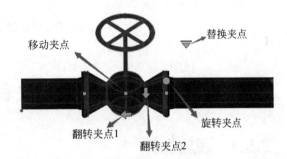

图8.34 管件夹点说明

✧ 替换夹点可选择可用的管件类型；移动夹点可以移动管件。

✧ **翻转夹点2**可以翻转操作手柄，按一次翻转180°；按住 Ctrl 键，再单击则可翻转90°。如果为非对称管件，单击**翻转夹点1**，可以按管线翻转管件（对称管件翻转意义不大）。

✧ 旋转夹点则可以旋转任何角度。

在选中管件对象状态下，右键➤"特性"选项➤"阀操作器"可以查看阀操作器的标注和结构预览（图8.35）。在其中单击"**操作器**"中的"**HandWheel**"，侧边会出现下拉菜单和📋按钮；单击这一替换按钮，弹出"**替换阀操作器**"对话框（图8.36），在其中可以改变阀门手柄等组成和阀的结构。

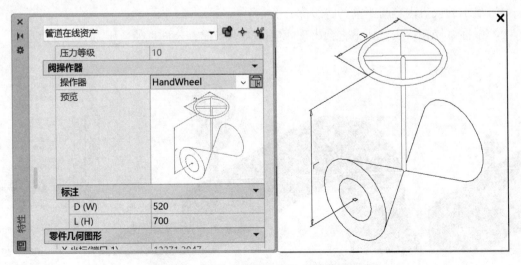

图8.35 管件"特性"中的"阀操作器"

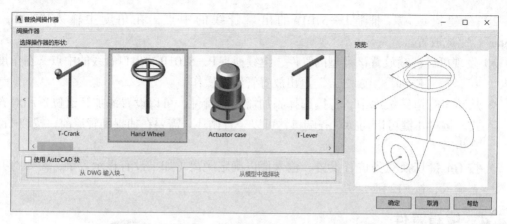

图8.36　"替换阀操作器"对话框

8.5　添加仪表和自定义零件

8.5.1　添加仪表

　　添加仪表可以直接从工具选项板中的仪表等级库中选择相应的仪表。由于仪表接管都比较小，通常需要在接仪表的管道中引出分支小管径管道，再和仪表连接，且管道端口和仪表的端口要匹配。为塔顶出口管线添加压力表，其过程如下图8.37所示：

　　1）**分支小管径管道**　点击水平管，点击顺序夹点，创建T型支管；在命令栏选择P，调整支管垂直向上；在命令栏选择"尺寸（S）"，输入管道直径"25"，按"Enter"；然后输入长度"150"，创建好小管径管道。

　　2）**添加仪表**　在工具选项板➤"仪表等级库"中选择合适的仪表；捕捉细支管的节点，调整仪表的方向和位置，确定完成添加。需要注意：

　　◇ 仪表等级库中包括流量（Flow）、压力（Pressure）和温度（Temperature）三类仪表；

　　◇ 显示的仪表内容与当前的等级库有关；

　　◇ 鼠标悬停在仪表按钮上，会出现相应的类别名称、公称直径、压力等级等信息。

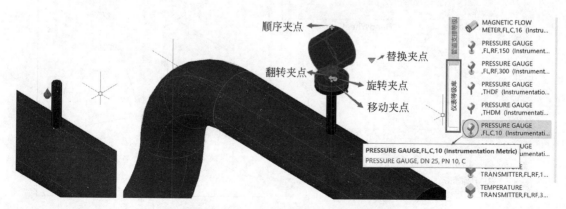

图8.37　创建细支管和添加仪表示例

8.5.2 自定义零部件

对于等级库和动态选项板中没有的管件，AutoCAD Plant 3D允许使用者添加自定义零部件到三维模型中。自定义的元件可以是参数化元件或基于块的元件，**仪表可看作特殊的自定义零件**。

可以向管线中添加3种类型的元件。

① **元件库零件** 已从元件库添加到管道等级库的零件，大多数元件为元件库零件。

② **占位符** 在各零件添加到管道等级库之前临时使用的对象。将零件添加到管道等级库后，可以使用替换夹点将其更新。

③ **自定义零件** 在元件库中不存在的零件，不会添加到管道等级库，例如，专用项目或仪表。

将某项目添加到管道等级库时，会将零件几何图形从元件库复制到管道等级库。自定义零件和占位符零件都是使用简单几何图形绘制的。需要说明的是：

◇ 将自定义元件添加到线后，可以在"特性"选项板中修改特性，特别是修改参数化元件的尺寸。

◇ 不属于管道等级库的管道元件可以是自定义零件，也可以是占位符零件。生成项目时，系统会自动生成一个自定义零件库，自定义零件会放置于该等级库中。当模型中需要添加管道等级库中不存在的零件时，系统将添加占位符零件。同理，项目中有一个占位符零件等级库。

◇ 除了可以直接放置占位符零件之外，还可以在零件独立于等级库时，在等级库更新过程中创建占位符零件。如果对零件尺寸所做的更改不兼容或将零件从管道等级库中删除，零件即会独立于管道等级库。

◇ 占位符、自定义零件和仪表都有相应的等级库，等级库文件是成对出现的，即*.pspx和*.pspc。各自等级库文件名称见表8.3。

表8.3 占位符、自定义零件和仪表对应等级库

自定义元件	单位	等级库名
占位符	公制	PlaceHolder Metric.pspx PlaceHolder Metric.pspc
	英制	PlaceHolder lmperial.pspx PlaceHolder Imperial.pspc
自定义零件	公制	CustomParts Metric.pspx CustomParts Metric.pspc
	英制	CustomParts lmperial.pspx CustomParts lmperial.pspc
仪表	公制	Instrumentation Metric. pspx Instrumentation Metric.pspc
	英制	Instrumentation Imperial. pspx Instrumentation Imperial.pspc

8.5.3　创建和使用自定义零件（占位符零件）的步骤

占位符是自动创建的。这里简单说明一下自定义零件的创建方法。

1）在"常用"选项卡➤"零件插入"面板➤单击"自定义零件"按钮⯊。

2）弹出"自定义零件生成器"对话框（图8.38）。在其中可以选择零件类型、使用的图形。

◇ 图形可以采用内置的 Plant 3D 参数化形状，如果是参数化形状可以修改尺寸参数。

◇ 也可以使用 AutoCAD 块，使用块只能设置特性参数。

◇ 使用基于块的几何图形创建元件，该几何图形需要使用 PLANTPARTCONVERT 添加端口。如果块没有指定端口，则会提示错误。

◇ "自定义零件生成器"对话框中的内容如图8.38所示。

3）设置完成，单击"在模型中插入"按钮即可添加到图形中。

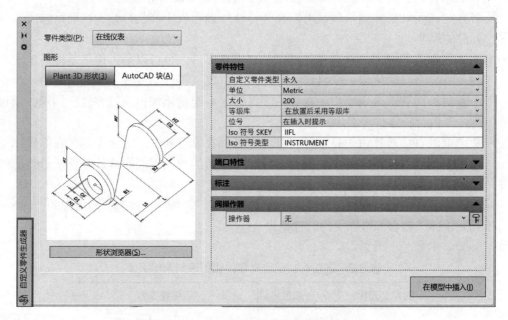

图8.38　"自定义零件生成器"对话框

（1）创建自定义零件（专用项目）的步骤

1）在"自定义零件生成器"窗口中，单击"Plant 3D形状"；在"自定义零件类型"列表中，单击"永久"；在"零件类型"列表中，单击类型（例如："在线仪表"）。在"大小/尺寸"列表中，单击零件附着的管道的尺寸（例如：200）。过程参照图8.39。

2）单击"形状浏览器"。指定零件形状。在"标注"下，输入零件标注。在"端口特性"中，指定端口的特性（例如：端点类型为FL），参照图8.39。

3）在"阀操作器"的下拉菜单中选择"促动器箱"（图8.40），会有相应的"预览"和"阀操作器尺寸"窗口出现，可以调整形状和参数，这里采用默认内容。

4）单击"在模型中插入"。选择02编号的进料管线，捕捉中点插入管件；在弹出的"指定位号"对话框中输入类型为"FC"。

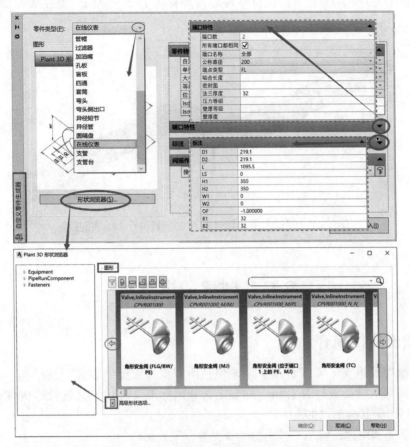

图8.39 "自定义零件生成器"中的选项内容和"形状浏览器"

图8.40 创建自定义零件并添加到管件示例：流量控制阀

（2）创建占位符零件

1）在"自定义零件生成器"窗口中，单击"Plant 3D 形状"。

2）在"自定义零件类型"列表中，单击"**占位符**"。

3）在"等级库"列表中，单击需要此零件的管道等级库（例如：CS300）。

4）在"类别"列表中，单击一个零件类型（例如：加油嘴）。

5）在"尺寸"列表中，单击一个尺寸（例如：6）。单击"在模型中插入"。

6）单击管线上指定一点；占位符零件连接到管线；按"Enter"键完成，如图8.41所示占位符零件。

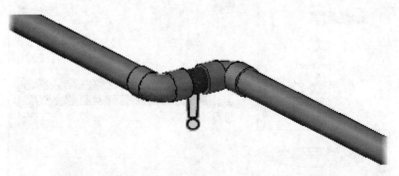

图8.41　创建占位符零件并添加到管件示例：加油嘴

8.6　创建管道支撑

8.6.1　管道支撑简介

管道支撑即管道支吊架或管道支架，包括所有支撑管道的装置，其结构、形式、形状众多。各个国家对管架设计都有相应的规定，我国标准为《化工装置管道机械设计内容和深度规定》（HG/T 20645—1998）。

按管架功能和用途，管道支撑可分为3大类，见表8.4。

表8.4　管道支撑分类

序号	大分类		详细分类	
	名称	用途	名称	用途
1	承重管架	承受管道荷载（包括管道荷载、隔热或隔声结构荷载和介质荷载）	刚性架	垂直无位移场合
			可调刚性架	垂直无位移，要求安装误差严格
			可变弹簧架	少批垂直位移
			恒力弹簧架	垂直位移较大或要求支点荷载变化不大
2	限制性管架	限制、控制和约束太普通的任一方向的变形	固定架	用于固定点处、不允许有线位移和角位移场合
			限位架	用于限制管道任一方向线位移的场合
			轴向限位架	用于限制点处，需要限制管道轴向线位移
			导向架	用于允许管道有轴位移，但不允许有横向位移
3	减振架	用于限制或缓和往复式机泵出口管道和由地震、风压、水击、完全阀排出反力等引起的管道振动	一般减振架	用于需要减振的场合
			弹簧减振架	用于需要弹簧减振的场合
			油压减振架	用于需要油压减振器减振的场合

在 Plant 3D 中则分为四大类管架：假支腿和常规支撑，管托、管描和导管，底座支撑，支腿。

将管道支撑与管道相连接时，支撑的方向和大小根据管线进行设置。如果将支撑与斜管道相连接，支撑将沿着轴（而非管道）定向，以便与结构或基座精准对齐。

将管道支撑放置在三维模型中后，可以使用旋转夹点来更改方向。对于具有一个支撑点（例如吊架或支柱）的支撑，可以使用"更改支撑标高"夹点。降低标高（负 Z）以增加地板支撑的高度。

管架创建后，可以使用"特性"面板修改管架尺寸，但不能修改类型。

8.6.2　添加管道支撑的方法

添加管道支撑的方法有两种：方法一，从工具选项板中的"管道支撑等级库"中直接添加（从支撑工具选项板中添加，可以直接添加所需要的支撑，但支撑比较多，选择比较困难）；方法二，从"常用"选项卡"管道支撑"面板中创建（从功能区创建，则可以按分类创建需要的支撑）。

（1）**管道支撑等级库中直接添加管道支撑**（如图 8.42 所示）

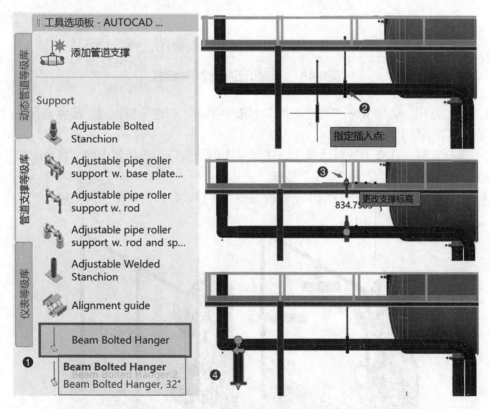

图 8.42　从工具选项板中的"管道支撑等级库"中直接添加支撑的示例

1）在工具选项板 **➤ "管道支撑等级库" ➤** 单击 "Beam Bolted Hanger" 按钮。

2）在管线中**指定插入点**，如平台下的 02 水平管段的中点，单击即可；发现可以继续添加同类支撑，按 Esc 键退出。

3）**修改标高**。选中支撑，并单击标高夹点，按 Tab 键切换到标高值（前缀 EL），输入 700。如果无法输入，则多按几次 Backspace 键。就可以实现调整标高。

4）类似地，也可以添加其他类别的管道支撑，比如"Welded Stanchion（焊接支柱）"。然后调整其标高为 300.000。

（2）"添加管道支撑"按钮创建支撑（图 8.43）

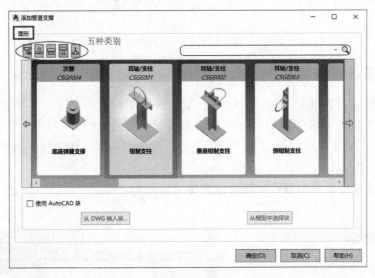

图 8.43 "添加管道支撑"对话框

1）在"常用"选项卡➤"管道支撑"面板中单击"创建"按钮 。或者直接在"管道支撑等级库"中单击相同的按钮。

2）选择支撑。在弹出的对话框中，找到"图形"窗口，选择其中的"底座支撑"按钮 。选择"钳制支柱"，单击"确定"按钮。

3）指定插入点，捕捉 03 管线水平管段的中点；修改标高为 6000（图 8.44）。

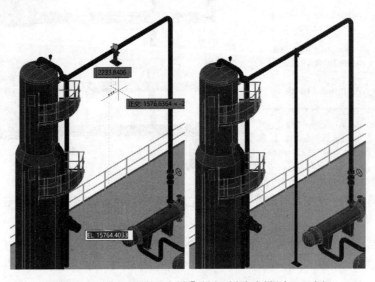

图 8.44 "添加管道支撑"按钮创建支撑过程示例

支撑创建完成，可以在"特性"面板中修改尺寸，但不能修改类型。此外，还可以使用自定义DWG块转换支撑，或在支撑上添加支撑，也可以在支撑上附着AutoCAD对象。

8.7 项目验证：对照 P&ID 图形验证 Plant 3D 模型

在5.4.5和5.4.8小节已经介绍过P&ID相关的验证，这里进一步说明Plant 3D模型的验证。Plant 3D模型有两种类型的验证，一种用于单独的模型，另一种用于与其关联的P&ID图形的模型，P&ID验证设置如图8.45所示。

图8.45　P&ID验证设置：Plant 3D验证对象选择

第一种Plant 3D模型验证非常简单，只要检查是否存在断开连接的零件、占位符零件或特性不匹配即可。第二种验证类型需要了解可能发生在P&ID和模型之间差异的类型及其原因。

Plant 3D 对象及其P&ID对象不共享数据，即使它们可能参照相同的逻辑对象。P&ID 数据和 Plant 3D 数据在项目数据库中实际上是分离的。因此，对 P&ID 图形的更改不会自动反映在模型中。但是，**可以随时根据 P&ID 图形验证模型，以查找两者之间存在的任何不匹配，并进行更正**。

对照验证的步骤（仅限于Plant 3D）

在开始之前，请确保P&ID图形为最新版本并且可用。注意：如果使用占位符零件，则不会对照 P&ID 验证模型。（占位符零件在验证过程中将被忽略。但是，用户可以单独运行对模型的检查以查找占位符零件，并将它们替换为实际零件，然后可以对照P&ID验证模型）

1）在项目管理器中，在要验证的模型上单击**鼠标右键**，单击"验证"。（如果要验证整个项目，则在项目节点上单击鼠标右键）

2）当"验证过程"对话框关闭时，执行以下一项操作：

✧ 如果所有模型都没有验证错误，将显示"验证完成"消息，单击"确定"。

✧ 如果一个或多个图形中有错误，将显示"验证概要"窗口，转到下一步。

3）"验证概要"中的错误有两类：未连接的端口和占位符零件。

4）若要查看每个错误的信息，请在"验证概要"树中单击错误节点，在"详细信息"窗格中显示的错误操作，图形将缩放到问题对象。

✧ **例如**：选择其中的"03-Pipe"错误，图形空间会自动缩放到错误的对象上，如图8.46所示的悬空管段，就是配管过程遗留的多余管道。

✧ 将"03-Pipe"的管道删除，再次点击"验证概要"中的"03-Pipe"错误，会弹出"目标图元已被删除"的"错误"对话框。点击"确定"，该错误将在此列中消除。

✧ 若要忽略错误，请在该错误上单击鼠标右键，单击"忽略"。

✧ 为尽量避免映射错误，可以在模型中放置 Plant 3D 对象时，留意其映射关系（参照7.4.1小节）。此外，绘制Plant 3D模型时尽量标注和P&ID对象相同的位号值。

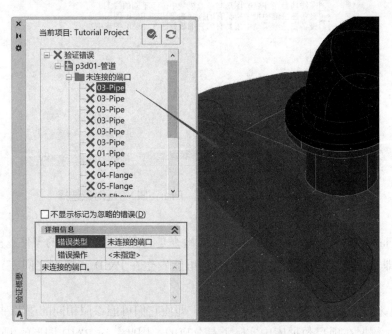

图8.46 "p3d01-管道"的验证概要

8.8 管道布置提示和小结

管道布置的要点是如何选择布管方法，以及快速定位，同时要选择管件、仪表支撑等的类别并进行调整。管道布置完成，除了需要生成平面图和立面图，提供施工图纸（详见"第9章 正交图形"），还需要制作局部的管段图（详见"第10章 ISO 图形"）。除了掌握前述的相关示例步骤和细节，还需要注意一下相关内容。

1）**添加参照文件** 管道布置需要设备布置图纸作为定位参照。但作为参照文件，不能直接通过管嘴进行管线布置。

2）**布管时须要准确定位插入点** 常需要在各种视角样式之间切换，也需要常常调整视图和视角，灵活使用各种捕捉工具和定位工具。

3）**管线位号** 建议在布管的同时设置、添加编号或位号。位号格式、设置过程应该和P&ID一致，可以参照5.3.3小节的内容。

4）**标高调整** 管道需要知道标高位置，也可以根据需要进行调整。

5）**其他注意事项** 布管和添加管件都需要注意等级库的匹配，以及管道的间距、安全、环保等因素。

第 9 章

正交图形

在 Plant 3D 中已经创建了装置（车间）模型，即结构、设备、管道模型等，可通过生成正交图的方式创建平面布置图和立面布置图，然后再添加标注和注释。根据三维模型对象不同可以获得不同的布置图，即通过三维结构和设备模型可以创建设备布置图，通过三维管道布置模型可以创建管道布置图。

9.1 Plant 3D 正交图形和工作流

正交图形为 DWG 文件，且每个文件都可以包含多个具有从 Plant 3D 模型中提取的数据的正交视图。如果源模型更改，可以更新正交图形以反映这些更改。

正交图形可显示 Plant 3D 模型中设备和钢结构、管道、阀门管件等的二维视图。图形可以具有注释、标注、匹配线（仅限平面视图）和管道间隙，并且可以显示或隐藏线和对象。创建正交图形的工作流如图 9.1 所示。

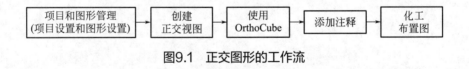

图9.1　正交图形的工作流

9.1.1　创建正交图形文件夹

创建文件夹可以将相关的文件放在一个文件夹下，统一管理文件内容，如使用同一个样板文件，使用统一的命名格式等。示例：

1）在项目管理器▶正交图形▶创建"车间布置"和"管道布置"文件夹（图9.2）。

2）在"车间布置"文件夹上右键▶"特性"，如图9.3所示在"项目文件夹特性"对话框中选择样板文件。

9.1.2　使用样板文件

生成的图纸一般需要统一的图框、样式、标题栏等，所以可以通过制作样板文件，以便在多个文件中共用格式。样板文件的制作方法参考3.4.1小节。

使用样板文件的方法如下：

图9.2　创建正交图形下的文件夹　　　　图9.3　正交文件夹使用统一的样板

　　1）**所有正交图形共用一个样板**　在"项目设置"对话框中➤"正交DWG 设置"➤"标题栏和显示"项➤"正交图形样板（DWT）"➤浏览选择样板文件。默认设置和样板文件如图9.4所示。

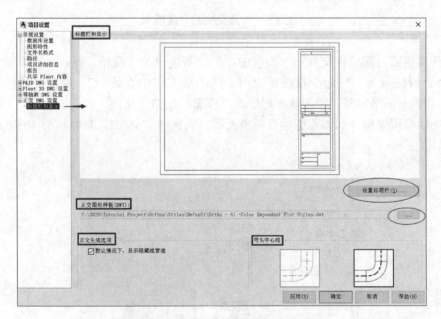

图9.4　正交图形设置和样板文件选择

　　❖ 可以浏览、选择、替换样板文件；
　　❖ 可以对样板文件的标题栏进行调整，选择"设置标题栏"按钮。
　　2）**一个文件夹共用一个样板**　右击文件夹设置（如图9.3所示）。

3）**每个图纸文件使用单独样板** 在新建文件时选择（参考图4.1）。

推荐使用第二种方法。样板文件使用优先顺序是，文件单独使用＞文件夹使用＞所有正交文件共用。例如，创建文件时设置了样板，那么其他两个地方设置的样板就失效了。

9.2 创建设备布置的正交视图

9.2.1 创建并编辑正交视图

创建正交视图的步骤如下：

1）**新建正交视图文件** 在项目管理器中➤"正交"选项卡➤"正交"窗格中➤单击"新建视图"按钮 ；并命名为"Equ-51Ortho"。

2）**功能区"正交视图"选项卡** 在项目管理器中选择"正交"选项卡后，功能区会自动显示"正交视图"选项卡。如图9.5所示。其中包括：

◇ 正交视图、Plant 对象工具、表格放置和设置等面板。

◇ AutoCAD 同样的注释、图层面板工具。

图9.5 "正交视图"选项卡

3）**新建视图** 在"正交视图"面板中单击"新建视图"按钮。提示：如果新建视图无效，若命令行提示为"**命令仅在正交图形的图纸空间中有效**"。说明当前处在模型空间，需要切换至图纸空间。单击状态栏中的"模型"按钮切换。

4）**选择参照模型** 如需要创建设备平面图，则选择"p3d01"项目模型（图9.6），然后单击"确定"。

图9.6 "选择参照模型"对话框

5）**选择视图** 如需要创建平面图可以使用俯视图。可以调整视图选择立方体（图9.7），选择需要生成的平面图。拖动立方体上的小三角可以改变视图大小。在功能区上出现"正交编辑器"选项卡，在OrthoCube面板上可选择不同的视图和添加弯折（图9.8）。当前选择默认标高的俯视图进行示例说明。

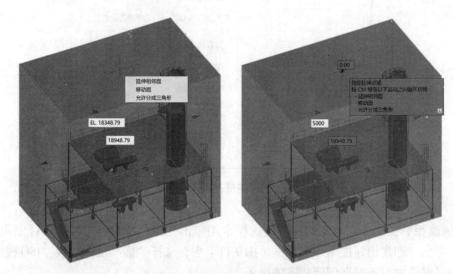

图9.7 正交视图选择立方体

图9.8 "正交编辑器"选项卡

6）**调整比例** 在"正交编辑器"选项卡上，可以开启"图纸检查"，实时查看图纸比例是否合适（图9.9）。

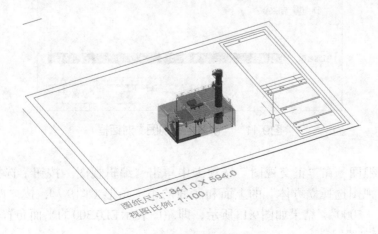

图9.9 图纸检查与图纸比例

7）**放置视图**　在"正文编辑器"选项卡上单击"确定"按钮，将视图放置在合适的位置，等待系统生成图纸（图9.10）。

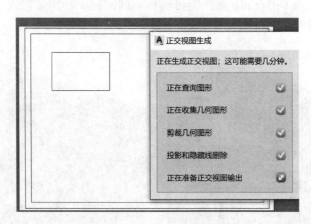

图9.10　生成的正交视图

8）**创建相邻视图**　在"正交视图"选项卡中单击"**相邻视图**"按钮；选择刚创建的俯视图；在弹出"创建相邻视图"对话框（图9.11）中，选择"标准视图"或"ISO视图"；单击确定，可以借助对齐捕捉创建相应的视图。

9）当前依次创建前视图、俯视图和东南等轴测图，结果如图9.12所示。

图9.11　"创建相邻视图"对话框

10）**编辑视图**　在"正交视图"选项卡中单击"编辑视图"按钮；选择刚创建的俯视图；选择"视图选择立方体"的上面和底面的小三角形（图9.7），按"Tab"切换到标高，分别输入"5000"。结果如图9.13所示，即左图表示EL0.300的平面布置图，右图表示EL6.000的平面布置图。

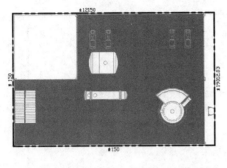
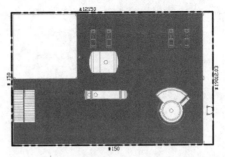
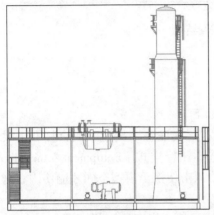
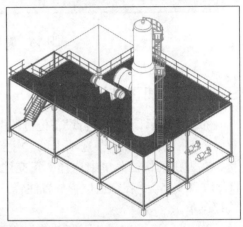

图9.12　创建完成的前视图、俯视图和东南等轴测图

11）**更新视图**　如果原始的设备或结构模型进行了修改，可以采用"正交视图"面板上的"更新视图"按钮，进行相应的更新，以便生成的正交视图与设备模型一致。例如，由于钢结构平板将底部的设备遮挡了，因此需要先将平板隐藏。打开"p3d01文件"，选择平板，并在"常用"选项卡➤"可见性"面板中➤单击"隐藏选定对象"按钮；打开刚创建的正交视图文件"Equ-51Ortho"，单击"更新视图"按钮；选择图纸中的视图框，若弹出提示对话框，单击"仍然更新视图"按钮，完成视图更新。结果如图（图9.14），阴影部分消失。

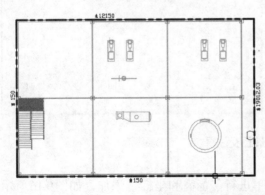
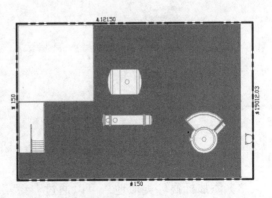

图9.13　编辑标高后的俯视图（平面布置图）

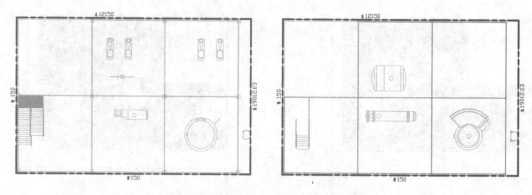

图9.14　隐藏平板后更新俯视图结果

9.2.2　添加正交注释

布置视图后，需要进行设备位号的标注，具体步骤如下。

1）在"正交视图"选项卡的"注释"面板上单击"**正交注释**"按钮；或直接右击设备，在弹出的快捷菜单中选择"**正交注释**"选项，并选择注释样式：Equipment Annotation [Tag]（图9.15），在合适位置放置注释。**注意事项**：需要双击切换至模型空间才能使用右键快捷菜单。

2）可以连续进行"正交注释"。选择要添加注释的元件，指定注释样式或Equipment Annotation [Tag]，按"Enter"，指定注释位置，然后按"Enter"或"Esc"就可以接受命令。

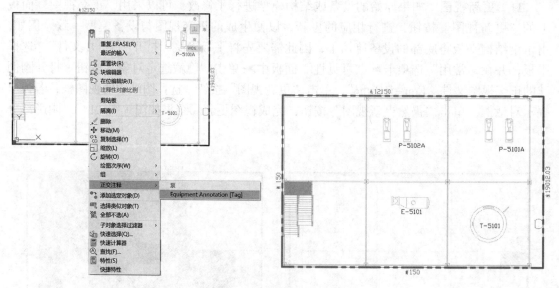

图9.15　添加正交注释

3）**添加标高**。类似地，可以通过右键菜单进行"标高和坐标"添加，如图9.16所示。在正交图纸空间的正交图形中，在包含要进行注释的元件的视口中单击鼠标右键；单击所需的注释，例如结构顶部 [TOS]；当收到系统提示时，选择要进行注释的元件——底层钢结构；放置光标并在想要进行注释的位置单击放置注释"TOS EL. 350"。

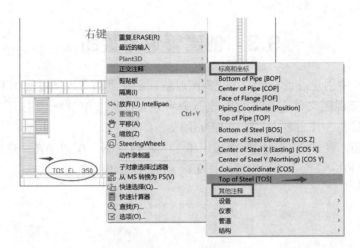

图9.16 添加标高示例

4）**添加标注：尺寸标注**。标注用来表示设备定位尺寸，通常需要参考建筑或结构构件。在"正交视图"选项卡➤"标注"面板➤单击"标注"按钮。捕捉设备和结构的定位点，放置标注。

9.2.3 正交 BOM 表

如果生成的是管道布置图，还可以创建 BOM 表。在"正交视图"选项卡"表格放置和设置"面板中单击"表格设置"按钮，弹出相应的对话框，可以进行相应 BOM 的内容设置（图9.17）。在"表格放置和设置"面板中单击"BOM 表"按钮，即可添加 BOM 表。

图9.17 "表格设置"对话框

9.3　创建管道布置图

类似9.2小节中创建设备布置的正交视图过程，创建管道布置图过程如下：

1）**新建正交视图文件**　在项目管理器中➤"正交"选项卡➤"正交"窗格中➤单击"新建视图"按钮，并命名为"Pipe-51Ortho"。

2）**新建视图**　在"正交视图"面板中单击"新建视图"按钮；在"选择参照模型"对话框中选择"p3d01-管道"项目模型（图9.18），然后单击"确定"。

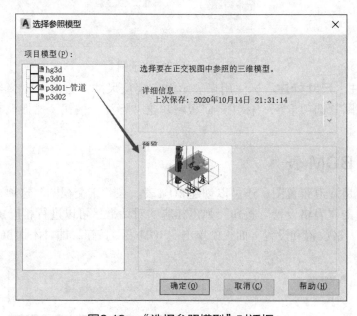

图9.18　"选择参照模型"对话框

3）**选择三视图**　借助视图选择立方体和"正交编辑器"选项卡，在OrthoCube面板上可选择不同的视图和添加弯折，创建三视图。**调整比例**为"1∶100"；先放置俯视图，再通过"**相邻视图**"按钮放置前视图和右视图，结果如图9.19。

4）**编辑视图和更新视图**　如果有需要可对视图进行编辑或更新。

5）**正交注释**　对视图进行"正交注释"、标高、定位尺寸标注。立面图标注结果如图9.20。

6）**创建BOM表**　在"正交视图"选项卡"表格放置和设置"面板中单击"BOM表"按钮，指定窗口，指定区域，就会生成如图9.21所示的BOM表。

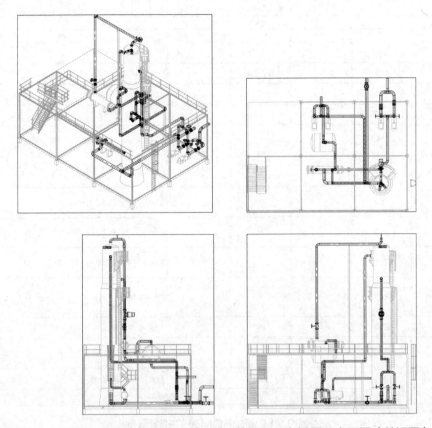

图9.19　"创建三视图"对话框：ISO图、俯视图、右视图和立面图（前视图）

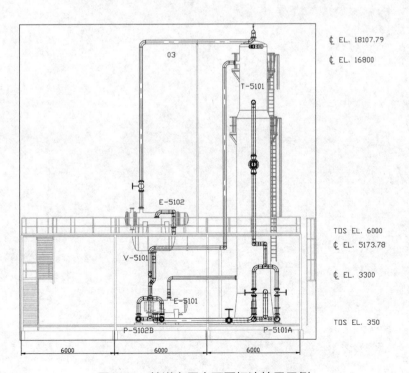

图9.20　管道布置立面图标注结果示例

BILL OF MATERIALS					
ID	ND	材质	数量	壁厚等级/类别	说明
1	25		166.75		Pipe DIN 2448
2	150		5618.4		Pipe DIN 2448
3	200		82928.11		Pipe DIN 2448
4	250		22856.65		Pipe DIN 2448
5	25		1	300	PRESSURE GAUGE, CL 300, RF
6	25		1	10	PRESSURE GAUGE, PN 10, C
7	150		3		Bend DIN 2605-1-90-3
8	200		26		Bend DIN 2605-1-90-3
9	200		2		Bend DIN 2605-1-45-3
10	200		1		CP METRIC Inline Instrument (VALVE)
11	200		4		Tee DIN 2615-1
12	250		6		Bend DIN 2605-1-90-3
13	250		2		Tee DIN 2615-1
14	25		1	10	Flange C DIN 2632

图9.21　简单BOM表的截图示例

扫码观看
配套视频

第10章

等轴测（ISO）图形

管道轴测图（ISO图）表达一个设备至另一个设备（或管道）间的管道立体图样，也常称管段图。在AutoCAD Plant 3D中可以由一组ISO命令生成。

10.1 ISO简介与设置

10.1.1 ISO样式的用途分类

通常根据等轴测ISO的用途设置ISO样式。系统默认有四类ISO样式：检查（Check）、管段（Spool）、应力（Stress）和最终（Final）（图10.1所列），可以基于这些等轴测类型创建相应的等轴测图形。样式将控制几何图形和注释的外观、定义ISO图形创建的位置、提供使用的样板以及控制管道拆分到图纸的方式。

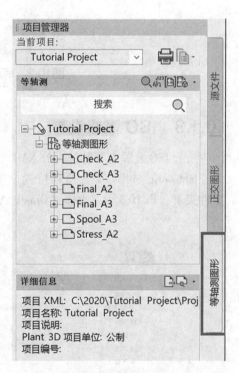

图10.1 ISO样式

- ◇ **检查等轴测** 确保所有必要的元件在模型中都有所表示；确保模型正确无误地创建等轴测图形，从而可以生成最终交付的图形；其详细信息有助于与 AutoCAD P&ID 进行比较。
- ◇ **管段图形** 通常使用最终等轴测图形的特性，但将拆分为独立的图形用于车间制造
- ◇ **应力等轴测** 传递与应力检查相关的几何数据的图形。通常情况下，仅为需要进行应力分析的管线（例如，高温管线、大尺寸管线、关键输送管线以及某些情况下的高压管线）创建这些等轴测图形。可以创建管道元件文件（PCF）以运行应力分析应用程序或创建不精确的图形。应力工程师将使用该图形分析管线上的应力和载荷。
- ◇ **最终等轴测** 从三维管道模型创建的主要交付文档。通常在项目的最后阶段生成最终等轴测图形。这些图形包含 BOM 表，并且包含在制造和施工所用的发行的记录文档中。

10.1.2　ISO 设置

ISO 图包括三部分：图形、标注和注释。大部分设置都可以在"项目设置"对话框中修改（图10.2）。每项都有图示，而且设置完成还可以单击实时预览，查看设置效果。

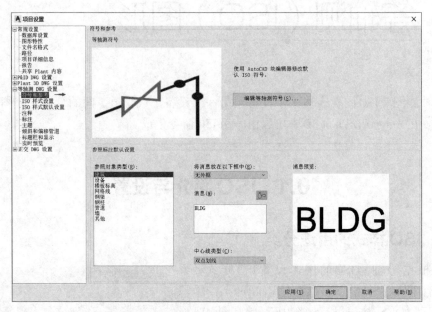

图10.2　等轴测DWG设置（ISO设置）

10.1.3　ISO 高级设置

所有ISO设置内容都保存在XML 文件中。每一种样式保存为单个XML 文件，文件名称为"IsoConfig.xml"。文件所在位置："**项目**"**文件夹**\　"**项目名称**"\ Isometric\"**样式名**"**文件夹**下。图10.3所示为样式Check_A2的配置文件。

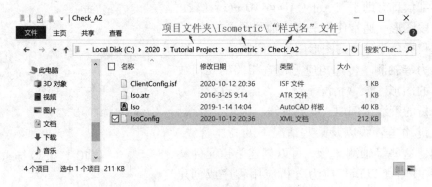

图10.3　ISO 配置文件位置

ISO 配置文件中对每一项都有注释。如果熟悉XML文件，则可以直接编辑该文件。编辑前最好备份一个文件，如果编辑格式有问题，将无法生成ISO 文件。

10.2　ISO 创建

10.2.1　ISO 选项卡和 ISO 工作流简介

在 Plant 3D 的功能区有专门 "ISO" 选项卡，如图 10.4 所示，包含 "ISO 创建" 和 "ISO 注释" 等工具面板。

图10.4　"ISO"选项卡

基于 ISO 选项卡，有**三种方法创建 ISO 图形**：快速 ISO、加工 ISO 和 PCF 到 ISO。

◇ **快速 ISO** 又称为临时等轴测图。创建速度快，不保存在项目管理器中，用于快速检查配置和查看配置生成效果。可以检查所有或部分管线，只需从列表或在绘图区域中选择这些管线。由于临时等轴测图不保留为记录图形，因此这种图形不会成为可在项目管理器中访问的项目文档。可以使用 Windows 资源管理器来管理在 "QuickIsos" 文件夹中创建的图形。

◇ **加工 ISO** 为正式等轴测图形。可以将任何软件包含的（检查、应力和最终）或自定义的等轴测图形类型创建为加工 ISO。可以覆盖以前生成的等轴测文件，也可以生成新文件，还可根据该过程中创建的所有等轴测图形创建 DWF 文件。

◇ 使用 "PCF 到 ISO" 命令可以直接使用 PCF 文件，而不需要 3D 模型生成 ISO。其中 PCF 为 Plant 3D 或其他 3D 软件创建的三维管道信息文件。

创建等轴测 ISO 图形的工作流如图 10.5 所示。

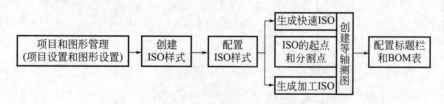

图10.5　创建等轴测ISO图形的工作流

10.2.2　快速 ISO

快速 ISO 的过程如下：

1）在功能区▶ "ISO" 选项卡▶ "ISO 创建" 面板▶点击 "**快速 ISO**" 图标，命令栏会提示 "为 ISO 选择元件或按 [线号（L）]"，可以直接在管道图中选择管线元件，也可以选择

"线号（L）"，会弹出"创建快速 ISO"对话框（图10.6）。

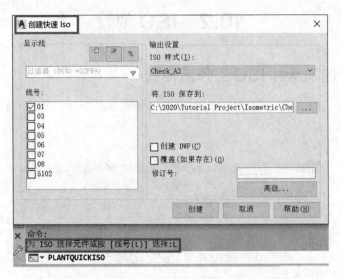

图10.6 "创建快速ISO"命令提示和对话框

2）在"创建快速 ISO"对话框中可以选择"线号""ISO 样式"和文件存储路径等。比如这里选择"01"线号、"Check_A2"样式。单击"创建"按钮。

3）创建完成后会在屏幕右下角会弹出"等轴测创建完成"的消息提示，单击蓝色字体的链接打开01管线的图形信息。也可以在项目文件夹下的"QuickIsos"文件夹（如文件路径：Tutorial Project\Isometric\Check_A2\QuickIsos\Drawings）中"01.dwg"的文件打开，如图10.7。

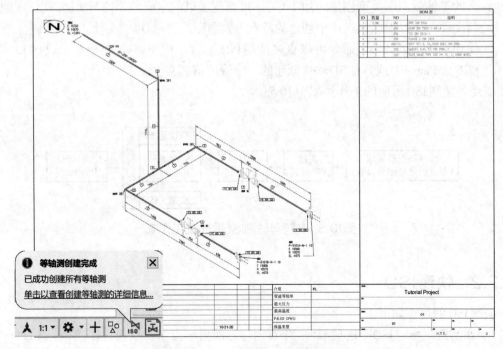

图10.7 "01"管线的快速ISO结果

10.2.3　加工 ISO

加工 ISO，即生成正式 ISO，需要设置管线号。没有管线号的管道无法生成正式 ISO，而且管线号编辑错误会导致生成的 ISO 文件离实际需求较远。

创建加工 ISO 示例：创建 01 管线 ISO，样式为 Check_A2。

1）在项目管理器中展开"等轴测图形"➤"Check_A2"分类，找到线号"01"，右击，在弹出的快捷菜单中选择"加工 ISO"命令（图 10.8）。

2）输出设置　在弹出的"创建加工 ISO"对话框中，选中"创建 DWF"和"覆盖（如果存在）"复选框（图 10.8）。

3）**高级设置**　单击"高级"按钮，弹出"高级 ISO 创建选项"对话框（图 10.9）。其中"拆分 ISO 的密度级别"指定相对生成的图纸数量。设置"高"密度级别将导致更少图纸，在每张图纸上具有更多对象。如果可能，最大密度设置会将 ISO 强制到一张图纸上；同理，不选中"自动创建拆分点"复选框，则也会尽可能将 ISO 强制到一张图纸上。设置完成，单击"创建"按钮（图 10.8）。

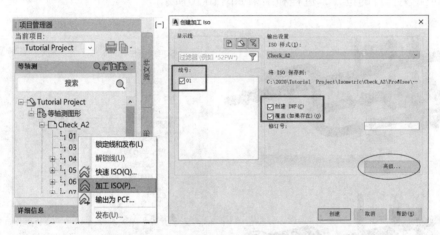

图 10.8　"加工 ISO"选项和对话框设置

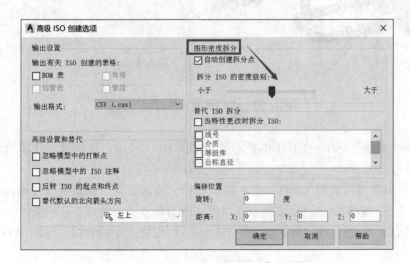

图 10.9　"高级 ISO 创建选项"对话框

4）**查看结果** 单击"确定"按钮后，类似快速 ISO 过程，软件开始后台创建 ISO，完成后右下显示气泡消息；单击超链接，查看已创建的 ISO 图纸。也可以在项目文件夹下的"ProdIsos"文件夹（如文件路径：Tutorial Project\Isometric\Check_A2\ProdIsos\Drawings）中"01.dwg"的文件打开。因为没有改动，ISO 图与图 10.7 的结果一样。

10.3　ISO 注释

ISO 生成图形时会自动生成注释。有时需要在 ISO 图形中添加一些特殊的注释信息，如管道与建筑间的距离。Plant 3D 提供了一些常用的注释内容（图 10.4）。这些符号放置在三维模型中，可在 ISO 中显示。

以参照标注为例，该注释通常用于标注管道与建筑间的距离。

1）单击"ISO"选项卡➤"ISO 注释"面板中的"参照标注"按钮，选择管道，选择轴网端点，放置参照标注。会弹出"特性"面板，其中可以看到 ISO 标注的相关信息，该注释标记了管道距离杆件的位置，过程和结果如图 10.10 所示。

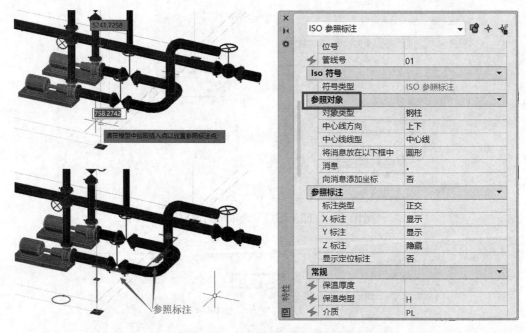

图10.10　ISO参照标注过程示例

2）重新生成加工 ISO。在 ISO 中显示效果如图 10.11 所示，该注释标注了管道与杆件间的距离。

此外，可以根据需要添加 ISO 信息、楼板符号、流向箭头、保温层符号等注释。有时为了使图更加美观，常需要主动生成断点，可使用 ⊙ 打断点符号生成 ISO 断点。

点击"输出"面板中的"PCF 输出"图标 ⌂，可以将选中的管线，输出为 PCF 文件。

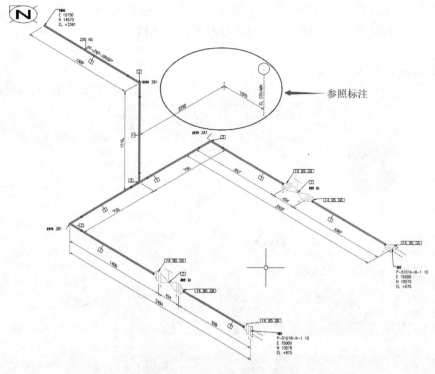

参照标注

图10.11 ISO中显示效果

10.4 自定义 ISO 符号

Plant 3D中所有3D元件（管道、阀门、仪表、支撑等）都有对应的ISO符号。通过建立映射关系，在生成ISO时将3D管道转换成ISO符号。

ISO 符号示例见表10.1。其中 "?" 表示代表任意字母。所有的ISO符号都以块的形式保存在 "lsoSymbolStyles.dwg" 文件中，该文件位于 "项目文件夹 \ 项目名称 \ Isometric" 目录下。打开 "IsoSymbolStyles.dwg" 文件，可以查看现有符号，也可以创建新的ISO符号或修改原有ISO符号。

表10.1 ISO符号示例

符号名	Skey	块名	图形	默认类型 Type
Bend	PB??，BE??	Bend 弯管		Bend
Elbow	EL??，EB??	Elbow 弯头		Elbow
Check Valve	CK??	Check Valve—Alt1 止回阀—Alt1		Valve

Plant 3D元件库除了保存管道、管件、阀门和支撑等元件的尺寸、特性信息外，还保存

两个与ISO符号相关的信息：ISO符号类型（Type）和ISO符号SKEY。止回阀元件库如图10.12所示，ISO符号类型为VALVE，ISO符号SKEY为CKFL。

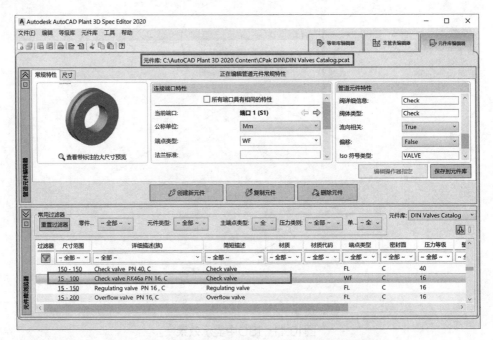

图10.12 元件库中止回阀的ISO符号类型和SKEY

以创建流量计的ISO符号为例，说明ISO符号创建的具体步骤。

（1）创建符号

1）打开"IsoSymbolStyles.dwg"，在文件中插入"止回阀"块。用已知块修改为目标块比重新创建一个块要简单省事得多，所以用具有相同端口数的"止回阀"块来修改成流量计符号块。

2）双击滚轮，将"止回阀"块缩放到合适位置。右击，弹出快捷菜单，选择"块编辑器"命令，编辑块。在块编辑器中，单击"将块另存为"命令，名称设置为"流量计"（图10.13）。

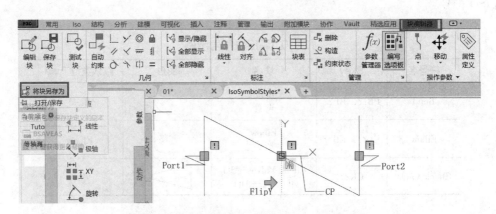

图10.13 插入止回阀并将块另存为"流量计"

3）添加直线或多段线，编辑图形如图10.14所示，关闭块编辑器并保存。

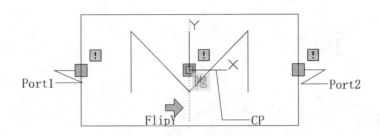

图10.14　修改块符号："流量计"

（2）创建符号映射

采用记事本打开"IsoSkeyAcadBlockMap.xml"文件，找到Instrument symbols 位置，在其末尾添加如图 10.15 所示映射关系：<SkeyMap SKEY ="FM??" AcadBlock=" 流量计 " />。

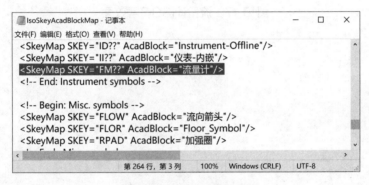

图10.15　创建映射关系

（3）元件库中设置SKEY

1）在创建元件库时，设置SKEY值为FMFL，类型设置为INSTRUMENT。注意，可以直接采用"复制元件"按钮，然后重命名，调整ISO的参数。

2）作为测试，在"01"管线上添加止回阀Check Valve；在"特性"面板中，将止回阀的SKEY修改成FMFL（图10.16）。

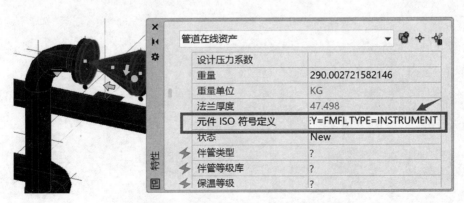

图10.16　修改元件特性：元件ISO符号定义

3）快速生成ISO，查看流量计ISO符号效果（图10.17）。

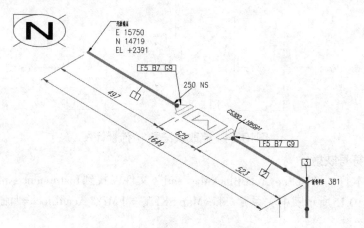

图10.17　流量计ISO符号效果

综合篇

三维工厂模型（Plant 3D）的建筑/结构、设备和管道等子信息模型，包含了物理特性数据和功能特性数据，或者说包含了几何和工艺特性数据。这些数据都可以通过数据管理器进行查看、编辑和输出。

等级库是Plant 3D的核心。等级库是由一系列标准零件构成的，不同国家、不同行业都有相应的标准，这些标准是构成等级库的基础。元件库是国家（或行业）标准与等级库之间的桥梁。例如我国国家标准《管道元件　公称压力的定义和选用》（GB/T 1048—2019）规定，公称压力包括PN和Class两个系列，PN系列数值包括：2.5、6、10、16、25、40、63、100、160、250、320、400。而欧美也有DIN或ASME标准，创建或选用合适的等级库与元件库，将保证Plant 3D设计的合理性和规范性。

完成图形或模型设计之后，需要交付给用户以展示设计成果，就需要将图形或3D模型进行渲染、动画制作，或者直接打印输出。

实训目标

✧ 了解并尝试使用数据管理器管理、编辑、输出相应文件内的数据。
✧ 能够基于数据管理器或报告创建器创建报表。
✧ 了解国家标准、零件库、等级库与3D模型之间的关系。
✧ 能够创建合乎标准的等级库，并用于Plant 3D设计。
✧ 了解图形渲染和3D模型的动画制作。
✧ 能够将图形合适的打印、输出为需要的图纸文件。

第11章

数据管理与创建报表

三维工厂设计的每个元件都包含数据，不仅有尺寸数据，还有工艺相关数据。数据管理器可以查看、修改、输出和输入图形及项目数据，并生成简单报告。

报告创建器可以使用 Plant 3D 项目数据和项目中 P&ID 或 Plant 3D 中的图形数据生成零件列表、BOM 表或规格表等。报告创建器是一个独立于 Plant 3D 的软件。

11.1 数据管理

数据管理器将向 Plant 3D 数据提供一个窗口，以查看、修改相关元件或项目的数据，输出或输入图形以及生成报告。在 2.1.3 已经对"数据管理器"进行了简介，这里进一步介绍其功能：

◇ 使用数据管理器，可以输出图形和项目数据、在外部修改数据，然后将数据输入回数据管理器。

◇ 可以使用数据管理器中的分层树过滤和查看数据，并生成报告。

◇ 可以输出数据和包含 P&ID 和 Plant 3D 数据的报告，并输出到 Excel 文件、逗号分隔值文件（CSV）或 PCF（管道元件格式）文件（仅限于 Plant 3D）。

◇ 用户可以从数据管理器数据表中的记录直接缩放至 Plant 对象。

◇ 在 P&ID 图形中，可以将注释从数据管理器数据表拖动到绘图区域。

◇ 用户还可以设置 Plant 对象数据的自定义视图，并选择任何要突出显示的特性。例如，此处将"制造商"设置为在数据管理器树的顶层显示。用户还可以将特性嵌套在各个层上，以便优化视图。

11.1.1 设置数据管理器

默认情况下，数据管理器固定在绘图区域。可以取消固定和浮动数据管理器，或者将它定位在绘图区域的顶部或底部；也可以让数据管理器透明，或使用自动隐藏功能来节约桌面空间。

1）**打开数据管理器** 在保持"p3d01-管道"文件打开的状态下，单击"常用"选项卡➤"项目"面板➤"数据管理器"按钮▦。结果如图 11.1 所示。

2）**设置数据管理器** 右击数据管理器左侧边区域，弹出的快捷菜单包括"允许固定""自动隐藏""透明度"等命令选项。单击"特性"按钮✿，也会弹出右键菜单（图 11.1）。

✧ **允许固定**　设置数据管理器的固定或悬浮状态。
✧ **透明度**　弹出"透明度"对话框，可以设置选项板透明度和鼠标悬停时的透明度；这些设置可以应用于所有选项板。
✧ **自动隐藏**　在选项板处于悬浮状态时，勾选该命令选项，可以使选项板自动隐藏，其等同"自动隐藏"按钮 。

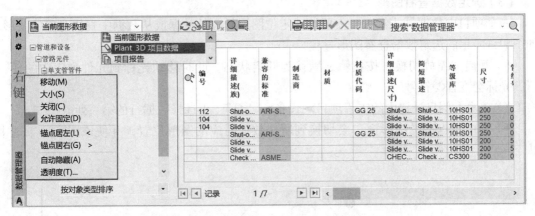

图11.1　Plant 3D模型的"数据管理器"对话框

11.1.2　查看数据

数据管理器提供多种方式供用户查看P&ID数据和Plant 3D数据，可通过项目、图形或通过内置报告查看。

（1）查看P&ID数据

打开项目中任意一个P&ID图形文件或使任意一个打开的P&ID文件处于当前活动状态，如"pid-01"文件。打开数据管理器将显示P&ID项目数据（图11.2），默认的P&ID项目数据视图依据P&ID类别定义查看数据，即按非工程项目、工程项目分类显示数据。

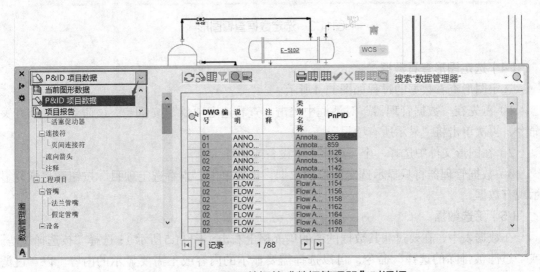

图11.2　P&ID项目数据的"数据管理器"对话框

（2）查看 Plant 3D 数据

查看 Plant 3D 数据与查看 P&ID 数据相似。打开项目中任意一个 Plant 3D 图形文件或使任意一个打开的 Plant 3D 文件处于当前活动状态，如"p3d01-管道"文件。打开数据管理器将显示 Plant 3D 项目数据（图 11.1），默认视图按 Plant 3D 类别定义设置，如钢结构、管道和设备。

（3）选定数据查看图形

一个项目中数据量非常大，需要快速定位图形对应的数据或从数据中查找对应的图形。如图 11.3 所示的选定数据查看图形过程。

1）开启"缩放切换"按钮🔍，默认为开启状态。此时移动光标到元件列表中的任一行，光标会变程🔍符号。

2）单击左侧目录树中的工程项目➤设备➤"泵"，再选择数据行的第一列。

3）选中数据后，图形窗口会切换到所选数据对应的图形位置，并使该图形处于选中状态。

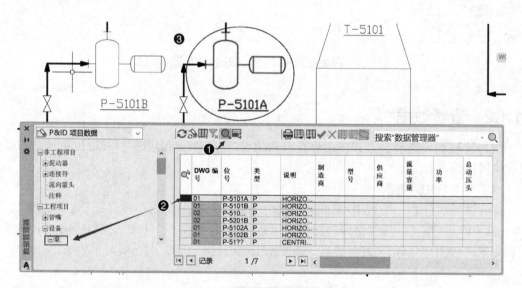

图11.3　选定数据查看图形

（4）选定图形查看数据

选定图形查看数据的过程如图 11.4 所示。

1）首先在"数据管理器"对话框中单击"查看选定项目"按钮📰。该命令是一个开关命令，再次单击将"显示所有项目"。

2）在图形文件中选择一个（或多个）设备或元件。

3）数据管理器将只显示选定图形的数据，再次单击"查看选定项目"按钮📰将恢复显示现有数据。

（5）筛选数据

在数据表中，在要过滤其数据的值的单元格上右击（图 11.5 所示）；选择"按选择过滤"或"过滤被排除的选择"命令，可以选择需要显示的内容或不需要显示的内容。以"过滤被排除的选择"为例：

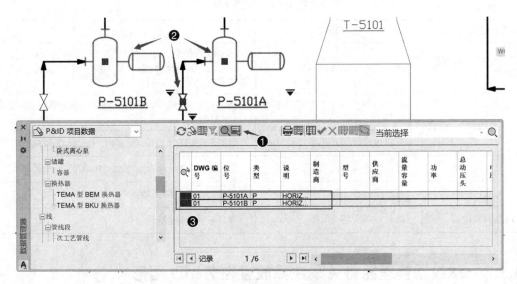

图11.4　选定图形查看数据

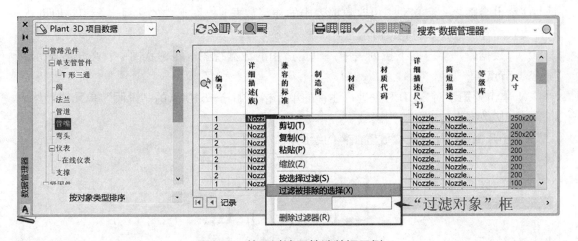

图11.5　使用过滤器筛选数据示例

1）打开一个 Plant 3D 图形 "p3d01-管道"，查看 Plant 3D 项目数据。

2）在 "管路和设备" 项下，元件中包含了大量管嘴信息 "Nozzle …"，如果不想显示这些内容，可以选中该数据，然后右击，选择 "过滤被排除的选择" 命令。选择完成，数据表中所有管嘴将被隐藏。

3）要恢复显示，只需右击➤快捷菜单中选择 "删除过滤器" 命令即可。

4）还可以按字段值和值范围过滤。在右键快捷菜单的 "过滤对象" 框中可以输入过滤值。可以单独或同时使用表11.1所示的过滤器条件（所有条件字符都是英文半角字符）。

5）此外，单击数据管理器顶部的 按钮可隐藏空列；在数据管理器中的工具栏上还有 "同步 PID 符号和注释" 按钮 和 "刷新" 按钮 。

表11.1　过滤器条件

条件（可组合使用）	使用功能	样例
尖括号（＜＞），不等于	显示不等于输入值的值	<>'700' 将仅显示单元格的字符串不包含 700 的行 <>' ' 显示单元格数据不等于空字符串的行，这样就排除带有空单元格的行
百分号（％）	表示该 % 位置有 0 个或更多个字符	例如：'% SCH40' 可表示 ASCH40、BSCH40、ABSCH40、ABCSCH40 等
下划线（_）	下划线位置表示单个任意字符	例如：'_SCH40' 表示 ASCH40、BSCH40、ZSCH40 等
等号（＝）	显示匹配输入的值	='Bosch' 仅显示包含字符串"Bosch"的单元格
IS NULL	仅显示空单元格	仅显示带有空单元格的行
IS NOT NULL	排除空单元格	仅显示含数据的行

11.1.3　从数据管理器将关联注释放置在 P&ID 图形

关联注释是通过从数据管理器拖动单元格值放置的。在移动带有关联注释的 P&ID 对象时，注释也会随之一起移动。更改数据表中的注释数据时，图形中的注释也会相应地更新。放置关联注释的过程如图11.6所示：

1）"数据管理器"的下拉列表中，单击适用的数据视图；在树状图中，单击要显示的**"设备"**节点。

2）单击要用于对 P&ID 对象进行注释的单元格，如 P—5102A 的**"说明"**单元格，然后将单元格从数据表拖动到绘图区域。

3）松开鼠标按钮并在要放置注释的绘图区域中单击。

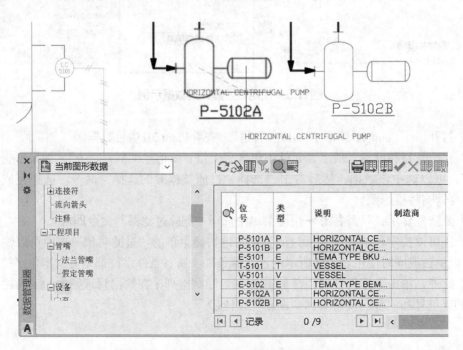

图11.6　从数据管理器中放置关联注释示例

类似地，也可以通过这种方式，拖动标注位号等内容。使用数据管理器添加到图形中的注释继承默认的 AutoCAD 文字样式，可以通过更改 AutoCAD 文字样式来更改注释的文字样式，但是不能使用 AutoCAD 文字编辑命令来编辑注释。

11.1.4 自定义视图

可以设置 P&ID 对象或 Plant 3D 对象数据的自定义视图，并选择任何要突出显示的特性。例如，可以将"制造商"设置为在数据管理器列表树的顶层显示，还可以将特性嵌套在各个层上，以便优化视图。

创建自定义视图的方法如图 11.7。

1）在"项目设置"对话框中，展开"Plant 3D DWG 设置"分类，单击"数据管理器配置"项。在"P&ID DWG 设置"分类下则可以创建 P&ID 相关视图。

2）**创建视图** 以创建 Plant 3D 数据视图为例，单击"创建视图"按钮，设置名称为"设备"，范围为"图形数据"。

❖ 若要将视图的范围扩展为所有项目数据，请单击"项目数据"。

❖ 若要将视图的范围限定于当前图形数据，请单击"图形数据"。

3）**新建层** 单击"新建层"按钮，弹出"选择类别特性"对话框。

❖ 在"类别"列表中展开相应节点和子节点，以找到用于层 1 的类别（"管道和设备"）并单击。

❖ 在"特性"列表中，单击某个类别特性（例如"制造商"），单击"确定"按钮。

❖ 再次添加层，添加"类别"特性。单击"确定"按钮完成创建。

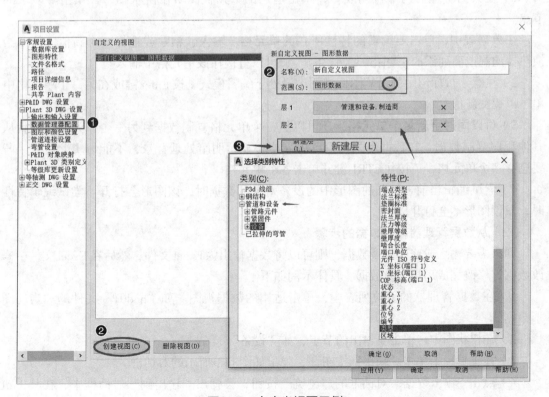

图 11.7 自定义视图示例

4）**使用自定义视图查看数据**　打开"p3d01"文件，打开数据管理器，选择"图形自定义视图"选项，单击"设备–图形数据"项，使用自定义的视图查看数据（图11.8）。注意：为了在创建自定义视图时获得最佳效果，请选择所有Plant对象共享的特性。

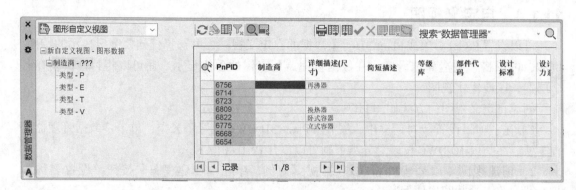

图11.8　使用自定义视图查看数据

11.1.5　添加或修改数据

可以编辑数据管理器中的单元，方法是输入新信息，从下拉列表中选择，或者通过复制和粘贴。灰色部分为不能修改的数据。

（1）直接修改数据

1）在数据管理器的下拉列表中，单击适用的数据视图；在树状图中，单击要显示的节点。

在数据表中，单击要编辑的特性所在的**单元格**。输入、粘贴或选择一个新值。例如给换热器的制造商列添加："中国XX设备厂"，可以直接在该单元格中输入。

2）注意：行标记中的铅笔图标表明记录处于编辑模式；按Enter键或在另一个单元格中单击以提交新值。

3）可以**同时更新多个单元格**，还可以从一个单元格复制数据到另一个单元格，或者从其他程序复制数据。在数据表中，只读单元格中显示明暗处理背景，不能编辑。注意：若要选择多个单元格，请按住CTRL键并单击各个单元格。

4）尝试编辑当前未打开的图形中的设备对象的数据时，该图形会打开。尝试编辑特性时，只读图形不会打开。

（2）从数据管理器输出数据的步骤

如果需要输入或修改大量数据，则可以将数据输出为Excel文件，然后在Excel文件中修改数据，修改完成后再导入数据。具体示例如下：

1）在数据管理器的下拉列表中，单击适用的数据视图。如"p3d01"文件的"当前图形数据"。

2）在树状图中，单击要输出的节点，如"设备"。

3）在工具栏上单击"输出"按钮，弹出如图11.9所示的对话框。

4）点击"输出数据"对话框的"浏览"按钮，会弹出"输出到"对话框中，在其中执行以下操作。

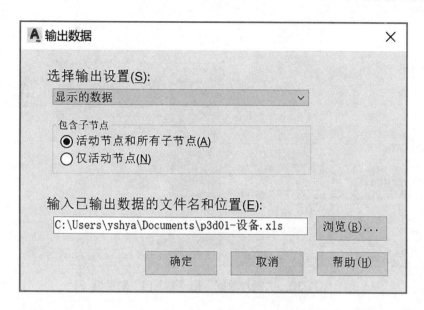

图11.9　从数据管理器输出Excel数据

◇ 定位到并选择用于存储输出文件的文件夹。

◇ 在"文件名"框中，输入文件名或使用默认文件名。

◇ 在"文件类型"框中，为输出文件选择文件格式：CSV、XLSX 或 XLS（默认）。

◇ 单击"保存"。

◇ 在"输出数据"对话框中，单击"确定"。

（3）关于修改输出的数据

1）**修改输出的Excel电子表格**　在Excel中，修改与要输入电子表格的活动节点相对应的工作表。如果修改了表示子节点的工作表，输入过程会忽略所作的更改。切勿修改输出的Excel电子表格中各工作表的名称。输入过程使用工作表名称来与数据管理器中的数据匹配。

2）**修改输出的CSV文件**　如果输出到 CSV 时包括了子节点，会创建多个CSV文件。可以编辑CSV文件中的数据，然后输入回数据管理器。

3）**了解只读输出数据**　有些特性（如PnPID）在数据管理器中是只读的。这些只读特性在输出的Excel电子表格中也是被写保护的。虽然可以在CSV文件中编辑只读数据，但是随后的输入会忽略这些更改。

（4）从Excel输入数据的步骤

1）在数据管理器▶适用的数据视图▶单击树状图要输入数据的节点。确保选择与包含要输入的数据的工作表或CSV文件对应的节点。如果选择的节点不直接对应于修改的工作表或CSV文件，输入会忽略更改。

2）在工具栏上单击"输入"▦，弹出"输入数据"对话框（图11.10）。

3）单击"浏览"按钮，在"输入自"对话框中，执行以下操作。

◇ 在"文件类型"列表中，单击要显示的文件类型（XLS、XLSX或CSV）。

◇ 定位到并选择要输入的电子表格或CSV文件，单击"打开"。

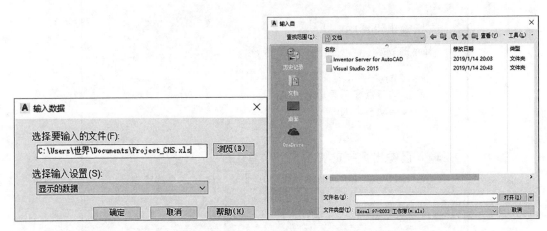

图11.10 "输入数据"和"输入自"对话框

（5）接受或拒绝输入数据中的更改

数据输入成功，有变动的数据会在第一列用黄色显示，且在修改过的位置以黄色显示。可以逐个确认，单击✔按钮表示接受修改，单击✘按钮表示取消修改，也可以全部接受▦或全部拒绝▦。在 AutoCAD P&ID 中，图形中对应的已修改资产周围会显示红色的修订云线。可以使用数据管理器工具栏中的"隐藏修订云线"按钮来打开和关闭修订云线。

11.1.6 数据报告

数据管理器中的数据报告（或数据报表）可以查看和打印数据。在"项目报告"数据视图中，树状图显示项目中所有图形的可用报告，按报告类型列出（图11.11）。表11.2 列出了"项目报告"中的默认报告。可以根据现有报告创建新报告，现有报告样板中包含P&ID类别和特性。

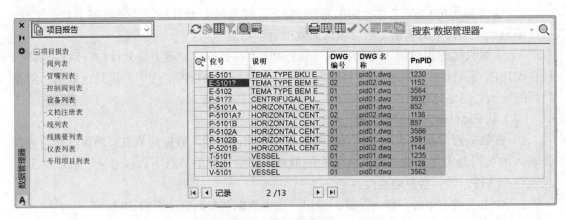

图11.11 项目报告

表11.2 默认报告

报告	内容
控制阀列表	有关控制阀、它们所在的图形、线号、尺寸等的数据
文档注册表	有关项目中的图形的数据：所在文件、图形编号等
设备列表	设备元件和每个元件所在的图形
仪表索引	有关仪表、它们所在的图形以及它们连接的对象的数据
线列表	有关按线号分组的管段以及它们所在图形的数据
线摘要列表	有关管线组以及它们所在图形的数据
管嘴列表	有关管嘴、设备、它们所在图形以及它们连接的线（段和组）的数据
专用项目列表	有关专用项目的数据，例如蒸汽疏水阀、锥形过滤器等
阀列表	有关阀、它们所在的线段或组以及图形为阀的数据

数据管理器的报告主要针对P&ID数据，如果没有创建P&ID，则不能使用数据管理器创建 Plant 3D 数据报告。

1）在"项目设置"对话框中找到"常规设置"分类下的"报告"选项，单击**"新建"**按钮，选择基础样式为"设备列表"，新报告名为"Plant 3D 设备列表"（图 11.12）。

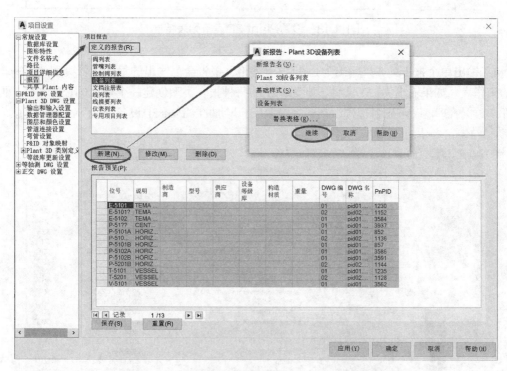

图11.12 基于设备列表创建Plant 3D 设备列表

2）单击"继续"按钮，选择需要**查看的P&ID特性和 Plant 3D 特性**（图 11.13）。

3）单击"确定"按钮，可以预览报告，如果不合适可以继续修改。单击"确定"，完成设置。

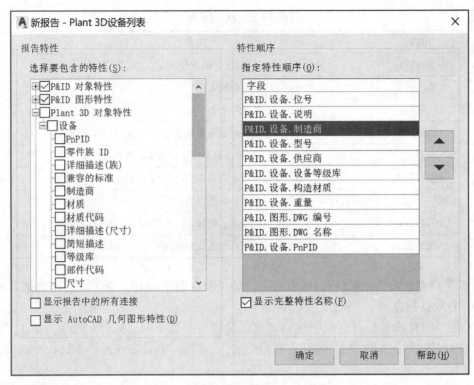

图11.13　设置Plant 3D设备列表特性

4）**输出单个报告**　如果输出为Excel电子表格，报告会为输出的每种报告类型建立一个单独的工作表。如果输出为CSV文件，则为输出的每种报告类型创建一个单独的CSV文件。再次打开"数据管理器"➤项目报告，其列表中多了新增加的"Plant 3D设备列表"（图11.14）。

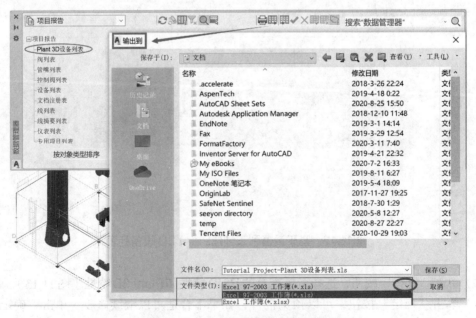

图11.14　输出单个报告过程示例

◇ 要输出一个报告，在工具栏上单击"输出"按钮█。

◇ 在**"输出到"对话框**中，执行以下操作：在"保存于"中定位并选择用于存储输出报告文件的文件夹。

◇ 在**"文件类型"列表**中，为报告选择一种文件格式：XLS（默认）、XLSX 或 CSV，在"文件名"框中，输入文件名或使用默认文件名，单击"保存"。

5）**输出多个报告**　在项目管理器中单击"输出数据"，弹出"输出报告数据"对话框（图 11.15）。在"输出报告数据"对话框中，执行以下操作：

◇ 在**"报告"**下，选择报告中要包括的一种或多种报告类型。

◇ 在**"输出文件"**下，检查默认报告名称和文件路径。也可以单击"浏览"为报告指定新文件名或文件路径。注意：默认情况下，报告将输出到用户的文档文件夹中。

◇ 单击**"输出"**，只有在选择一种或多种报告类型并指定了输出文件时，"输出"按钮才会激活。

图11.15　输出多个报告过程示例

11.2　创建报表

报告创建器独立与 Plant 3D 软件，可以在 Plant 3D 软件关闭后运行。可以使用报告创建器创建丰富多样的报表。

11.2.1　报告创建器的使用

单击桌面上的 AutoCAD Plant Reporter Creator 图标 **A**（或从"程序"列表中查找该软件），运行报告创建器。首次运行会弹出**"设置"对话框**（图 11.16）。单击"确定"按钮，弹出报告创建器界面（图 11.17）。

启动报告创建器后，需要进行以下设置（图 11.17）：

1）**设置"项目"**。项目栏会自动显示本机上创建的项目，如果项目由其他计算机创建，或是网上项目，只要找到该项目的项目文件（Project.xml）即可。例如选择"C:\2020\Tutorial Project \Project.xml"，对应的结果如图 11.17 所示。

2）选择**"报告配置"**文件，这里选择 Equipmentlist。

3）**选择数据源**，可以选择整个项目数据或按图形选择数据。按图形选择可以逐个勾选文件，选择需要输出的数据。

4）**预览数据或输出数据**。单击"预览"按钮可以查看数据报告结果。单击"打印/输出"按钮则直接输出报告。

图11.16　报告创建器和"设置"对话框

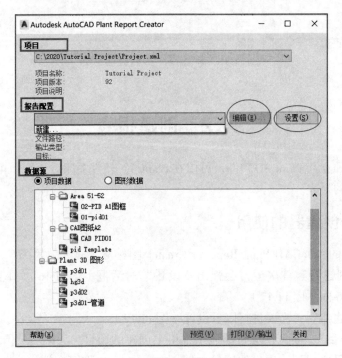

图11.17　"报告创建器"的设置内容

11.2.2　报告创建器的配置

从11.2.1节可知，对于根据默认或已存在配置生成报告非常简单。要按需定制属于自己的报告，则需要创建报告配置文件。默认报告配置文件见表11.3。

表11.3　默认报告配置文件

配置名称	用途
3D Fixed Length Pipe	定长管道BOM表
3D Parts	生成Plant 3D的BOM表，不包括固定长管道
COGWeightReportByLineNumber	按线号的重心重量报告
COGWeightReportByObjects	按对象的重心重量报告
COGWeightReportBySpool	按管段的重心重量报告
Drawinglist	生成详细的P&ID项目图形列表
Equipmentlist Extended	生成详细的P&ID设备列表，其中的列包括位号、制造商、供应商、注释、技术数据
Equipmentlist	生成详细程度较低的P&ID设备列表，其中的列包括位号、制造商、型号、供应商、构造材质和重量
Instrumentationlist	生成P&ID仪表列表，其中的列包括位号、制造商、型号、供应商和位置
Linelist	生成P&ID线列表，其中的列包括位号、从、至、工作压力、工作温度、保温编码和保温厚度
Pump Spec Sheet	生成P&ID泵规格特性表
Valvelist	生成P&ID阀列表，其中的列包括位号、尺寸、等级库、制造商、型号、供应商和说明
WeightReportByLineNumber	按线号的重量报告
WeightReportByObjects	按对象的重量报告
WeightReportBySpool	按管段的重量报告

如果项目中包含P&ID数据，通常按P&ID导出数据报告即可，所以大部分的报告配置都是针对P&ID的。但有些项目P&ID并不是由Plant 3D创建的，项目中就缺少P&ID相关数据，只能通过Plant 3D数据生成配置文件。

创建报告配置可以从头开始创建，也可以基于现有配置创建新配置。基于现有配置创建方法比较简单，但不够灵活。

报告配置由两部分组成：一是数据源，即要输出哪些数据；二是数据布局，即如何展示数据。

以创建3D设备列表为例，从头开始创建一个报告配置。使用Plant 3D设备文件作为数据源，包含设备名称、设备制造商等，并加上公司Logo。

1）右击报告创建器，选择以管理员身份运行。

2）选择"新建"选项（图11.17"报告配置"栏中）。

3）在打开的对话框中选中"新建空报告"单选按钮（图11.18），单击"确定"按钮。

4）设置报告配置（图11.19）。

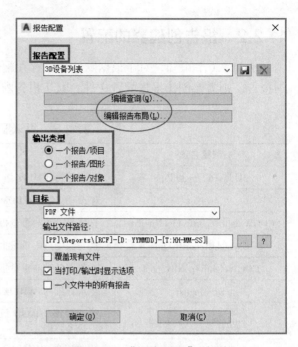

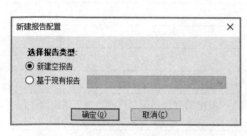

图11.18　"新建报告配置"对话框　　　　图11.19　"报告配置"对话框

◇ 报告配置名称：3D设备列表。

◇ 输出类型：一个报告/项目，即整个项目出一个报告；一个报告/图形，即每个图形出一个报告；一个报告/对象，即每个对象出一个报告。

◇ 目标：即输出文件类型，这里为PDF文件。

◇ 输出文件路径：实际上是输出文件路径及文件名，设置为"[PP]\Reports\[RCF] —[D: YYMMDD]—[T:HH—MM—SS]"。单击该行右侧的"?"按钮，可以查看文件命名中使用变量的帮助信息。例如，在本例中表示"C:\2020\Tutorial Project\Reports\3D"设备列表—当天的年月日—当时的小时—分—秒。

5）单击"编辑查询"按钮，即进入"查询配置"对话框（图11.20）。

◇ "查询类型"：选择"Plant 3D类别"。

◇ 如果需要查询特定数据，可以设置字段过滤器。如设置仅输出重量小于100 kg的设备。单击左下角的"显示过滤器示例"标签，可以查看常用过滤器示例（图11.21）。

◇ 单击"测试查询结果"按钮，可以看到设置过滤器前后的数据。

6）编辑报告布局。单击"编辑报告布局"按钮，打开"报告向导"对话框（图11.22）。

① 选择要在报告中显示的列（字段）　单击中间的按钮，移动需要显示的列（字段），单击"下一步"按钮。

② 添加编组　添加编组可以给数据归类，更易于查看数据。这里选择"设备_类型"字段作为分组字段，单击"下一步"按钮。

③ 设置汇总选项　选择需要计算汇总的内容，可以选择合计、平均值、最小、最大和计数（Count）。这里选择合计和计数（Count），单击"下一步"按钮。

④ 布置报告　选择字段在报告页面中的排列方式，可选择纸张方向（纵向或横向）和5种布局形式。这里选择阶越和纵向（Portrait），单击"下一步"按钮。

⑤ **样式选择**　选择需要的样式，可逐个查看效果。这里选择"正式"，单击"下一步"按钮。

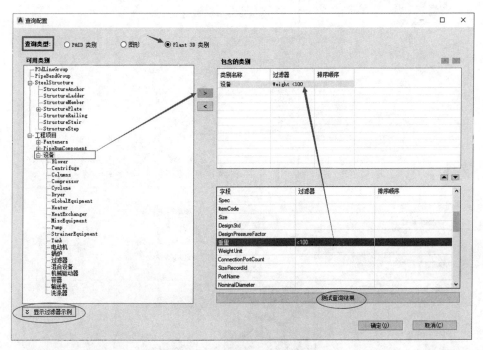

图11.20　设置字段过滤器示例

图11.21　常用过滤器示例

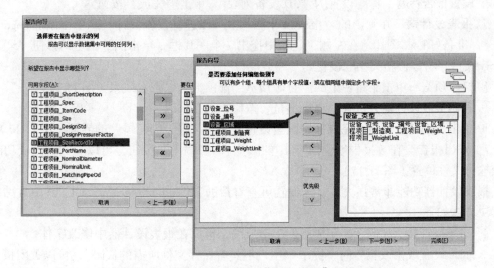

图11.22　编辑报告布局："报告向导"设置示例

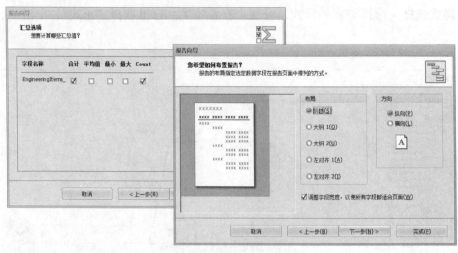

图11.22　编辑报告布局："报告向导"设置示例（续图）

⑥ **设置报告标题**　标题设置为"3D 设备列表"，单击"完成"按钮。

⑦ **报表设计器**　在弹出的"报表设计器"中可以进行报告设计，如单击添加 Logo（图11.23）。准备好 Logo 图片。在左侧工具箱中拖出一个图片框；单击图片框上的挼钮">"，加载 Logo 文件。将"调整大小"设置为"缩放图像"。

⑧ **打印预览**　单击菜单栏上的"打印预览"选项卡可以查看效果（图11.24）。

⑨ **关闭报表设计器并保存**　单击"是"按钮，保存修改。

⑩ 单击"确定"按钮，**完成报告配置设置**，回到"报告创建器"的界面（图11.17）。

7）**输出报告**。在"报告创建器"中单击"打印／输出"按钮。可以看到输出成功的消息及输出文件位置（图11.25）。

报表设计器功能非常强大，具体设置可查看帮助文件 report_designer.pdf。其中常见错误与解决方法如下。

◇ 如果报告显示乱码，是字体不匹配造成的，可以在报表设计器中修改字体。

◇ 如果设置或修改报告时，提示"用户不具有保存文件所需的权限"，可以关闭报告创建器，右击报告创建器，在快捷菜单中选择"以管理员身份运行"命令。

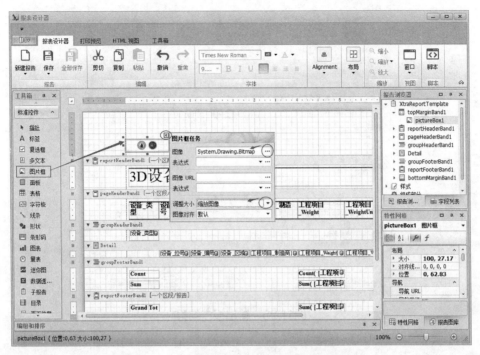

图11.23　报表设计器：添加Logo图片

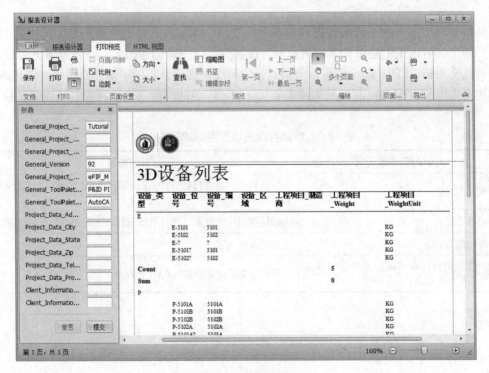

图11.24　打印预览

图11.25　输出报告结果

11.3　数据管理器与报告创建器比较

　　数据管理器主要用于查看数据和内部通信使用，而报告创建器则用于生成给用户的交付报告。两个都可用于创建报告。使用数据管理器，可以快速创建报告，并将其输出为 Excel 文件。可以使用 Excel 的功能来设置报告格式，但不能设置已计算的字段。使用报告创建器，可以创建格式化的 BOM 表、材质列表或需要总计和元件数的其他列表。两者的区别见表11.4。

表11.4　数据管理器与报告创建器的比较

数据管理器	报告创建器
生成基本列表	生成列表，其中包括已计算的字段、BOM 表和具有总计和元件数的材质列表
创建普通报告	创建格式化的报告，通过字体选择、图形和各种布局而完成
内部通信	提供报告给客户
CAD 管理员可以在"项目设置"对话框中按需要配置新报告	根据需要配置新报告（CAD 管理员）

第12章

等级库和元件库

12.1 等级库和元件库简介

等级库是 Plant 3D 的核心。Plant 3D 配管是以等级库为基础，需要等级库提供有关管道元件和布线特性的信息。等级库是由一系列标准零件构成的，而且是计算机软件可以识别的零件库，比如前述使用的等级库 10HS01 就是由 DIN 标准构建的零件库。但同一个标准可以组成适用于不同项目的等级库。实际应用中等级库都应该根据实际项目制作，或在原有等级库基础上根据实际项目要求进行修改。

元件库用于创建等级库，可以将零件信息从元件库复制到等级库。等级库、元件库和三维模型在创建之后都是独立的。等级库完成后，使用该等级库时不再需要元件库。同样，添加到三维模型中的元件也不再需要等级库。

不同国家、不同行业都有相应的标准，这些标准是构成等级库的基础。标准通常是固定的，为了便于制作等级库，需要将这些标准转换成计算机可以识别的元件库。元件库是国家（或行业）标准与等级库之间的桥梁。标准、元件库、等级库、Plant 3D 之间的关系如图12.1所示。

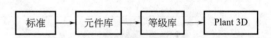

图12.1 标准、元件库、等级库、Plant 3D 之间的关系

等级库和元件库文件格式如下：

✧ 等级库文件（*.pspx、*.pspc）成对出现，必须一起复制和管理。等级库文件不能重命名。

✧ 元件库文件（*.pcat）包含元件库零件信息。

✧ 辅助元件库文件（*.acat）。ACAT 文件包含支持 AutoCAD Plant 3D 但不添加到等级库中的零件。例如，设备管嘴（NOZZLE Catalog.acat）和 Structural Catalog.acat 文件不用添加到等级库中就能被 Plant 3D 主程序读取并使用；但是管道支撑 SUPPORTS Catalog metric.acat 和 SUPPORTS Catalog.acat 需要添加到 Pipesupportspec.pspc 和 Pipesupportspec.pspx 文件中，才能被 Plant 3D 项目所使用。为了方便安装和使用，元件库通常封装成可以安装的内容包文件。

等级库和元件库文件存储具有以下特征：

✧ Plant 3D 软件默认的标准元件库包括公制标准 DIN 和英制标准 ASME、AME、AWWA，这些元件安装在共享内容文件夹下，默认位置为 "C:\AutoCAD Plant 3D

2020 Content\"。网上下载的内容包在安装后，元件库也会放置于该文件夹下。

◇ 可以在安装时更改共享内容文件夹，使用其他位置，也可以在安装后将元件库文件移动到其他文件夹。

◇ 默认的等级库文件被安装在共享内容文件夹和默认项目文件夹中。如果创建一个项目，等级库文件会从共享内容文件夹复制到新项目。

◇ 默认情况下，等级库文件是项目特定的，每个项目都包含自己的等级库文件。如果要在项目之间共享等级库文件，可以使用"项目设置"对话框更改等级库文件的文件夹。

◇ 可以设置定期检查等级库文件的更改。将零件添加到管道模型后，模型会保留零件的所有信息，即使从等级库文件中删除该零件也不会删除模型中的相应信息。

◇ 早期版本的元件库文件必须移植到当前版本才可使用，还可以在等级库编辑器中将等级库或元件库从 AutoPLANT 或 CADWorx 转换为 AutoCAD Plant 3D。

12.2　等级库编辑器

在等级库编辑器中，可以使用工业标准零件目录创建和修改等级库文件，也可以自定义元件库、编辑支管表。等级库编辑器是免费的，可以单独安装和运行。单击桌面图标 **A**（图标中有字母 SE），或从"开始"菜单中查找 AutoCAD Plant 3D Spec Editor 并运行，即可打开等级库编辑器。

等级库编辑器由**等级库编辑器**、**支管表编辑器**和**元件库编辑器** 3 部分组成，单击相应标签可以切换到对应的编辑器（图 12.2）。

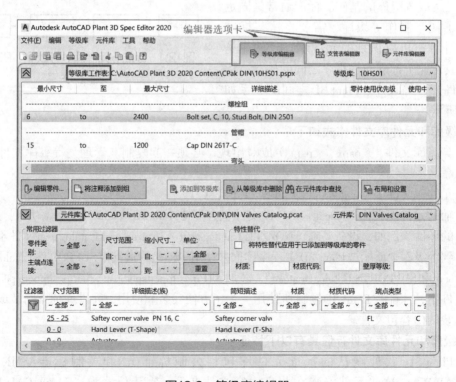

图12.2　等级库编辑器

◇ 单击等级库编辑器中左侧的 ⌃、⌄ 按钮，可以收缩和展开窗格。

◇ 单击等级库编辑器右下方的"**等级库**"下拉菜单可以快速切换等级库（如当前"10HS01"等级库）或打开元件库（元件库编辑器）。

◇ 使用等级库编辑器可以将元件从"元件库浏览器"窗格添加到"等级库工作表"窗格。

◇ 可以在支管表编辑器中设置布管时使用的支管管件首选项。

◇ 使用元件库编辑器可管理元件库、修改管道元件的标注特性以及创建元件。

◇ 在编辑器中工作时，所做的更改不会立即保存。若接受更改，需要保存文件。如果放弃更改，不保存文件即可。

◇ 等级库编辑器常用功能包括：移植等级库和元件库（图 12.3 "**工具**"）；修改共享内容文件夹（图 12.3 "**工具**"）；转换等级库和元件库（图 12.3 "**文件**"），可转换 3 种类型文件：AutoPLANT、CADWorx 和 CSV 文件。

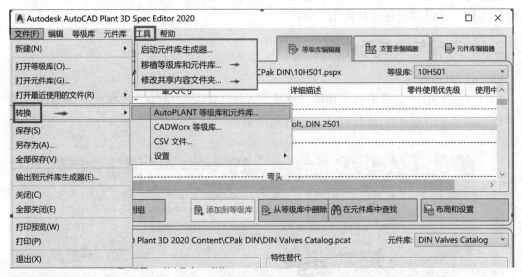

图12.3　等级库编辑器中的实用工具和"转换"命令

12.3　等级库的创建与修改

可以使用**等级库编辑器**创建等级库，或修改现有等级库。

在等级库编辑器中，可以基于从元件库中复制的零件创建等级库。元件库零件显示在等级库编辑器的元件库窗格中。从元件库添加到等级库的零件包括每个零件的尺寸范围，可以管理不同的零件尺寸在等级库工作表中的使用方式。

制作等级库需要有相应的元件库。等级库通常以压力等级方式表示，如 10HS01 等级库是以 DIN 元件库中压力等级 PN10 的零件为基础制作的；CS300 等级库则是以 ASME 元件库中压力等级 CS300 的零件为基础制作的。获取元件库方式如下。

① 从 Autodesk 官方网站下载元件库。

网址：https：// apps.autodesk.com/PLNT3D / zh-CN /Home/lndex。

② 自己制作元件库。

压力等级常用的有公制和英制系列，常用的压力系列如下。

◇ 公制欧洲系列：PN2.5、6、10、16、25、40、64、100、160、250、320、400。

◇ 公制美洲系列：PN20、50、110、150、260、420 。

◇ 英制美洲系列：class150、300、600、900、1500、2000。

不同系列的法兰和阀门等零件不能互换。根据我国国家标准《管道元件　公称压力的定义和选用》（GB/T 1048—2019）规定，公称压力数值应从下列两个系列中选取。

◇ PN 系列：2.5、6、10、16、25、40、63、100、160、250、320、400。

◇ Class 系列：20、25、75、150、250、300、400、600、800、900、1500、2000、2500、
3000、4500、6000、9000。

例如，HG/T 20592—2009《钢制管法兰（PN系列）》中使用的PN系列为PN2.5、PN6、PN10、PN16、PN63、PN100、PN160。

现行标准规定PN只表示压力等级概念，不代表实际的使用压力。这里以制作国标PN10等级库为例，介绍如何创建并使用等级库。

12.3.1　下载与安装元件库

以下载GB内容包为例。

1）在 Plant 3D 中，单击右上角的"连接至 AutoCAD"按钮，选择"AutoCAD Plant 3D 内容包"选项（图 12.4），连接到官方内容包网站。

图12.4　连接到官方内容包网站

2）如果显示的页面是英文，可修改显示语言为"简体中文"；在搜索框中输入"GB"，单击"搜索"按钮，查找GB 内容包；在搜索结果中，单击 **GB Piping Content Pack** 项，展开详细信息（图12.5），包括内容包所包含的标准、适用的版本。单击"下载"按钮，下载内容包（需要注册，注册是免费的）。

3）下载完成得到GB内容包文件：CPak_GB_Piping.msi（请在安装此内容包之前安装最新版"CPak ASME"，这将充分填补连接设置需求，以便得到更优性能）。双击该文件，开始安装内容包，按提示操作，完成安装。安装成功后，在共享文件夹下会增加CPak GB Piping文件夹（图12.6）。该内容包包含三个元件库：GB.pcat、GB Pipes and Fittings Catalog.pcat、GB Valves Catalog.pcat。前两个为管道和零件库，最后一个为阀门库。其中GB.pcat的元件库

使用了自定义形状，所以附带了对应的图形信息。该图形信息位于元件库同名的"GB"目录下（图12.6）。

图12.5　GB内容包详细信息

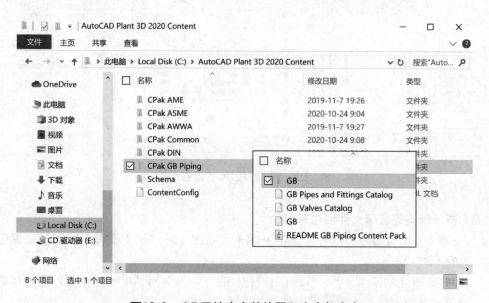

图12.6　GB元件库安装位置和内容包内容

4）类似地，该网站上还有许多常用元件库可供下载，如Nozzle Content Pack、ASME Pipes and Fittings Catalog（ASME公制库）、Pharma Content Pack（医药等级库）等。

12.3.2　创建等级库

（1）创建等级库文件的步骤（如图12.7）

1）在等级库编辑器➤"文件"菜单➤单击"新建"➤"创建等级库"。

2）填写新等级库名称。在"创建等级库"对话框的"等级库名称"下，单击[...]按钮，然后浏览要保存等级库文件的文件夹。请在文件夹路径后面附加等级库文件的文件名（例如：C:\AutoCAD Plant 3D 2020 Content\Spec 2020\GB001.pspx）。

3）增加**等级库描述**。在"等级库描述"框中输入描述。

4）**加载元件库**。在"加载元件库"列表中，单击要针对等级库文件加载的默认元件库（例如：GB.pcat）。

5）单击"创建"。

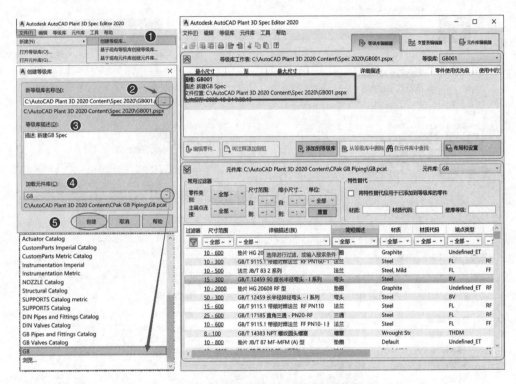

图12.7　创建等级库的过程示例

（2）基于现有等级库文件创建等级库

1）在等级库编辑器➤"文件"菜单➤单击"新建"➤**"基于现有等级库创建等级库"**。弹出对话框（图12.8）。

2）在"源等级库名称"下，单击[...]按钮。在"打开"对话框中，执行以下操作之一。

◇ 浏览到要复制的现有等级库文件，如上述"GB001"。

◇ 在"文件名"框中，直接输入：C:\AutoCAD Plant 3D 2020 Content\Spec 2020\GB001. pspx。

3）在"新等级库名称"下，输入文件的名称"PN10GB.pspx"。注意：无法使用Windows 资源管理器重命名等级库文件。PSPX 是一个打包文件，其中包含 PSPC 的命名参照。

4）在"等级库描述"下，输入描述，单击"创建"。

（3）为创建的等级库"PN10GB"添加零件

1）**筛选并添加零件**。选择压力等级"10"（图12.9），按Ctrl+A 键全选，然后单击"**添加到等级库**"按钮。

图12.8　"基于现有等级库创建等级库"对话框

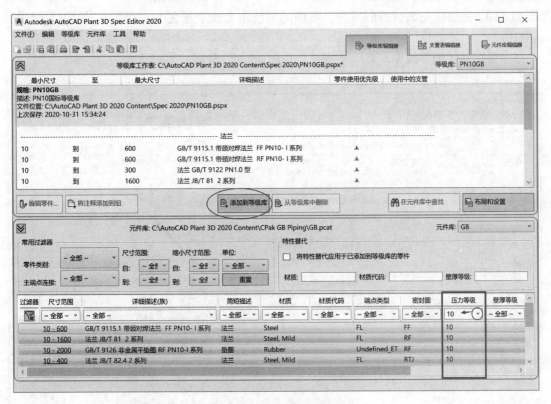

图12.9　筛选并添加零件

2）再次筛选压力等级为空的零件，全选，加入等级库中。

3）**加载阀门零件**。单击加载元件库：GB Valves Catalog.pcat，如图12.10，同样添加压力等级为10和压力等级为空的所有阀门。

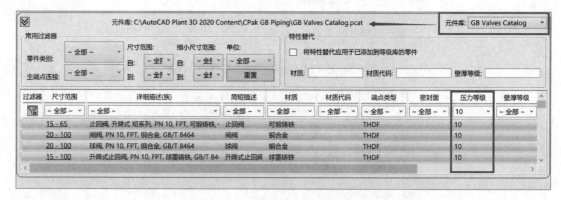

图12.10　加载阀门零件的具体位置

4）**设置零件优先级**。单击零件后面的 🔺 按钮，可以打开"零件使用优先级"对话框，设置优先级。以管道为例，可能有两个标准GB/T 19228.2—2011和GB/T 9112—2010，每个标准又有两个系列。通常一个等级库使用一个标准比较合适。在这里使用GB/T 9112—2010，排在第1位的为默认使用。设置完成后，需要勾选"**标记为已融入**"。每个尺寸都要设置（图12.11）。完成优先级设置的零件，后面的黄色 🔺 会变成绿色 🔹。也可以不设置，使用默认顺序。

5）保存并关闭等级库。

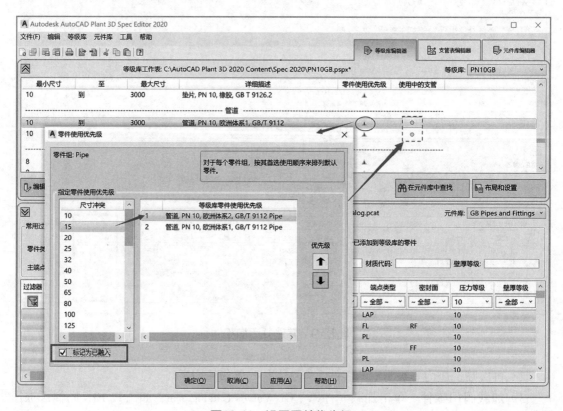

图12.11　设置零件优先级

12.3.3　编辑与制作等级库

常需要将英文等级库翻译成中文，就可以使用基于现有等级库创建等级库。还可以对现有等级库进行修改，增加或删除元件，添加和自定义零件特性、为单个零件添加注释以及添加总描述。**以汉化10HS01等级库为例。**

1）**基于现有等级库创建等级库**　基于"10HS01"创建新等级库"10HS01-CN"。

2）**修改描述**　右击描述区，选择"编辑等级库描述"命令，输入"10HS01汉化等级库"。

3）**删除或恢复零件尺寸**　单击"编辑零件"按钮，在零件列表的"等级库中删除"列勾选不需要的尺寸（图12.12），相应尺寸将会从等级库中删除。实际上该尺寸并未删除，只是隐藏了，在当前等级库中不可用。如果要恢复删除的尺寸，只要取消尺寸前面的"√"即可。

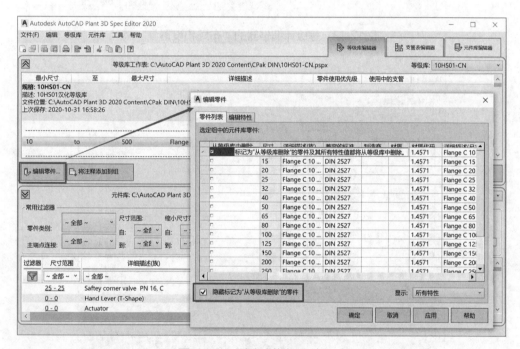

图12.12　删除或恢复零件尺寸

4）**添加或删除元件**　选择元件库中需要的零件，单击"添加到等级库"按钮。如12.3.2小节中创建等级库时的示例。

5）**修改"布局和设置"**　可设置详细描述样式，包括族描述和尺寸描述。使用样式可以大大减少输入工作（图12.13）。

  ◇ 族描述的样式设为："Default Part Family Style"。如弯头详细描述（族）：简短描述——弯头45 LR；端点类型——BV；材质代码——ASTM A234 Gr WPBSMLS；壁厚等级——80。

6）**编辑零件**　选择一个零件，如"Bolt set"，单击"编辑零件"按钮，打开"编辑零件"对话王（图12.14）。将"Bolt set"修改为"螺栓组"。然后将其他零件中的英文逐个改成中文。

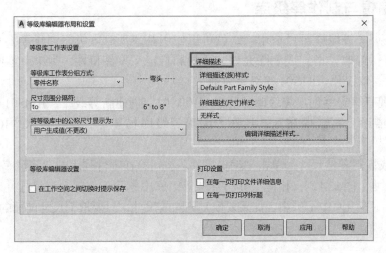

图12.13　等级库编辑器的"布局和设置"

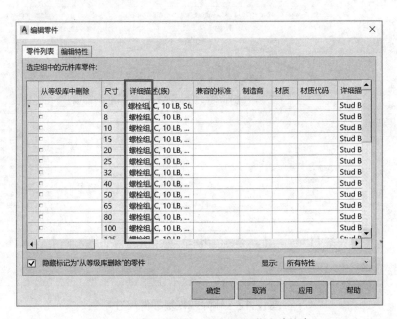

图12.14　编辑零件：修改详细描述（族）

7）**批量编辑零件**　如果有大量零件或特性需要修改，可导出为Excel 文件，然口在 Excel 中修改。利用Excel 将大大提高修改效率。

❖ 单击工具栏中的"输出到Excel"按钮。在弹出的对话框中，选择输出设置为"完整等级库数据输出"。指定数据文件名"10HS01-CN"（如图 12.15所示）。

❖ 打开桌面文件"10HS01-CN.xls"；单击"Tee 90"表➤"审阅"选项卡➤单击"撤销工作表保护"按钮➤选择简短描述、详细描述（族）、详细描述（尺寸）三列；使用查找替换功能（Ctrl+F），查找"Tee"，替换为"三通"（图12.16），单击"全部替换"按钮。

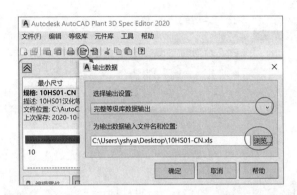

图12.15 "输出数据"对话框：批量输出Excel文件

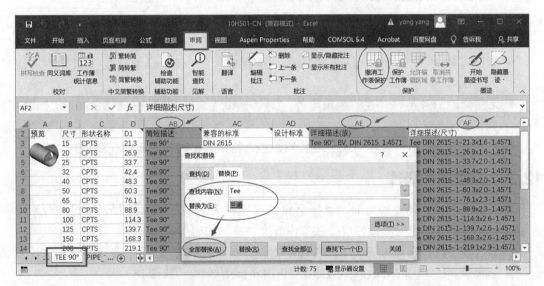

图12.16 批量数据修改：Excel中编辑"替换Tee为三通"

✧ 同理可以汉化其他零件，编辑完成后保存文件。

✧ 在工具栏上单击"从Excel输入"按钮 ，选择刚输出并修改的文件：10HS01-CN. xls。

✧ 数据输入完成，会弹出"融入Excel输入更改"对话框（图12.17）。选中"只显示有更改的零件"复选框，可查看哪些地方发生了更改，更改的地方以黄色显示，首列也以黄色显示。

✧ 与数据管理器类似，可以逐个确认更改，或一次性接受（或拒绝）所有更改。

✧ 这里单击"接受所有更改"按钮。

✧ 查看更改过的零件，可以发现"Tee"已更改为"三通"。

从 Excel 电子表格输入数据时，需要注意如下事项。

◆ 必须使用"完整等级库数据输出"选项进行输出，才可以进行修改。这将在输出的文件中创建一个等级库数据工作表。

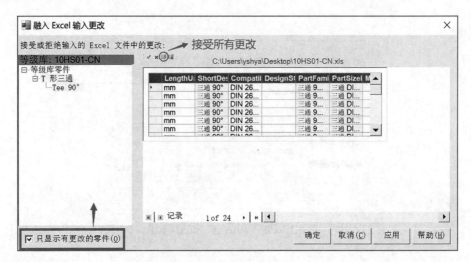

图12.17　接受融入的更改

◆ 等级库数据工作表中无法再添加行。每行包含的PnPID必须匹配等级库中的现有PnPID。

◆ 无法修改只读特性。在"编辑零件"对话框中为只读的特性在输出的电子表格中受到保护（锁定）。

◆ 无法在电子表格中删除列或重命名列，包含特性名称的标题单元受到保护。

12.3.4　使用等级库

对于新建项目，创建项目时，系统会将共享文件夹下的等级库复制到项目的等级库列表中，所以只要将创建的等级库放于共享内容文件夹"CPak Common"中即可。

对于已有项目，在 Plant 3D 项目管理器中，右击"管道等级库"，选择"将等级库复制到项目"命令。在弹出的对话框中选择PN10GB.pspx等级库（图12.18）。

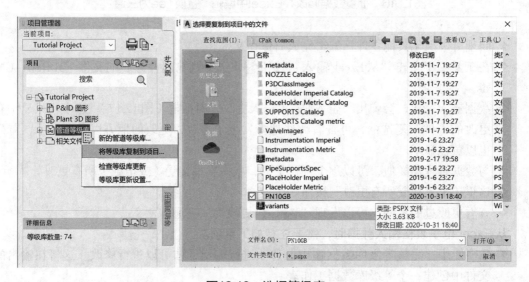

图12.18　选择等级库

添加完成，所添加的等级库会显示在管道等级库列表中。如果需要将等级库从项目中删除，在项目管理器中，右击"管道等级库"下需要删除的等级库，选择"删除等级库"命令。

12.3.5　使用固定长度管道等级库

固定长度的管道规定了管道的长度，如《塑料衬里复合钢管和管件》(HG/T 2437—2006)中使用的衬里管长度为3m。要使用固定长度管道需要创建使用固定长度的等级库。可以使用等级库编辑器查看默认的固定长管道等级库：AWWA C110，该等级库位于共享内容文件夹"CPakAWWA"中（图12.19）。

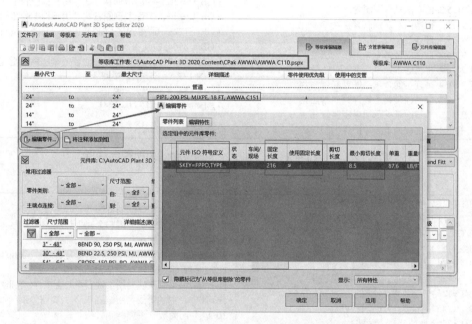

图12.19　AWWA C110固定长度管道等级库示例

12.4　元件库制作简介

元件库是工业标准的计算机表示。通常将管道和管件依据标准手册制作成一个元件库，阀门制作成另一个元件库。管道和管件包含多个标准；阀门种类多样，也包括多个标准。因此，一个元件库通常包含若干个标准。因为元件库可以共用，而且一个等级库可以使用多个元件库，也可以将多个标准制作成一个元件库。

例如：12.3.1下载的GB Piping Content Pack族库包包含如图12.20所示的GB规范（版本13.0.51.02）。

这个族库安装包内的族是从Autodesk Inventor导入，包含如图12.21的规范内容。

族库安装包内的族制作元件库还可以按企业商业产品目录制作，国外许多企业的管件和阀门都已制作成元件库。例如VictaulieContentPackV3.0元件库就是根据Victaulic（唯特利）的产品制作而成。元件库制作需要日积月累，可以根据项目需求逐个创建。

- GB/T 13401–钢板制对焊管件
- GB/T 13403–大直径钢制管法兰用垫片
- GB/T 15241.3–带颈螺纹铸铁管法兰
- GB/T 15530.4–铜合金带颈平焊法兰
- GB/T 15530.5–铜合金平焊环松套钢制法兰
- GB/T 15530.6– 铜折边和铜合金对焊环松套钢制法兰
- GB/T 15601–管法兰用金属包覆垫片
- GB/T 17241.2–铸铁管法兰盖
- GB/T 17241.3–带颈螺纹铸铁管法兰
- GB/T 19228.2–不锈钢卡压式管件连接用薄壁不锈钢管
- GB/T 3420– 灰口铸铁管件
- GB/T 4622.2– 缠绕式垫片
- GB/T 9112–钢制管法兰 类型与参数
- GB/T 9115.2–凹凸面对焊钢制管法兰
- GB/T 9115.3–榫槽面对焊钢制管法兰
- GB/T 9115.4–环连接面对焊钢制管法兰
- GB/T 9116.2–凹凸面带颈平焊钢制管法兰
- GB/T 9116.3–榫槽面带颈平焊钢制管法兰
- GB/T 9116.4–环连接面带颈平焊钢制管法兰
- GB/T 9117.2–凹凸面带颈承插焊钢制管法兰
- GB/T 9117.3–榫槽面带颈承插焊钢制管法兰
- GB/T 9117.4–环连接面带颈承插焊钢制管法兰

- GB/T 9118.1–突面对焊环带颈松套钢制法兰
- GB/T 9118.2–环连接面对焊环带颈松套钢制法兰
- GB/T 9120.1–突面对焊环板式松套钢制管法兰
- GB/T 9120.2–凹凸面对焊环板式松套钢制管法兰
- GB/T 9120.3–榫槽面对焊环板式松套钢制管法兰
- GB/T 9121.1–突面平焊环板式松套钢制管法兰
- GB/T 9121.2–凹凸面平焊环板式松套钢制管法兰
- GB/T 9121.3–榫槽面平焊环板式松套钢制管法兰
- GB/T 9123.1–平面、突面钢制管法兰盖
- GB/T 9123.2–凹凸面钢制管法兰盖
- GB/T 9123.3–榫槽面钢制管法兰盖
- GB/T 9123.4–环连接面钢制管法兰盖
- GB/T 9126.1–平面型钢制管法兰用石棉橡胶垫片
- GB/T 9126.2–突面型钢制管法兰用石棉橡胶垫片
- GB/T 12233–通用阀门 铁制截止阀与升降式止回阀
- GB/T 8464–铁制和铜制螺纹连接阀门
- GB/T 20173–石油天然气工业 管道输送系统 管道阀门
- DIN 125 A–不锈钢平垫圈
- DIN 934–不锈钢六角螺母
- DIN 976 –全螺纹双头螺柱

图12.20 GB Piping Content Pack族库包包含的标准

- GB/T 4622.2–缠绕式垫片 管法兰用垫片尺寸
- GB/T 9115.1–平面、突面对焊钢制管法兰
- GB/T 9116.1–平面、突面带颈平焊钢制管法兰
- GB/T 9117.1–突面带颈承插焊钢制管法兰
- GB/T 9119–平面、突面板式平焊钢制管法兰
- GB/T 9122–翻边环板式松套钢制管法兰
- GB/T 9126–管法兰用非金属平垫片 尺寸
- GB/T 12459–钢制对焊无缝管件
- GB/T 13402–大直径碳钢管法兰
- GB/T 13403–大直径碳钢管法兰用垫片
- GB/T 13404–管法兰用非金属聚四氟乙烯包覆垫片
- GB/T 14383–锻钢制承插焊管件
- GB/T 15601–管法兰用金属包覆垫片
- GB/T 17185–钢制法兰管件
- GB/T 17241.4–带颈平焊和带颈承插焊铸铁管法兰
- GB/T 17241.5–管端翻边 带颈松套铸铁管法兰

- HG 20593–板式平焊钢制管法兰
- HG 20606–钢制管法兰用非金属平垫片
- HG 20607–钢制管法兰用聚四氟乙烯包覆垫片
- HG 20608–钢制管法兰用柔性石墨复合垫片(欧洲体系)
- HG 20612–钢制管法兰用金属环形垫
- HG 20629–钢制管法兰用柔性石墨复合垫片(美洲体系)
- HG 20631–钢制管法兰用缠绕式垫片(美洲体系)
- JB/T 81–凸面板式平焊钢制管法兰
- JB/T 82.1–凸面对焊钢制管法兰
- JB/T 82.2–凹凸面对焊钢制管法兰
- JB/T 82.3–榫槽面对焊钢制管法兰
- JB/T 82.4–环连接面对焊钢制管法兰
- JB/T 83–平焊环板式松套钢制管法兰
- JB/T 87–管路法兰用石棉橡胶垫片

图12.21 GB Piping Content Pack族库包的族库包含的标准

第13章

图形渲染及打印输出

各种图形和三维模型绘制完成后，需要打印输出，即打印成图纸使用。此外，CAD图形还可以输出为其他格式电子数据文件（如PDF格式文件、JPG和BMP格式图像文件等）；而三维模型可以通过渲染、动画制作，以3D或4D的形式为用户提供更直观的视觉感受。受限于编者水平，本章针对三维模型的渲染和动画制作仅做简介，主要示例CAD图形的打印和转换输出。

13.1　渲染与动画制作

三维模型不仅可以通过创建二维图纸的方式交付给用户，而且可以通过渲染或制作动画以3D或4D的方式展示给用户。三维模型的真实感渲染往往可以为产品团队或客户提供比打印图形更清晰的视觉效果。而且，通过3D模型浏览和漫游可以更好地检查模型的合理性。

Plant 3D可以使用AutoCAD渲染功能创建具有真实效果的图片，也可以导出为NWC格式文件，通过Navisworks软件进行浏览、渲染、漫游、碰撞检查和动画制作。

13.1.1　AutoCAD渲染简介

渲染是在场景中基于三维对象创建光栅图像的过程。渲染器用于计算附着到场景中对象的材质的外观，以及如何根据放置在场景中的光源计算光亮和阴影。可以调整渲染器的环境和曝光设置，以控制最终的渲染图像。

虽然渲染的最终目标是创建一个艺术或真实照片级演示质量的图像，但在实现该目标之前，可能需要创建多个渲染。

基本渲染工作流是将材质附着到模型的三维对象，放置用户定义的光源，添加背景，然后使用RENDER命令启动渲染器。在功能区的"可视化"选项卡如图13.1所示。

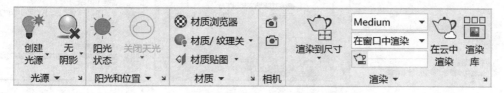

图13.1　"可视化"选项卡中的渲染相关命令面板

13.1.2 Navisworks 简介

Navisworks 使用 Autodesk 渲染器，可以创建极为详细的真实照片级图像。

可以通过单击"渲染"选项卡中的"光线跟踪"按钮，在"场景视图"中直接进行渲染，可以使用预定义渲染样式控制渲染质量和速度。渲染的输出将直接显示在"场景视图"中，在渲染过程中会在屏幕上看到渲染进度指示器。

Navisworks 也可以通过"漫游"工具，用户可以像在模型中漫游一样在模型中导航。

使用 Navisworks 软件可以将包括建筑信息模型（BIM）、工厂设计中创建的多学科模型合并成一个集成的项目模型，并发布 NWD 格式，创建视点和对象两种动画。

13.2 图形打印和输出

Plant 3D 软件在功能区"输出"选项卡中列出"打印"和"输出"面板（图 13.2）。

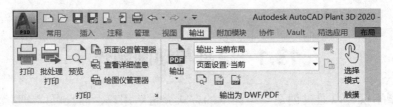

图13.2 "输出"选项卡中的"打印"和"输出"面板

同时，Plant 3D 软件是基于 AutoCAD 平台使用，因此 AutoCAD 固有的"发布""打印""输出"等命令操作都可以应用。如应用菜单的下拉菜单中的"发布""打印"内容分别列于图 13.3 和图 13.4 中。

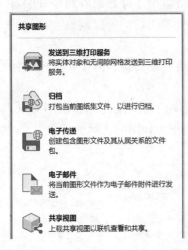

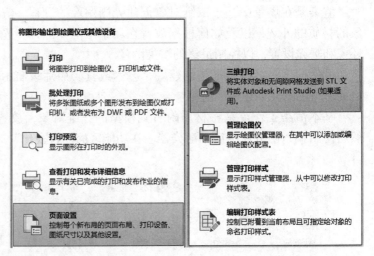

图13.3 应用菜单"发布"选项　　　　图13.4 应用菜单"打印"选项

此外，快捷菜单、项目管理器也都包含打印或发布命令按钮🖨 ；也可以通过 "PRINT" 或 "PLOT" 命令来调用打印或发布选项。本节将示例若干常用的图形打印与输出操作。

13.2.1 图形打印设置

图形打印设置，通过 "打印 - 模型" 或 "打印 - 布局**" 对话框进行。

启动 "打印" 对话框有如下几种方法。

◇ 在**"输出"** 选项卡➤ "打印" 面板➤ "打印" 命令。

◇ 打开**应用菜单**🅰下拉菜单，选择 "打印" 命令选项。

◇ 在**"快捷"** 工具栏上的单击 "打印" 命令图标。

◇ 在**"命令栏"** 调用：命令行提示下直接输入 "PLOT" 命令；使用**命令按键** "Ctrl+P"。

◇ 在 "草图与注释" 工作空间，还可以使用快捷菜单命令，即在 "模型" 选项卡或 "布局" 选项卡上单击鼠标右键，然后在弹出的菜单中单击 "打印"，如图 13.5 所示。

执行上述操作后，AutoCAD 将弹出 "打印 - 模型" 或 "打印 - 布局**" 对话框，如图 13.6 所示。

图13.5　"草图与注释"工作空间的快捷菜单

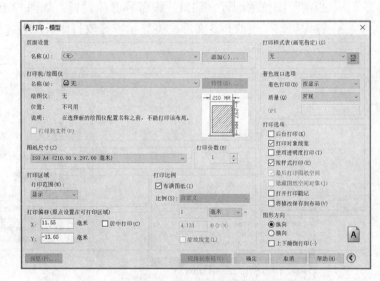

图13.6　"打印-模型"对话框

打印对话框各个选项的功能含义和设置方法如下所述。

1）**页面设置**　默认显示了当前布局的名称。下拉菜单中列出图形中已命名或保存的页面设置。

◇ 若使用与前次打印方法相间（包括打印机名称、图幅大小、比例等），可以选择 "上一次打印" 或选择 "输入" 在文件夹中选择保存的图形页面设置，如图 13.7 所示；

◇ 也可以添加新的页面设置，如图 13.8 所示，将基于当前设置创建一个新的命名页面设置。

2）**打印机/绘图仪**　在 AutoCAD 中，非系统设备称为绘图仪，Windows 系统设备称为打印机。

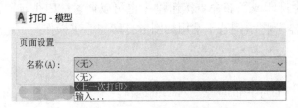

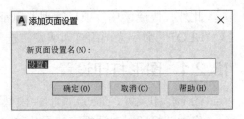

图13.7　选择"上一次打印"　　　　图13.8　添加新的页面设置

◇ 该选项是指定打印布局时使用已配置的打印设备。如果选定绘图仪不支持布局中选定的图纸尺寸，将显示警告，用户可以选择绘图仪的默认图纸尺寸或自定义图纸尺寸。

◇ **打开下拉列表**，其中列出可用的PC3文件或系统打印机，可以从中进行选择，以打印当前布局。设备名称前面的图标识别其为PC3文件还是系统打印机，如图13.9所示。PC3文件是指AutoCAD将有关介质和打印设备的信息存储在配置的打印文件（PC3）中的文件类型。

◇ 右侧**"特性"按钮**，是显示绘图仪配置编辑器（PC3编辑器），从中可以查看或修改当前绘图仪的配置、端口、设备和介质设置，如图13.10所示。如果使用"绘图仪配置编辑器"更改PC3文件，将显示"修改打印机配置文件"对话框。

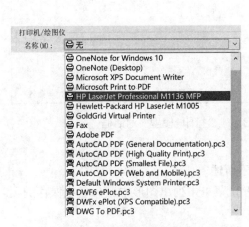

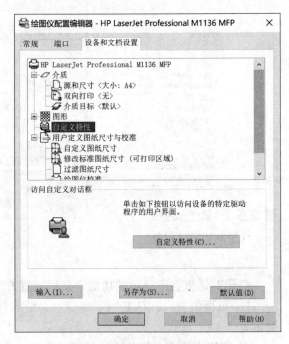

图13.9　选择打印机类型　　　　图13.10　打印机特性对话框

3）**打印到文件**　打印输出到文件而不是绘图仪或打印机。打印文件的默认位置是在"选项"对话框➤"打印和发布"选项卡➤"打印到文件操作的默认位置"中指定的。如果"打印到文件"选项已打开，单击"打印"对话框中的"确定"将显示"打印到文件"对话框（标准文件浏览对话框），文件类型为".plt"格式文件，".plt"格式文件有如下优点：

❖ 可以在没有装 AutoCAD 软件的电脑来打印 AutoCAD 文件。

❖ 可以用本机没有而别的电脑有的打印机来实现打印，只要本机上安装一个并不存在的虚拟打印机就可以了。

❖ 将 AutoCAD 打印文件发给需要的人，而不必给出 AutoCAD 的 DWG 文件，以达到传递图纸而保密 DWG 文件的目的。

❖ 便于打印文件时的大量打印，特别对于有拼图功能的绘图仪更可以达到自动拼图的目的，在打印时输入 "copy 路径*.plt prn"，就会把指定路径下的所有打印文件全部在目标打印机上打印出来。

4）**局部预览**　精确显示相对于图纸尺寸和可打印区域的有效打印区域，提示显示图纸尺寸和可打印区域，如图 13.11 所示。若图形比例大，打印边界超出图纸范围，局部预览将显示红线。

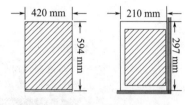

图 13.11　局部预览功能

5）**图纸尺寸**　显示所选打印设备可用的标准图纸尺寸。

❖ 如果未选择绘图仪将显示全部标准图纸尺寸的列表以供选择，如图 13.12 所示。

❖ 如果所选绘图仪不支持布局中选定的图纸尺寸，将显示警告，用户可以选择绘图仪的默认图纸尺寸或自定义图纸尺寸。

❖ 页面的实际可打印区域（取决于所选打印设备和图纸尺寸）在布局中由虚线表示；如果打印的是光栅图像（如 BMP 或 TIFF 文件），打印区域大小的指定将以像素为单位而不是英寸或毫米。

6）**打印区域**　指定要打印的图形部分，在"打印范围"下，可以选择要打印的图形区域。

① 布局/**图形界限**　打印布局时，将打印指定图纸尺寸的可打印区域内的所有内容，其原点从布局中的（0，0）点计算得出。从"模型"选项卡打印时，将打印栅格界限定义的整个图形区域。如果当前视口不显示平面视图，该选项与"范围"选项效果相同。

② **范围**　打印包含对象图形的部分当前空间，当前空间内的所有几何图形都将被打印。打印之前，可能会重新生成图形以重新计算范围。

③ **显示**　打印选定的"模型"选项卡当前窗口中的视图或布局中的当前图纸空间视图。

④ **视图**　打印先前通过 VIEW 命令保存的视图。可以从列表中选择命名视图。如果图形中没有已保存的视图，此选项不

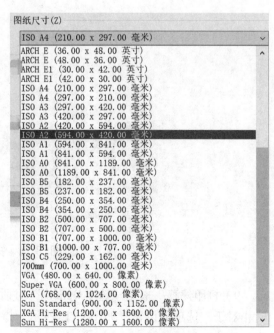

图 13.12　未选打印机的选择打印图纸尺寸

可用。选中"视图"选项后，将显示"视图"列表，此列表包括当前图形中保存的命名视图。可以从此列表中选择视图进行打印。

⑤ **窗口**　打印指定的图形部分。如果选择"窗口"，"窗口"按钮将称为可用按钮。单击"窗口"按钮以使用定点设备指定要打印区域的两个角点，或输入坐标值。这种方式最为常有，如图13.13所示。

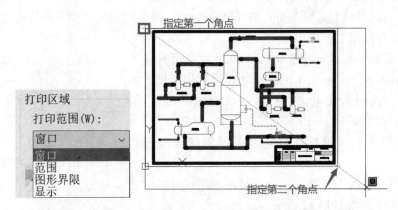

图13.13　"打印范围"选择和"窗口"选择打印区域

7）**打印份数**　从1份至多份，份数无限制。若是打印到文件时，此选项不可用。

8）**打印比例**　根据需要，对图形打印比例进行设置。一般地，在绘图时图形是以毫米（mm）为单位按1:1绘制的，布图时可能按比例缩放。因此，可以使用任何需要的比例进行打印，包括布满图纸范围打印、自行定义打印比例大小。如图13.14所示。

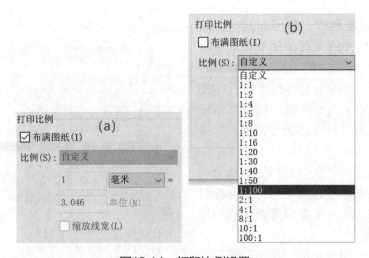

图13.14　打印比例设置

9）**打印偏移**　根据"选项Options"对话框➤"打印和发布"选项卡➤"指定打印偏移时相对于"选项的设置，如图13.15所示，指定打印区域相对于可打印区域左下角或图纸边界的偏移。

❖ "打印"对话框的"打印偏移"区域显示了包含在括号中的指定打印偏移选项。图纸的可打印区域由所选输出设备决定，在布局中以虚线表示。修改为其他输出设备时，可能会修改可打印区域。

❖ 通过在"X偏移"和"Y偏移"框中输入正值或负值，可以偏移图纸上的几何图形，图纸中的绘图仪单位为英寸或毫米。

❖ "居中打印"会自动计算X偏移和Y偏移值。当"打印区域"设置为"布局"时，此选项不可用，如图13.15所示。

❖ X，Y偏移。相对于"打印偏移定义"选项中的设置指定X或Y方向上的打印原点（图13.16）。

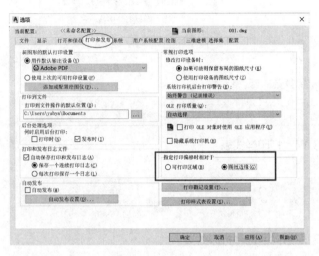

图13.15 "选项"对话框的打印与发布设置

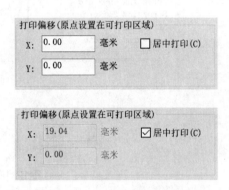

图13.16 "打印"对话框的偏移方式

10）其他选项中，最为常用的是"**打印样式表（画笔指定）**"和"**图形方向**"。

❖ **打印样式表** 即设置、编辑打印样式表，或者创建新的打印样式表，如图13.17所示。要打印为黑白颜色的图纸，选择其中的"monochrome.ctb"即可；要按图面显示的颜色打印，选择"无"即可。如果选择"新建"，将显示"添加打印样式表"向导，可用来创建新的打印样式表。显示的向导取决于当前图形是处于颜色相关模式还是处于命名模式。

❖ 编辑按钮显示打印样式表编辑器，从中可以查看或修改当前指定的打印样式表。

❖ **图形方向** 图形方向是为支持纵向或横向的绘图仪指定图形在图纸上的打印方向，图纸图标代表所选图纸的方向，字母图标代表图形在图纸上的方向，如图13.18所示。

11）**预览** 单击对话框左下角的"预览"按钮，也可以按执行PREVIEW命令时，系统将显示图形打印预览效果（图13.19）。要退出打印预览并返回"打印"对话框，请按"Esc"键，然后按"Enter"键，或单击鼠标右键，然后单击快捷菜单上的"退出"。

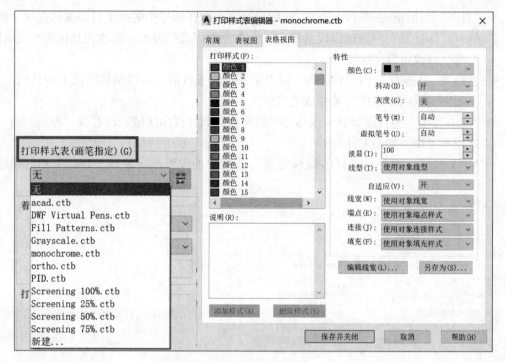

图13.17 打印样式表

图13.18 图形方向的四种打印效果

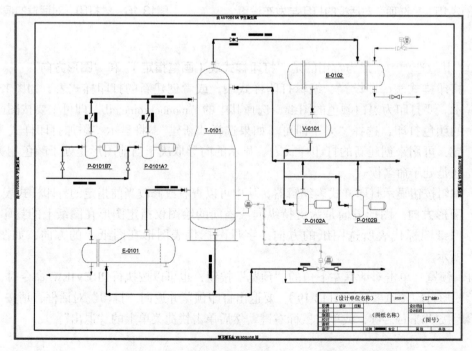

图13.19 图形打印的"预览"效果示例

13.2.2 图形打印

图形绘制完成，也完成如13.2.1小节介绍的图形打印设置后，就可以直接选择打印机进行图纸打印。

13.2.3 发布为图纸集

图形绘制完成后，可直接在图纸空间中打印，也可通过"**发布**"命令生成图纸集（图13.20）。

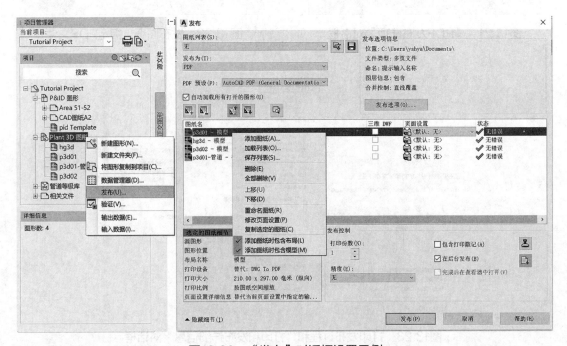

图13.20 "发布"对话框设置示例

1）单击项目管理器中的"**发布**"按钮，弹出"**发布**"对话框，默认会列出已打开的图形的模型空间。也可以右击项目、文件夹或单个图纸，选择"**发布**"选项，此时列出的图纸将是右击对象所包含的图纸，如右击"Plant 3D图形"文件夹，"发布"对话框中包含的是3D图纸。

2）**可发布文件类型有DWF、DWFX和PDF**，这里设置为PDF。

3）右击"图纸列表"区域，在弹出的快捷菜单中取消选中"添加图纸时包含模型"复选框；同时可以进行"删除""添加图纸"等选项操作，以管理、选择需要发布的图纸。

4）还可以进行"发布选项"（图13.21）和"发布控制"的设置。

5）设置完成后，单击"发布"按钮，输入文件名（图13.22），在后台生成图纸集。

6）发布在后台操作，期间可以继续做其他工作。当发布完成，在右下角会冒泡显示发布信息，单击右下角状态栏上的按钮，可查看发布情况。右击可以查看更多选项，过程如图13.23。

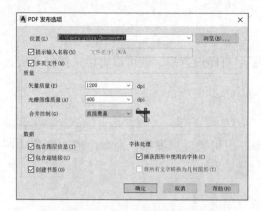

图13.21 "PDF发布选项"对话框

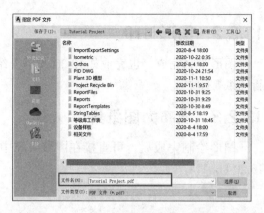

图13.22 发布图纸：指定PDF文件

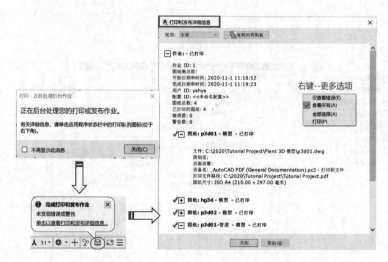

图13.23 打印发布过程和"打印和发布详细信息"对话框

7）**查看图纸集** 发布的 PDF 图纸集自动生成目录（图13.24）。

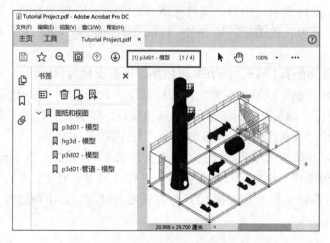

图13.24 发布的PDF图纸集目录

13.2.4　图形输出为 PDF 格式文件

PDF 格式数据文件是指 Adobe 便携文档格式（Portable Document Format，简称 PDF）文件。PDF 是进行电子信息交换的标准，使用 PDF 文件的图形，不需安装 AutoCAD 软件，可以与任何人共享图形数据信息，浏览图形数据文件，如 13.2.3 小节中的结果就是 PDF 文件。

这里演示通过"打印"的方式输出图形数据 PDF 格式文件方法如下。

1）功能区"输出"选项卡➤"打印"面板➤"打印"命令按钮。或者直接输入命令"plot"启动打印功能。弹出"打印 – 模型"对话框。

2）"打印 – 模型"对话框的设置参照 13.2.1 小节的内容，如图 13.25。当前"打印机/绘图仪"选择"DWG to PDF.DC3"配置（可以通过指定分辨率来自定义 PDF 输出）；也可以选择"Adobe PDF"作为打印机（注：使用此种方法需要安装软件 Adobe Acrobat）。

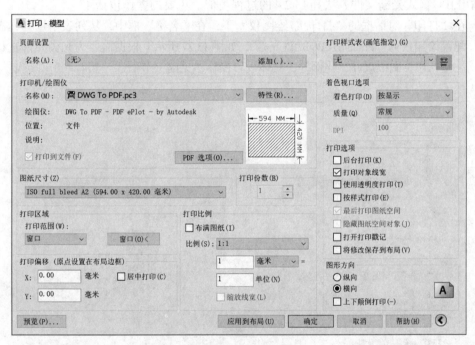

图 13.25　选择"DWG to PDF.pc3"或"Adobe PDF"设置打印选项

3）根据需要为 PDF 文件选择打印设置，包括图纸尺寸、比例等；打印区域通过"窗口"选择图形输出范围。单击打印对话框的"确定"按钮。

4）在"浏览打印文件"对话框中，选择文件保存的位置并输入 PDF 文件的文件名，如图 13.26 所示。最后单击"保存"。即可得到"*.PDF"为后缀的 PDF 格式的图形文件。

13.2.5　图形输出为 JPG/ PNG 格式图形文件

AutoCAD 可以将图形以非系统光栅驱动程序支持若干光栅文件格式（包括 Windows BMP、CALS、TIFF、PNG、TGA、PCX 和 JPEG）输出，其中最为常用的是 BMP 和 JPG 格式光栅文件。创建光栅文件需确保已为光栅文件输出配置了绘图仪驱动程序，即在打印机/绘图仪栏内显示相应的名称（如选择 PubishToWeb JPG.pc3）。

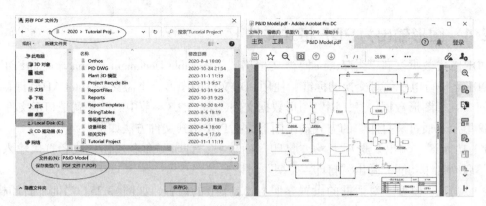

图13.26　输出PDF图形文件

输出JPG格式光栅文件方法和13.2.4的过程类似，主要的操作包括：

◇ 在"打印"对话框的"打印机/绘图仪"下，在"名称"框中，从列表中选择光栅格式配置绘图仪为"PublishToWeb JPG.pc3"，如图13.27所示。根据需要为光栅文件选择打印设置，包括图纸尺寸、比例等，具体设置操作参见前一节所述，然后单击"确定"。

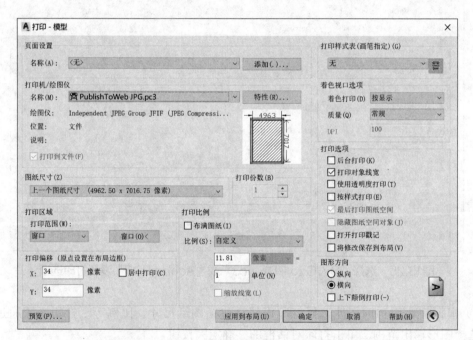

图13.27　输出JPG格式光栅文件的打印设置

◇ 事实上，如果先选择了图纸尺寸，比如A2，再选择打印机"PublishToWeb JPG.pc3"，系统会弹出"绘图仪配置不支持当前布局的图纸尺寸"之类的提示（如图13.28），此时可以选择其中任一推荐操作进行打印。例如选择"使用自定义图纸尺寸并将其添加到绘图仪配置"，然后可以在图纸尺寸列表中选择合适的尺寸，如图13.28所示。

◇ 为保证图片比例也适合图纸尺寸，建议先按A2等尺寸设置好之后，最后选择打印机，然后选择"使用自定义图纸尺寸并将其添加到绘图仪配置"。

✧ 输出 PNG 格式光栅文件方法相同，仅仅是打印机 "PublishToWeb PNG.pc3"。

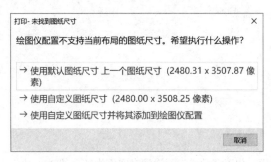

图13.28　自定义图纸尺寸警告和选择

13.2.6　图形应用到 Word 文档的方法简介

本小节介绍如何将 CAD 图形应用到 Word 文档中，轻松实现 CAD 图形的文档应用功能。

（1）使用键盘 "Prtsc" 按键（PrintScreen）复制应用到 Word 文档中

✧ CAD 绘制完成图形后，使用 ZOOM 功能命令将要使用的图形范围放大至充满整个屏幕区域。

✧ 按下键盘上的 "Prtsc" 按键，将当前计算机屏幕上所有显示的图形复制到 Windows 系统的剪贴板。

✧ 切换到 Word 文档窗口中，点击右键，在快捷键上选择 "粘贴" 或按 "Ctrl+V" 组合键。图形图片即可复制到 Word 文档光标位置。

✧ 在 Word 文档窗口中，单击图形图片，在 "格式" 菜单下选择图形工具的 "裁剪" 或其他编辑操作。

（2）通过输出 PDF 格式文件应用到 Word 文档中

✧ 先将 CAD 绘制的图形输出为 PDF 格式文件。

✧ 单击选中，然后单击右键弹出快捷菜单，在快捷菜单上选择 "复制"，将图形复制到 Windows 系统剪贴板中。

✧ 切换到 Word 文档中，在需要插入图形的地方单击右键选择快捷菜单中的 "粘贴"；或按 "Ctrl+V" 组合键。将剪贴板上的 PDF 格式图形复制到 Word 文档中光标位置。

✧ 注意：插入的 PDF 图形文件大小与输出文件大小有关，需要进行调整以适合 Word 文档。使用 PDF 格式文件复制，其方向需要在 CAD 输出 PDF 时调整合适方向和角度（也可以在 Acrobat pro 软件中调整），因为其不是图片 JPG/BMP 格式，PDF 格式文件插入 Word 文档后不能平移和旋转，单击右键快捷菜单选择 "设置对象格式" 中旋转不能使用。这是 CAD 图形转换 PDF 应用 word 方法的不足之处。

（3）通过输出 JPG/BMP 格式文件应用到 Word 文档中

✧ 将 CAD 绘制的图形输出为 JPG 格式图片文件；

✧ 将 JPG 图形复制到 Word 文档中；

✧ 在 Word 中编辑图片。

参考文献

［1］管国锋，董金善，薄翠梅. 化工多学科工程设计有实例［M］. 北京：化学工业出版社，2016.

［2］谭荣伟. 化工设计CAD绘图快速入门［M］. 2版. 北京：化学工业出版社，2020.

［3］朱秋享. 三维流程工厂设计——AutoCADPlant3D2019版［M］. 北京：高等教育出版社，2019.

［4］方利国. 计算机辅助化工制图与设计［M］. 化学工业出版社，2010.

［5］张秋利，周军. 化工AutoCAD应用基础［M］. 2版. 北京：化学工业出版社，2012.

［6］Autodesk. Introduction to AutoCAD Plant 3D Tutorial Books［EB/OL］. http://knowledge.autodesk.com/zh-hons/support/autocad-plant-3d?sort=score.

［7］Tickoo S. AutoCAD Plant 3D 2016 for Designers［M］. 3rd ed. United States: CADCIM Technologies，2015.

［8］李平，钱可强，蒋丹. 化工工程制图［M］. 北京：清华大学出版社，2011.

［9］赵惠清，蔡纪宁. 化工制图［M］. 北京：化学工业出版社，2009.

［10］国家石油与化学工业局. 化工设备设计文件编制规定：HG/T 20668—2000［S］. 北京：化学工业出版社，2005.

［11］中国石油与化工勘察设计协会. 化工工艺设计施工图内容和深度统一规定：HG/T 20519—2009［S］. 北京：中国计划出版社，2010.

［12］中国石油与化工勘察设计协会. 化工装置设备布置设计规定：HG/T 20546—2009［S］. 北京：中国计划出版社，2010.